高等职业教育工业机器人技术专业新形态系列教材

工业机器人现场编程

主　编　董海涛　吕玉兰　刘新祥
副主编　尚盼盼　王保军
参　编　常镭民　马海杰　孙美玲
　　　　秦　皞　成　萍
主　审　李粉霞　牛志斌

北京理工大学出版社
BEIJING INSTITUTE OF TECHNOLOGY PRESS

内容简介

本教材立足工业机器人系统操作员、运维员等岗位的能力需求,以激光切割、焊接、搬运、码垛等企业真实工作项目为载体,结合虚拟仿真软件 RobotStudio 及工业机器人实操平台,设置了教学内容和评价体系。本教材以"项目化"思想重构"模块化"教学内容,基于企业实际工作任务,开发激光切割、焊接、搬运、码垛等 6 个项目、13 个任务。本书的参考学时为 52 学时,学时设置符合学生学习的特点,满足学生知识学习与技能锻炼的需求。

本教材面向中职院校、高职院校以及普通高校的工业机器人、机电一体化、电气自动化等相关专业学生,以及从事工业机器人的企业工程技术人员和对工业机器人技术感兴趣的社会自修人员。

通过本教材的学习,学习者将具备工业机器人系统构成认知、系统基本设置、示教器使用、坐标设定、指令使用、程序编辑、系统备份、应用系统综合调试的能力,以及安全操作、6S 管理等职业素养,"坚持不懈、团队协作"的个人修养,"攻坚克难、技能报国"的家国情怀,以适应工业机器人系统编程调试、运行维护等岗位需求。

依托"工业机器人现场编程"省级精品在线课程教学资源,本教材配备了微课视频、PPT 课件、自测题、习题答案、教学大纲、课程设计、使用说明书等丰富的教学资源。本教材为"活页式",内容各自独立。学生在课前能根据教材结合线上资源进行自学,课中能在教师的引导下以"任务工单"的形式进行任务实施和评价,课后利用教学平台进行复习和交流答疑。

版权专有　侵权必究

图书在版编目(CIP)数据

工业机器人现场编程 / 董海涛,吕玉兰,刘新祥主编. --北京:北京理工大学出版社,2023.10
ISBN 978-7-5763-3015-1

Ⅰ.①工… Ⅱ.①董… ②吕… ③刘… Ⅲ.①工业机器人-程序设计-教材　Ⅳ.①TP242.2

中国国家版本馆 CIP 数据核字(2023)第 205082 号

责任编辑／多海鹏	**文案编辑**／辛丽莉
责任校对／刘亚男	**责任印制**／施胜娟

出版发行 ／ 北京理工大学出版社有限责任公司
社　　址 ／ 北京市丰台区四合庄路 6 号
邮　　编 ／ 100070
电　　话 ／（010）68914026（教材售后服务热线）
　　　　　　（010）68944437（课件资源服务热线）
网　　址 ／ http：//www.bitpress.com.cn
版 印 次 ／ 2023 年 10 月第 1 版第 1 次印刷
印　　刷 ／ 河北盛世彩捷印刷有限公司
开　　本 ／ 787 mm×1092 mm　1/16
印　　张 ／ 19.75
字　　数 ／ 460 千字
定　　价 ／ 67.50 元

图书出现印装质量问题,请拨打售后服务热线,负责调换

前　言

　　近年来，随着人力成本的上升，我国工业机器人产业迅速发展并壮大，导致工业机器人应用技术人才需求激增。本教材响应"中国制造2025"战略，贯彻《国家职业教育改革实施方案》要求，是以"活页式"和"融媒体式"为教材形式，以"项目化"的项目和任务为教材教学内容主体，以"以学生为中心"的教学思想开发的新型教材。本教材对接工业机器人操作与运维、工业机器人应用编程（1+X）职业技能等级标准，结合全国职业院校技能大赛工业机器人技术应用赛项的比赛内容和评分标准，立足工业机器人系统操作员、运维员的岗位需求，以激光切割、焊接、搬运、码垛等企业真实工作项目为载体，结合虚拟仿真软件RobotStudio及工业机器人实操平台设置了教学内容以及评价体系。

　　本教材特色与优势如下。

　　1. 基于企业实例，以"项目化"思想重构"模块化"教学内容。

　　教材打破原有知识体系，以能力为本位对教学内容进行重构，基于企业真实工作任务，开发激光切割、焊接、搬运、码垛等项目，符合学生学习特点，满足学生知识学习和技能锻炼的需求。

　　2. 每个任务搭配工单，形成新型"活页式"教材。

　　教材的每个任务搭配工单，内容独立，使学生在课前能根据教材结合线上资源进行自学，课中在教师的引导下以"任务工单"的形式进行任务实施和评价，课后利用教学平台进行复习和交流答疑。

　　3. 配套信息化教学资源，形成"融媒体式"教材。

　　教材基于工业机器人基础教学工作站，依托"工业机器人现场编程"省级精品在线课程，完善教材任务配套微课视频、课件、自测题、使用说明书等信息化教学资源，方便学生自学并满足各院校开展线上、线下混合式的教学需求。

　　本书由山西机电职业技术学院的董海涛、吕玉兰以及北京华航唯实机器人科技股份有限公司的刘新祥担任主编。董海涛主要完成了项目一的任务一、任务二；刘新祥主要完成了项目五的任务二；吕玉兰主要完成了项目二的任务二、项目三的任务三及全书的统稿；尚盼盼主要完成了项目四的任务一、任务二；王保军主要完成了项目三的任务一；孙美玲主要完成了项目五的任务一；常镭民主要完成了项目六的任务一；马海杰主要完成了项目六的任务二；秦皡主要完成了项目二的任务一；成萍主要完成了项目三的任务二。

由于作者水平有限，时间仓促，书中难免存在不妥和疏漏之处，还望广大读者批评指正。

目 录

项目一　工业机器人系统认知与仿真软件的使用 ………………………………… 1
　　任务一　工业机器人的系统认知………………………………………………… 2
　　任务二　工业机器人虚拟工作站的创建和使用………………………………… 21

项目二　手动操纵工业机器人拾取工具 ………………………………………… 43
　　任务一　工业机器人实操工作站基本操作……………………………………… 44
　　任务二　工业机器人系统设置及手动操纵……………………………………… 61

项目三　工业机器人在激光切割中的模拟应用 ………………………………… 80
　　任务一　机器人程序数据的设定………………………………………………… 82
　　　　子任务一　认识机器人的程序数据………………………………………… 82
　　　　子任务二　工具数据 tooldata 的设定……………………………………… 89
　　　　子任务三　工件数据 wobjdata 的设定……………………………………… 103
　　任务二　工业机器人的 I/O 配置………………………………………………… 119
　　任务三　工业机器人平面及曲面轨迹编程……………………………………… 162
　　　　子任务一　平面轮廓的模拟激光切割……………………………………… 162
　　　　子任务二　曲面轮廓的模拟激光切割……………………………………… 177

项目四　工业机器人搬运工作站的编程与调试 ………………………………… 195
　　任务一　一个物料块的搬运……………………………………………………… 196
　　任务二　一行物料块的搬运……………………………………………………… 208

项目五　工业机器人码垛工作站的编程与调试…………………………………… 226
任务一　物料块的重叠式码垛………………………………………………… 227
任务二　物料块的交错式码垛………………………………………………… 243

项目六　工业机器人进阶应用…………………………………………………… 264
任务一　服务例行程序及中断程序的应用…………………………………… 265
子任务一　常见服务例行程序的应用……………………………………… 265
子任务二　TRAP 编程调试………………………………………………… 275
任务二　工业机器人的日常维护……………………………………………… 286
子任务一　转数计数器更新………………………………………………… 286
子任务二　运行参数的选择和运行状态的监测…………………………… 296

项目一
工业机器人系统认知与仿真软件的使用

项目情景

工业机器人系统是由（多）工业机器人、（多）末端执行器和为使机器人完成其任务所需的任何机械、设备、装置、外部辅助轴或传感器构成的系统。工业机器人系统可以在工厂中自动执行重复性高、精度要求高、危险性大、需要一定专业知识的工作，它可以大幅提高生产效率、生产质量和安全性，减少人工成本和劳动力资源浪费。在现代化工业中，工业机器人系统已经成为非常必要的一部分，如图1-0-1所示，工业机器人工作在某汽车生产线上，它不仅可以提升企业的生产力水平，还能够带动技术进步和产业升级。

图1-0-1 汽车生产线上的工业机器人

该企业最近想优化升级此汽车涂胶自动化生产线，作为此次优化升级项目的成员之一，你需要在了解加工零件的类型、大小、材料等信息后，选出合适的机器人型号，在RobotStudio中搭建虚拟工作站，为后续工作打好基础。

这需要你熟悉工业机器人的系统，了解工业机器人的性能参数和特点，并且熟悉国内外常见工业机器人的品牌型号，了解机器人的发展历史和现状等，为客户进行解释，并且能够使用仿真软件展示所设计的工业机器人工作站。让我们开启本项目的学习之旅吧。

项目导图

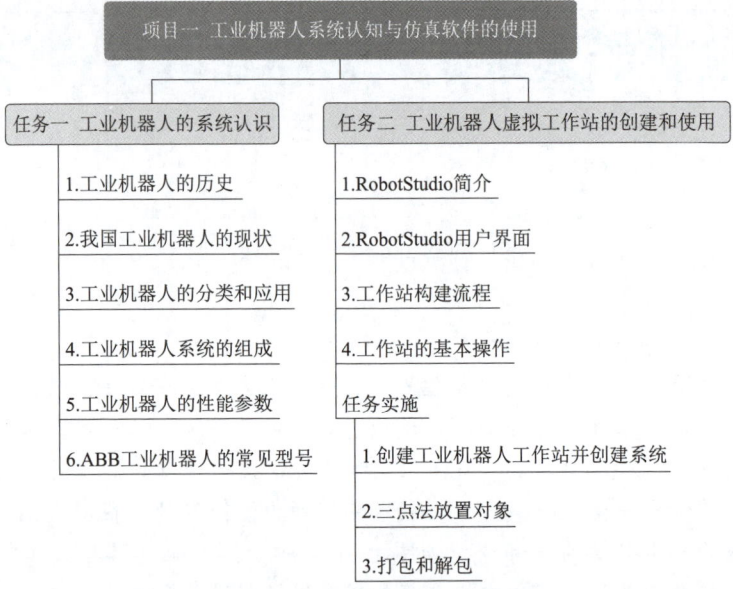

任务一　工业机器人的系统认知

学习目标

素质目标：
1) 具有较强的集体意识和团队合作精神；
2) 具有自我学习意识；
3) 热爱本职工作，具有爱岗敬业的职业素养。

知识目标：
1) 了解工业机器人的历史和现状；
2) 了解工业机器人的分类和应用；
3) 理解工业机器人的组成和性能参数；
4) 熟悉常见的 ABB 工业机器人。

能力目标：
1) 能够区分不同类型的工业机器人；
2) 能够指出工业机器人系统的组成；
3) 能够识别 ABB 工业机器人的常见型号；
4) 能够根据应用需求选择合适的工业机器人。

任务描述

在为企业优化升级工业机器人涂胶工作站的过程中，作为工业机器人工程技术人员，你的客户向你咨询工业机器人的历史、现状、组成、应用、分类和性能参数等相关内容，并且需要你根据需求选择合适的工业机器人完成方案设计，并进行解释。

任务分析

工业机器人的
历史、现状
及趋势

1. 工业机器人的历史

机器人（robot）一词来自1920年捷克作家Karel Capek发表的科幻戏剧《罗萨姆的万能机器人》。原著中捷克语robotnik的本意是奴隶，该词源自robota（意思是强制劳动、苦工、奴役），是一种由人类制造出来的人形工作机械，具有人的外形、特征和功能，是最早的工业机器人的设想，引发了世人的广泛关注。

美国著名科幻小说家阿西莫夫于1950年在他的小说《我是机器人》中，首先使用机器人学（robotics）这个词来描述与机器人有关的科学，并提出了以下著名的"机器人三守则"。

1）机器人必须不危害人类，也不允许他眼看人将受害而袖手旁观；

2）机器人必须绝对服从于人类，除非这种服从有害于人类；

3）机器人必须保护自身不受伤害，除非为了保护人类或者是人类命令它做出牺牲。

这三条守则给机器人社会赋予新的伦理性，并使机器人概念通俗化，更易于为人类社会所接受。至今，它仍是机器人研究人员、设计制造厂家和用户的十分有意义的指导方针。

1954年，美国人乔治·德沃尔（G. C. Devol）制造出世界上第一台可编程的机器人。当年，他提出了"通用重复操作机器人"的方案，并在1961年获得了专利。1958年，被誉为"工业机器人之父"的约瑟夫·英格伯格（Joseph F. Engel Berger）创建了世界上第一个机器人公司——Unimation（意为universal automation）公司。1959年，乔治·德沃尔与约瑟夫·英格伯格联手制造出全球第一台工业机器人，如图1-1-1所示。这是一台用于压铸的3轴液压驱动机器人，手臂的控制由一台计算机完成。它采用了分离式固体数控元件，并装有存储信息的磁鼓，能够完成180个工作步骤的记忆。UNIMATE的功能和人手臂功能相似，机座上安装大臂，大臂可绕轴在机座上转动；大臂上伸出一个前臂，相对大臂可以伸出或缩回；前臂顶端是腕部，可绕前臂转动，进行俯仰和侧摇；腕部前面是手部（末端执行器）。UNIMATE重达2t，采用液压驱动，利用磁鼓上的程序来控制运动，精确率达1/10 000 in[①]。

图1-1-1 第一代工业实用机器人UNIMATE

---

① 1 in = 2.54 cm。

1961年，UNIMATE 在美国特伦顿（新泽西州首府）的通用汽车公司安装运行，如图 1-1-2 所示。这台工业机器人用于生产汽车的门、车窗摇柄、换挡旋钮、灯具固定架，以及汽车内部的其他硬件等。

图 1-1-2　通用公司安装运行的 UNIMATE

1962 年，另一家美国公司——美国机械与铸造公司（American Machine and Foundry，AMF）也开始研制工业机器人，制造出了世界上第一台圆柱坐标型工业机器人，即 Versatran（versatile transfer，意思是"万能搬运"）机器人，如图 1-1-3 所示。它采用液压驱动，主要用于机器之间的物料运输。该机器人的手臂可以绕底座回转，沿垂直方向升降，也可以沿半径方向伸缩。同年，AMF 制造的 6 台 Versatran 机器人应用于美国坎顿的福特汽车生产厂。一般认为，UNIMATE 和 Versatran 机器人是世界上最早的工业机器人，其在 20 世纪 60 年代作为商品在美国市场上出售。

1969 年，通用汽车公司在其洛兹敦装配厂安装了首台点焊机器人 UNIMATE，如图 1-1-4 所示。UNIMATE 机器人大大提高了生产率，大部分车身焊接作业由机器人来完成，只有 20%～40% 的传统焊接工作由人工完成。

图 1-1-3　第一台圆柱坐标型
工业机器人 Versatran

1969 年，挪威劳动力短缺期间曾使用机器人来喷涂独轮手推车。挪威 Trallfa 公司生产了第一个商业化应用的喷漆机器人，如图 1-1-5 所示。

图 1-1-4　首台点焊机器人 UNIMATE　　图 1-1-5　挪威首台喷漆机器人

1969 年，Unimation 公司的工业机器人进入日本市场。川崎重工公司成功开发了 KAWASAKI-UNIMATE 2000 机器人，如图 1-1-6 所示，这是日本生产的第一台工业机器人。经过短暂的"摇篮"阶段，日本的工业机器人很快进入实用阶段，并由汽车业逐步扩大到其他制造业以及非制造业。1980 年被称为日本的"机器人普及元年"，日本开始在各个领域推广使用机器人，这极大地缓解了市场劳动力严重短缺的社会矛盾。再加上日本政府采取的多方面鼓励政策，使这些机器人受到广大企业的欢迎。1980—1990 年，日本的工业机器人产业处于鼎盛时期，日本也因此赢得了"机器人王国"的美称。

图 1-1-6　KAWASAKI-UNIMATE 2000 机器人

1973 年，德国库卡公司（KUKA）将其使用的 UNIMATE 机器人研发改造成机电驱动的 6 轴机器人，命名为 FAMULUS，如图 1-1-7 所示，这是世界上第一台机电驱动的 6 轴机器人。

1974 年，美国辛辛那提米拉克龙（Cincinnati Milacron）公司开发出第一台由小型计算机控制的工业机器人，命名为 T3（the tomorrow tool），如图 1-1-8 所示，这是世界上第一次机器人和小型计算机的结合，T3 采用液压驱动，有效负载达 45 kg。

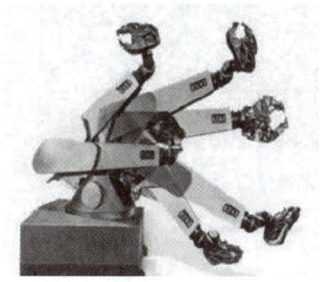

图 1-1-7　第一台机电驱动的
6 轴机器人 FAMULUS

图 1-1-8　第一台小型计算机
控制的机器人 T3

1974 年，瑞典的 ABB 公司研发出世界上第一台全电控式工业机器人 IRB6，如图 1-1-9 所示，主要应用于工件的取放和物料搬运。

1978 年，美国 Unimation 公司推出通用工业机器人 PUMA，它是全电动驱动、关节式结构、多 CPU 二级微机控制，采用 VAL 专用语言，可配置视觉和触觉的力觉感受器，技术较为先进的机器人,如图 1-1-10 所示,这标志着工业机器人技术已经完全成熟。PUMA 至今仍然工作在工厂第一线。

图 1-1-9　第一台全电控式工业机器人 IRB6

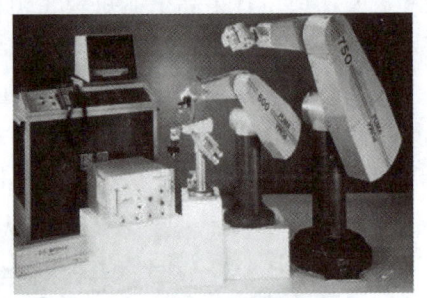

图 1-1-10　工业机器人 PUMA

1978 年,日本山梨大学(University of Yamanashi)的牧野洋发明了选择顺应性装配机器手臂(selective compliance assembly robot arm,SCARA),如图 1-1-11 所示。SCARA 机器人具有 4 个运动自由度,主要适用于物料装配和搬动。时至今日,SCARA 仍然是工业生产线上非常常用的机器人。

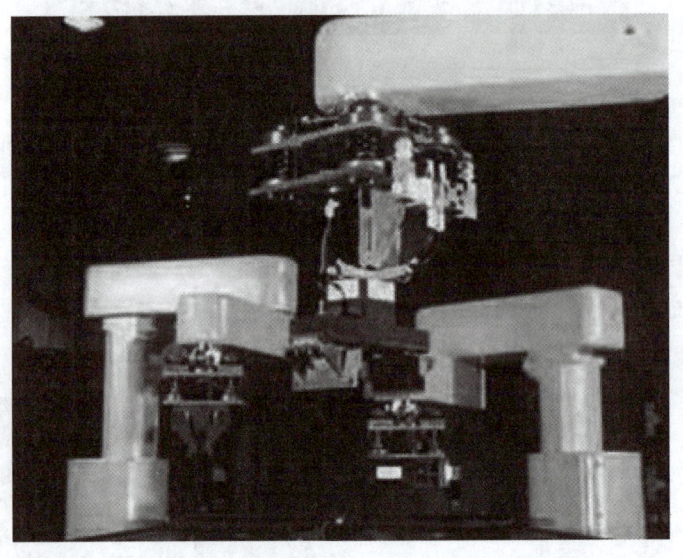

图 1-1-11　牧野洋发明的机器手臂 SCARA

我国工业机器人起步于 20 世纪 70 年代初,经过 20 多年的发展,大致可分为三个阶段:20 世纪 70 年代的萌芽期、20 世纪 80 年代的开发期、20 世纪 90 年代的实用化期。1972 年,中科院沈阳自动化所开始了机器人的研究工作。1977 年,南开大学机器人与信息自动化研究所研制出我国第一台用于生物试验的微操作机器人系统。1985 年 12 月 12 日,我国第一台重达 2 000 kg 的水下机器人"海人一号"在辽宁旅顺港下潜 60 m,首潜成功,开创了机器人研制的新纪元。随后,我国研制的机器人相继问世:中科院沈阳自动化所研制成功了体重 36 kg,身高 1 m 的缆浮游作业轻型"金鱼二号"水下机器人;中科院长春光机所发明的"四足遥控仿生载重步行机器人"在 1986 年中国第二届发明展览会上获金奖;1987 年又获第15届日内瓦国际发明与新技术展览会银奖。1988年年初，中国船舶总公司研制成功了身高3.1 m，体重650 kg的载人式"水下机器人"；1988年2月，国防科技大学研制成功六关节平面运动型"两足步行机器人"。1994年10月，中科院沈阳自动化所研制成功的我国第一台无缆水下机器人"探索者号"（长4.4 m、宽0.8 m、高1.5 m、载体重2.2 t、最大潜水深度为1 000 m）。它的研制成功，标志着我国水下机器人技术已走向成熟。1995年5月，我国第一台高性能精密装配智能型机器人"精密一号"在上海交通大学诞生，标志着我国已具有开发第二代工业机器人的技术水平。1997年中科院沈阳自动化所研制成功的"6 000 m无缆自治水下机器人"，这是我国"863计划"中重中之重的项目，获得2000年国家十大科技成果奖。2005年4月，中科院沈阳自动化所又研制成功了星球探测机器人。2006年，我国又研制成功了世界最大潜深载人潜水器"海极一号"，它的最大潜深可达7 000 m，能够到达世界99.8%的海底，比世界上另外5台同类产品潜深还要深500 m。

2. 我国工业机器人的现状

在工业机器人密度方面，2018年我国工业机器人密度达到155台/万人，2019年我国工业机器人密度为187台/万人，远超全球工业机器人密度平均值（113台/万人），但我国工业机器人使用密度与发达地区相比还有较大差距，如图1-1-12所示。

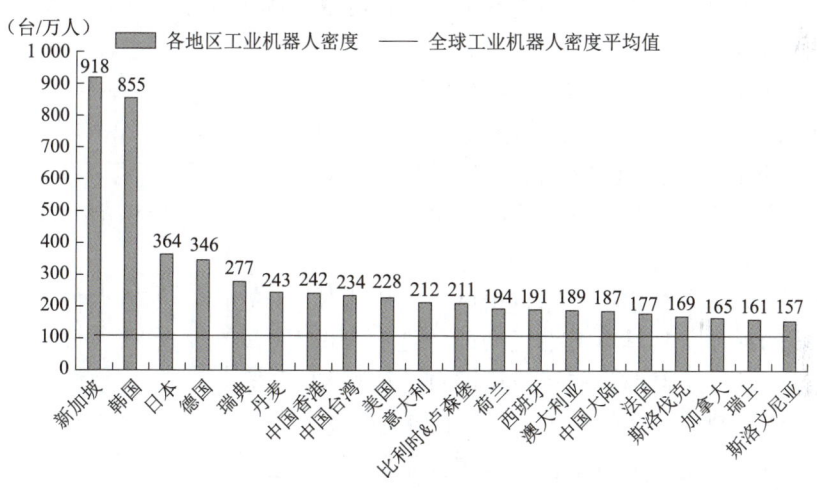

图1-1-12　2019年各地区工业机器人密度对比

2019年中国工业机器人应用场景集中在搬运作业/上下料、焊接、喷涂、装配/拆卸及抛光打磨等领域，合计占比93.82%，如图1-1-13所示。受汽车及3C电子行业影响，装配/拆卸、焊接及喷涂领域工业机器人销量下滑，搬运作业/上下料与抛光打磨领域的销量有小幅增长。

目前，国内工业机器人产业取得了一定的发展与进步，有的方面已经达到世界先进水平，但关键核心技术、精密制造工艺的开发仍存在不足。其属于资金技术密集型产业，需要持续投入大量资源，以追赶已有数十年积累的外资品牌。

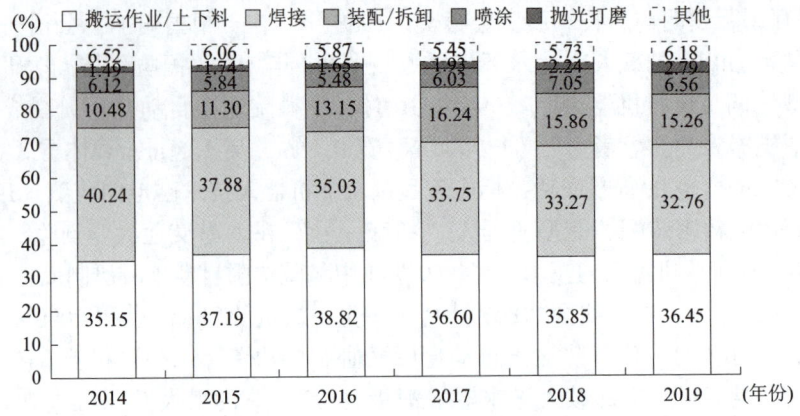

图 1-1-13　2014—2019 年中国市场工业机器人销量（按应用领域分类）

3. 工业机器人的分类和应用

工业机器人的分类和应用

我国国家标准《机器人与机器人装备词汇》（标准号：GB/T 12643—2013）将工业机器人定义为自动控制、可重复编程、多用途的操作机，可对三个或三个以上的轴进行编程，它可以是固定式或移动式，在工业自动化中使用。

按照国家标准《机器人分类》（标准号：GB/T 39405—2020），机器人按其机械结构类型可分为垂直关节型机器人、平面关节型机器人、直角坐标型机器人、并联机器人和其他机械结构类型机器人，如图 1-1-14 所示。

垂直关节型机器人有相当高的自由度，适用于任何轨迹或角度的工作。其具有三维运动的特性，可做到高阶非线性运动，是目前最广泛应用的自动化机械装置，常用于汽车制造、汽车零组件与电子相关产业。如图 1-1-15 所示，垂直关节型机器人按其轴数可分为：①4 轴关节机器人；②5 轴关节机器人；③6 轴关节机器人；④其他垂直关节型机器人。

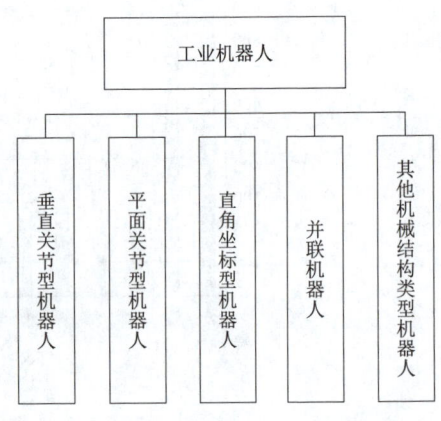

图 1-1-14　工业机器人按结构分类

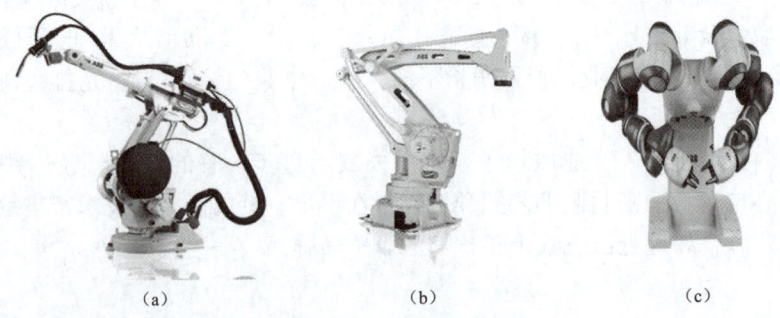

(a)　　　　　　　(b)　　　　　　　(c)

图 1-1-15　垂直关节型机器人

(a) 4 轴关节机器人；(b) 6 轴关节机器人；(c) 其他垂直关节型机器人

平面关节型机器人（selectively compliant arm for robotic assembly，SCARA），是一种圆柱坐标型的特殊类型工业机器人，如图1-1-16所示。一般有4个自由度，包含沿X、Y、Z方向的平移和绕Z轴的旋转。SCARA机器人的特点是负载小、速度快，因此主要应用在快速分拣、精密装配等3C行业或食品行业等领域。例如，在IC产业晶圆创造过程中的面板搬运、电路板运送、电子元件的插入组装时都可以看到SCARA机器人的踪迹。

平面关节型机器人按其手臂数量可分为：①单臂SCARA机器人；②双臂SCARA机器人；③其他平面关节型机器人。

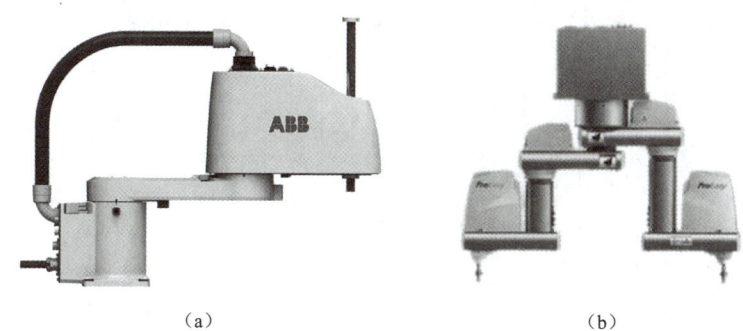

图1-1-16 平面关节型机器人
（a）单臂SCARA机器人；(b) 双臂SCARA机器人

直角坐标机器人是基于X、Y、Z直角坐标，在各坐标的长度范围内进行工作或运动，适用于搬运、取放等作业，可应用的领域包括射出成型机取出手臂、移动并定位、堆叠、锁螺丝、切割、装夹、压入、插取、装配、自动药房等，如图1-1-17所示。

并联机器人（parallel robot），亦称并联杆式机器人（parallel link robot），其手臂含有组成闭环结构的杆件机器人，如图1-1-18所示。由于其构造简单，在移动上能达到最短路程，机构也容易小型化，可达到高速、高精度的控制，因此主要应用于高速取放、筛选作业，主要应用于食品业、电子捡料、制药、包装等用途。在一般情况下，一个并联机器人可以替代4~6个人工，帮助用户有效地提高生产效率，降低生产成本。

 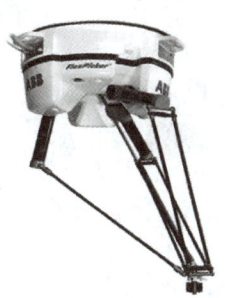

图1-1-17 直角坐标机器人　　　图1-1-18 并联机器人

根据编程和控制方式，可以将机器人分为编程型机器人、主从机器人和协作机器人。

编程型机器人按其编程方式可以分为示教编程型机器人、离线编程型机器人、其他编程型机器人。

主从机器人（master-slave robot）：能实现主从控制的机器人。主从机器人按其控制方式可分为单向主从机器人、双向主从机器人、其他主从机器人。

协作机器人（collaborative robot）：为与人直接交互而设计的机器人。协作机器人按其控制方式可分为人机协作机器人、其他协作机器人。

工业机器人可依据用途分为搬运作业/上下料机器人、焊接机器人、喷涂机器人、加工机器人、装配机器人、洁净机器人和其他工业机器人，如图1-1-19所示。

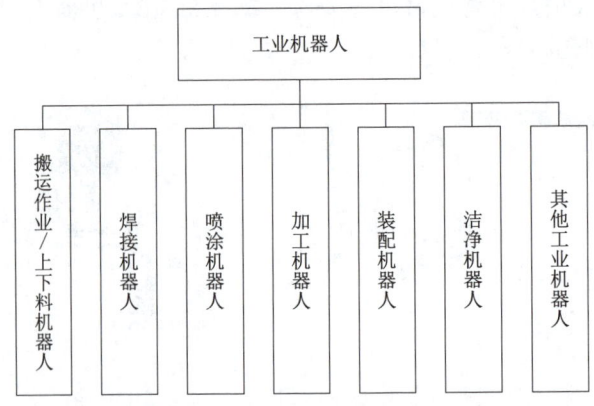

图1-1-19　工业机器人按用途分类

搬运机器人用途很广，一般只需点位控制，即被搬运零件无严格的运动轨迹要求，只要求始点和终点位置准确，如图1-1-20所示。例如，机床上用的上下料机器人、工件堆垛机器人、注塑机配套用的机械手等。

喷涂机器人多用在喷涂生产线上，重复位姿精度要求不高，如图1-1-21所示。但由于漆雾易燃，一般采用液压驱动或交流伺服电机驱动。

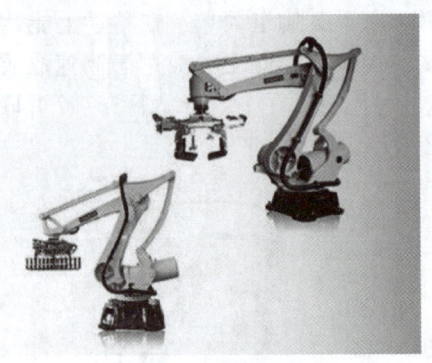

图1-1-20　搬运机器人

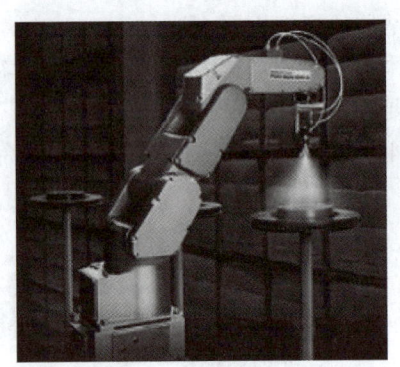

图1-1-21　喷涂机器人

焊接机器人是目前使用最多的一类机器人，又可分为点焊和弧焊两类，如图1-1-22所示。

装配机器人要求有较高的位姿精度，手腕具有较大的柔性，目前大多用于机电产品的装配作业，如图1-1-23所示。

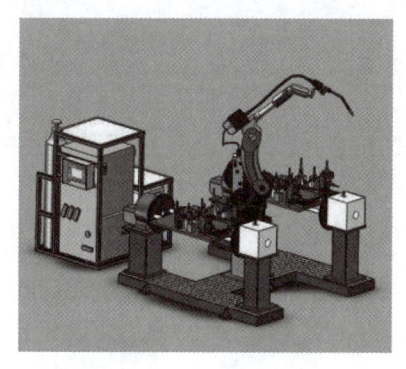
图 1-1-22　焊接机器人

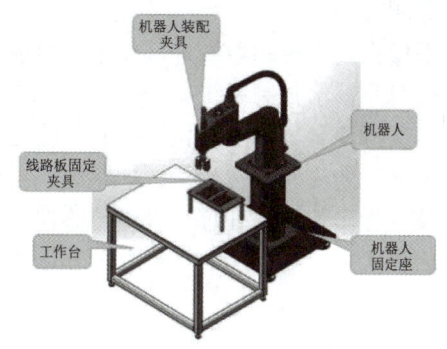
图 1-1-23　装配机器人

4. 工业机器人系统的组成

工业机器人系统指由（多）工业机器人、（多）末端执行器和为使机器人完成其任务所需的任何机械、设备、装置、外部辅助轴或传感器构成的系统，主要包括机械系统、驱动系统、控制系统和感知系统四大部分，如图1-1-24所示。

（1）机械系统

工业机器人的机械系统包括机身、臂部、手腕、末端操作器和行走机构等部分，每一部分都有若干自由度，从而构成一个多自由度的机械系统。末端操作器是工业机器

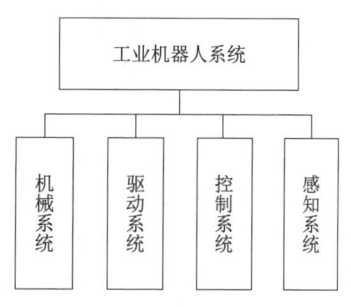
图 1-1-24　工业机器人系统组成

人的重要组成部分，是工业机器人直接进行工作的部分，可以是两手指或多手指的手爪，其作用是直接抓取和放置物件，也可以是喷漆枪、焊枪等作业工具。工业机器人机械系统的作用相当于人的身体（如手、腕和臂等），如图1-1-25（a）所示。

（2）驱动系统

驱动系统主要是指驱动机械系统动作的驱动装置。根据驱动源的不同，驱动系统可分为电气、液压和气压三种以及把它们结合起来应用的综合系统。驱动系统的作用相当于人的肌肉。

电气驱动系统在工业机器人中应用较为普遍，可分为步进电动机驱动、直流伺服电动机驱动和交流伺服电动机驱动三种驱动形式，如图1-1-25（b）所示。液压驱动系统运行平稳，且负载能力大，对于重载搬运和零件加工的机器人，采用液压驱动比较合理。但液压驱动存在管道复杂、清洁困难等缺点，因此限制了它在装配作业中的应用。气压驱动机器人结构简单、动作迅速、价格低廉，但由于空气具有可压缩性，其工作速度的稳定性较差。

（3）控制系统

控制系统的任务是根据机器人的作业指令程序及从传感器反馈回来的信号控制机器人的执行机构，使其完成规定的运动和功能，该部分的作用相当于人的大脑，如图1-1-25（c）所示。

如果机器人不具备信息反馈特征，则该控制系统称为开环控制系统；如果机器人具备信息反馈特征，则该控制系统称为闭环控制系统。控制系统主要由计算机硬件和控制软件组成。软件主要由人与机器人进行联系的人机交互系统和控制算法等组成。

(4) 感知系统

感知系统由内部传感器和外部传感器组成,其作用是获取机器人内部和外部环境信息,并把这些信息反馈给控制系统,如图1-1-25（d）所示。内部状态传感器用于检测各关节的位置、速度等变量,为闭环伺服控制系统提供反馈信息。外部状态传感器用于检测机器人与周围环境之间的一些状态变量,如距离、接近程度和接触情况等,用于引导机器人,便于其识别物体并做出相应的处理。外部传感器可使机器人以灵活的方式对它所处的环境做出反应,赋予机器人一定的智能。该部分的作用相当于人的五官。

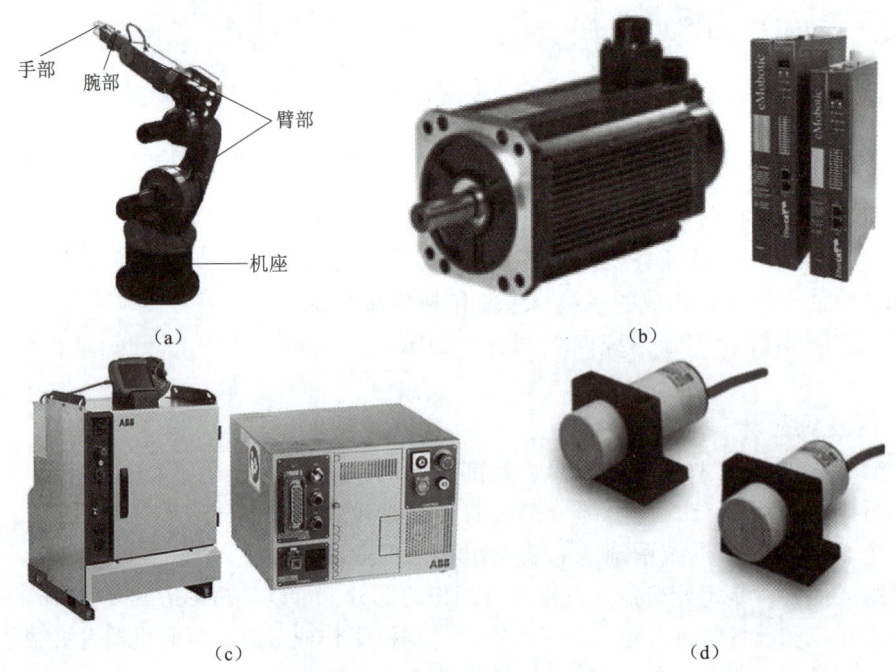

图1-1-25 工业机器人系统组成

(a) 机械系统；(b) 驱动系统；(c) 控制系统；(d) 感知系统

工业机器人的组成和性能参数

5. 工业机器人的性能参数

工业机器人的种类和型号繁多,结构精密且复杂,其本体的各项参数更是繁复,在一般工作中我们需要了解以下几项参数,实现工业机器人的基本选型。

(1) 自由度

自由度也称机器人的轴数,是指机器人所具有的独立坐标轴运动的数目,不包括末端执行器的开合自由度。一般情况下机器人的一个自由度对应一个关节,所以自由度与关节的概念是相等的。自由度是表示机器人动作灵活程度的参数,自由度越多就越灵活。图1-1-26中列举了不同自由度数目的工业机器人。

(2) 工作范围

机器人的工作范围是指机器人的6轴法兰盘能够到达的空间位置,如图1-1-27所示。机器人工作空间的形状和大小是十分重要的,不同的机器人运动空间都不相同。机器人在执行某作业时可能会因为存在手部不能到达的作业死区（dead zone）而不能完成任务,所以在选择机器人的型号时,应该注意其工作空间与周边设备是否匹配。

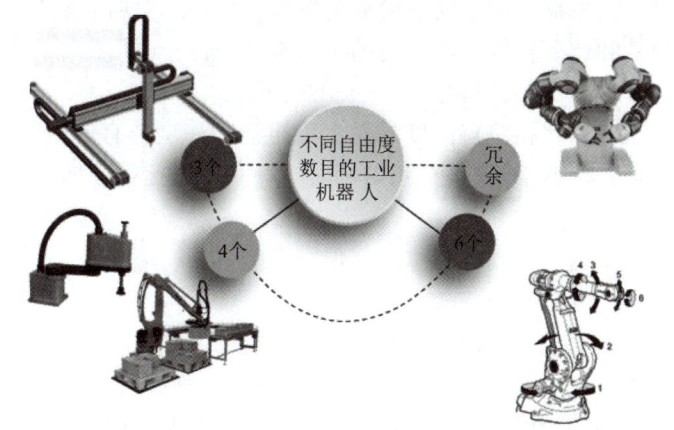

图 1-1-26　不同自由度数目的工业机器人举例

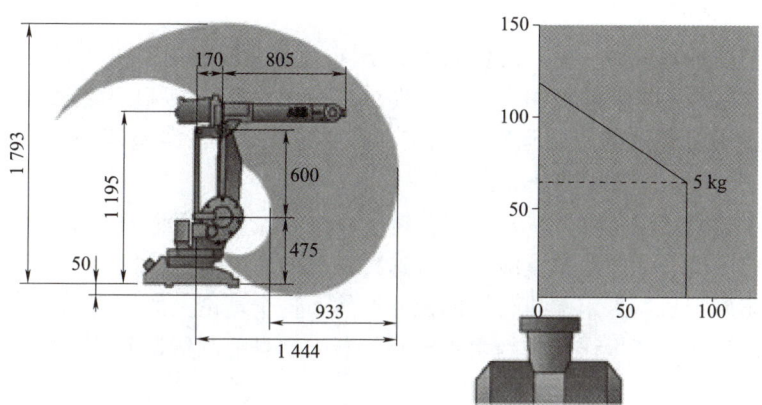

图 1-1-27　机器人工作范围

（3）承载能力

承载能力是指机器人在工作范围内的任何位置上所能承受的最大质量。简单来说，如果需要机器人将一个物体从一台机器上搬运到另一台机器上，就必须计算机器人的负载。承载能力不仅取决于负载的质量，而且还与机器人运行的速度和加速度的大小和方向有关。机器人的负载计算需要将机器人末端执行器和需要抓取物品的重量相加，并找出两者的重心，工具重心距离法兰盘端面和法兰盘回转中心越远，其所能承受的重量越小，如图 1-1-28 所示。负载值必须保证机器人在任意位置都能达到关节额定最大速度。

（4）最大工作速度

运动速度影响机器人的工作效率和运动周期，它与机器人所提取的重力和位置精度均有密

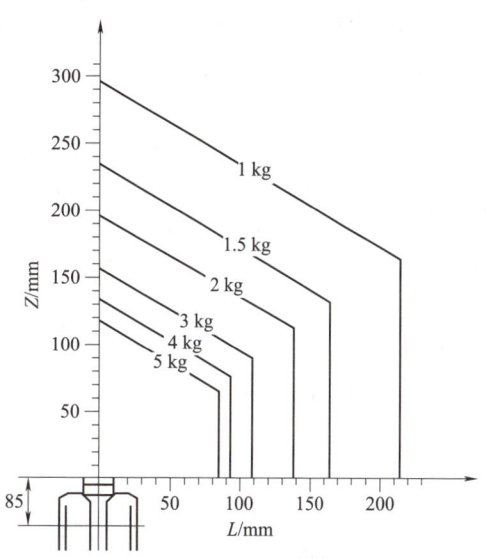

图 1-1-28　工业机器人承载能力

切的关系。运动速度高,机器人所承受的动载荷就大,必将承受加减速时较大的惯性力,影响机器人的工作平稳性和位置精度。就目前的技术水平而言,通用机器人的最大直线运动速度大多在 1 000 mm/s 以下,最大回转速度一般不超过 120°/s。

有的厂家的最大工作速度指单自由度的最大稳定运行速度,有的厂家指手臂末端(tool center point,TCP)的最大合成线速度。ABB 机器人一般手动运行限速为 250 mm/s。

(5)工作精度

机器人工作精度主要指定位精度和重复定位精度。

1)定位精度。

定位精度是指机器人末端执行器实际到达位置与目标位置之间的偏差,由机械误差、控制算法与系统分辨率等组成。典型的工业机器人定位精度一般在±0.02 mm～±5 mm 范围内。机器人定位精度一般会不够精确,通常会显示一个固定的误差,这个误差是可以预测的,因此可以通过编程予以校正。

2)重复定位精度。

重复定位精度是指机器人重复定位其手部于同一目标位置的能力,可以用标准偏差这个统计量来表示,它是衡量误差值的密集度,即重复度。重复定位精度限定的是一个随机误差的范围,它通过一定次数的重复运行来测定。在 2D 视图中,误差范围通常为一个圆形区域,所以使用"±"+"数值"的表示方法。

工业机器人具有定位精度低、重复定位精度高的特点。一般而言,工业机器人的定位精度比重复定位精度低一到两个数量级,造成这种情况的主要原因是机器人控制系统根据机器人运动学模型来确定机器人末端执行器的位置,然而这个理论上的模型和实际的机器人物理模型存在一定的误差,产生误差的因素主要有机器人本身的制造误差、工件加工误差以及机器人与工件的定位误差等。

6. ABB 工业机器人的常见型号

认识 ABB
工业机器人

ABB 集团为全球 500 强企业之一,集团总部位于瑞士苏黎世。ABB 发明、制造了众多高科技产品,其中包括全球第一套三相输电系统、世界上第一台自冷式变压器、高压直流输电技术和第一台电动工业机器人,并率先将它们投入商业应用。下面我们认识一下常见 ABB 工业机器人的型号,如表 1-1-1 所示。

表 1-1-1 常见 ABB 工业机器人的型号及特点

序号	型号	工作范围	承载能力	特点	图片
1	IRB1100-4/0.47	0.475 m	4 kg	专为电子制造业设计,适用于小件搬运与装配,是 ABB 同类产品中最紧凑、最轻量、最精确的机器人	
	IRB1100-4/0.58	0.58 m	4 kg		

续表

序号	型号	工作范围	承载能力	特点	图片
2	IRB120-3/0.6	0.58 m	3 kg (4 kg)	广泛应用的多用途机器人IRB120仅重25 kg，是具有低投资、高产出优势的经济可靠之选。已经获得IPA机构"ISO 5级洁净室（100级）"的达标认证，能够在严苛的洁净室环境中充分发挥优势	
	IRB120T	0.58 m	3 kg		
3	IRB1410	1.44 m	5 kg	在弧焊、物料搬运和过程应用领域历经考验，性能卓越	
4	IRB360-1/800	0.8 m	1 kg	与传统刚性自动化技术相比，IRB360具有灵活性高、占地面积小、精度高和负载大等优势	
	IRB360-1/1130	1.13 m	1 kg		
	IRB360-3/1130	1.13 m	3 kg		
	IRB360-1/1600	1.60 m	1 kg		
	IRB360-8/1130	1.13 m	8 kg		
5	IRB460	2.40 m	110 kg	作为全球最快的码垛机器人，IRB460的操作节拍最高可达2 190次循环/h，是生产线末端进行码垛作业的理想之选	
6	IRB910SC-3/0.45	0.45 m	6 kg	其最大有效载荷为6 kg，所有型号均采用模块化设计，具有不同的连接臂长度，是小零件装配、物料搬运和零件检测的理想选择	
	IRB910SC-3/0.55	0.55 m	6 kg		
	IRB910SC-3/0.65	0.65 m	6 kg		
7	IRB14000-0.5/0.5	0.5 m	0.5 kg/臂	为全新的自动化时代而设计，主要应用于小件搬运和小件装配。例如小零件组装，人们和机器人并肩工作在相同的任务中，安全得到保障。同时，ABB双手臂机器人具有精确的视力、灵巧的触手、敏感的控制反馈、灵活的软件和安全的内置功能	

任务实施

汽车生产线上的工业机器人涂胶工作站，末端执行器为胶枪，质量较轻，不需要考虑机器人负载；涂胶的估计较为复杂，机器人需要动作灵活；汽车涂胶应用多在车窗玻璃、车门等处，一般多个机器人协作，需要考虑机器人工作范围，汽车涂胶属于重复性的工作，需要机器人性能稳定且重复定位精度高，ABB 工业机器人在汽车生产线上的应用案例较多。综合以上机器人的性能参数，本工作站选择 ABB 工业机器人中的 IRB1410 型号。

任务评价

自评和互评：请按照下表对任务完成情况进行自评，并邀请同组成员进行互评。

主题	操作员姓名			
	评分标准	分值	自评得分	互评得分
工业机器人历史（30分）	能说出世界上第一台工业机器人出现的时间和名称	10		
	能举例说出机器人发展史上具有代表性的三个机器人	15		
	能说出工业机器人密度的含义	5		
工业机器人应用和分类（35分）	能说出工业机器人的5种应用	20		
	能按机械结构对工业机器人进行分类	15		
工业机器人组成和性能参数（25分）	能说出工业机器人的组成部分	15		
	能指出工业机器人的自由度数目	5		
	能依据机器人说明书描述机器人的工作范围	5		
职业素养（10分）	能与团队成员协作完成任务	3		
	能举例说明自己知道的优秀毕业生	2		
	着装规范，有纪律	3		
	尊重实训老师，服从安排	2		
	合计	100		
操作员签名	年　月　日	评分员签字	年　月　日	

拓展训练

任务要求：除了我国国家标准机器人与机器装备词汇（标准号：GB/T 12643—2013）中对工业机器人的定义，你还知道哪些工业机器人的定义？为什么没有统一的定义出现呢？

分析：不同组织对机器人（工业机器人）的定义如下。

美国国家标准局（U.S. NBS）：机器人是"一种能够进行编程并在自动控制下执行某些操作和移动作业任务的机械装置"。

日本工业机器人协会（JIRA）：它将机器人的定义分成两类。工业机器人是"一种能够执行与人体上肢（手和臂）类似动作的多功能机器"；智能机器人是"一种具有感觉和识别能力，并能控制自身行为的机器"。

美国机器人工业协会（U.S. RIA）："工业机器人是用来进行搬运材料、零件、工具等可再编程的多功能机械手，或通过不同程序的调用来完成各种工作任务的特种装置。"

国际标准化组织（ISO）："工业机器人是一种具有自动控制的操作和移动功能，能够完成各种作业的可编程操作机。"具体解释："机器人具备自动控制及可再编程、多用途功能，机器人操作机具有三个或三个以上的可编程轴，在工业自动化应用中，机器人的底座可固定也可移动。"

目前，机器人的定义仍然仁者见仁，智者见智，没有一个统一的意见。

原因：①机器人技术在不断发展，新的机型、新的功能不断涌现；②机器人涉及人的概念，上升为哲学问题。

就像机器人一词最早诞生于科幻小说中一样，人们对机器人充满了幻想。也许正是由于机器人定义的模糊，才给了人们充分的想象和创造的空间。

任务工单

1）机器人一词最早出现在哪里？你能描绘一下你想象中机器人的形象吗？

2）学习工业机器人的发展历史，请写出三个在机器人发展史中具有代表性的工业机器人。

3）工业机器人按照机械结构，可以分为几类？其中，哪一类应用最为广泛？

4）工业机器人主要由哪几部分组成？请简要描述。

5）学习教材内容并上网查阅资料，请写出几个工业机器人在汽车生产线上的应用。

6）请写出几个工业机器人常用的性能参数，并说明汽车生产线上喷涂应用需要考虑哪些性能参数。

7）任务评价。

自评和互评：请按照下表对自己的操作进行自评，并邀请同组成员进行互评。

操作员姓名				
主题	评分标准	分值	自评得分	互评得分
工业机器人历史（25分）	能说出机器人一词的由来	10		
	能举例说出机器人发展史上具有代表性的三个机器人	15		
工业机器人应用和分类（35分）	能说出工业机器人在汽车生产线上的5种应用	20		
	能按机械结构对工业机器人进行分类	15		
工业机器人组成和性能参数（30分）	能说出工业机器人的组成部分	15		
	能指出工业机器人的常用性能参数	5		
	能依据要求进行机器人选型	10		
职业素养（10分）	能与团队成员协作完成任务	3		
	能举例说明自己知道的优秀毕业生	2		
	着装规范，有纪律	3		
	尊重实训老师，服从安排	2		
合计		100		
操作员签名	年 月 日	评分员签字		年 月 日

8）总结提升。

①本任务已经完成，写一写完成该任务的心得体会吧，并且请写出你对该任务的意见和建议。

_____
_____
_____
_____
_____
_____

②请回答下列问题巩固一下吧。

a）用来表征机器人重复定位其手部到达同一目标位置的能力的参数是（　　）。

　A. 重复定位精度　　B. 速度　　C. 工作范围　　D. 定位精度

b）世界上第一台工业机器人的名字是（　　）。

　A. UNIMATE　　B. Versation　　C. 斯坦福手臂　　D. IRB6

c）工业机器人按用途可以分为（　　）。

　A. 服务机器人、水下机器人、娱乐机器人、军用机器人

　B. 搬运机器人、喷涂机器人、焊接机器人、装配机器人

　C. 2自由度机器人、3自由度机器人、4自由度机器人、5自由度机器人

　D. 纯球状机器人、平行四边形球状机器人、圆柱状机器人、直角坐标机器人

d) ABB 工业机器人 IRB1410 属于（　　）自由度工业机器人。
A. 4　　　　　　B. 5　　　　　　C. 6　　　　　　D. 7

e) 执行机构的手部又称（　　），是工业机器人直接进行工作的部分，其作用是直接抓取和放置物件，也可以是各种手持器。

A. 手臂　　　　　B. 立柱　　　　　C. 末端执行器　　　D. 基座

任务二　工业机器人虚拟工作站的创建和使用

学习目标

素质目标：
1）具有耐心、细心、精益求精的工匠精神；
2）具有较强的集体意识和团队合作精神，能够在工作中进行有效的人际沟通和协作。

知识目标：
1）熟悉 RobotStudio 软件界面的组成和功能；
2）掌握搭建工作站布局及创建系统的方法；
3）掌握视图操作方法；
4）掌握 Freehand 选项和捕捉功能的使用方法。

能力目标：
1）能够在 RobotStudio 中完成简单工作站的布局及基本操作；
2）能够创建机器人系统；
3）能够利用 Freehand 选项和捕捉功能进行机器人的基本操作。

任务描述

你接到一个为某企业设计工业机器人激光切割工作站的任务，需要进行方案设计，以图片的形式给客户进行呈现。首先需要进行工作站布局，将工业机器人及外围设备利用软件进行呈现，并且创建工业机器人系统，为后续编程做好准备。

任务分析

1. RobotStudio 简介

RobotStudio 是 ABB 公司专门开发的一款 PC 应用程序，用于机器人单元的建模、离线创建和仿真。RobotStudio 允许使用离线控制器，即在 PC 上本地运行的虚拟 IRC5 控制器。这种离线控制器也被称为虚拟控制器（VC）。RobotStudio 还允许使用真实的物理 IRC5 控制器（简称为"真实控制器"）。

当 RobotStudio 随真实控制器一起使用时，我们称它处于在线模式。当在未连接到真实控制器或在连接到虚拟控制器的情况下使用时，我们说 RobotStudio 处于离线模式。

RobotStudio 的功能十分强大，它可轻易地以各种主要的 CAD 格式导入数据；通过使用待加工部件的 CAD 模型，可在短短几分钟内自动生成运动轨迹；还可以自动分析伸展能力，可让操作者灵活移动机器人或工件，直至所有位置均可到达；可实现碰撞检测，确保机器人离线编程得出程序的可用性；可以在 RobotStudio 中进行工业机器人工作站的动作模拟仿真及周期节拍，为工程的实施提供真实的验证；具有多种可选的应用功能包，将机器人更好地与工艺应用进行有效的融合；支持二次开发，使机器人应用实现更多的可能，满足机器人的科研需要。但是它只支持 ABB 品牌机器人，机器人间的兼容性不高。

2. RobotStudio 用户界面

RobotStudio 用户界面如图 1-2-1 所示。①为快捷工具栏，可进行保存、撤销等快捷操作；②为菜单栏，包括基本、建模、仿真、控制器、RAPID、Add-Ins 等几个选项卡；③为工具栏，不同选项卡下的工具不同；④为视图区，直观显示机器人工作站的全局；⑤为导航条，不同选项卡下的导航内容不同。

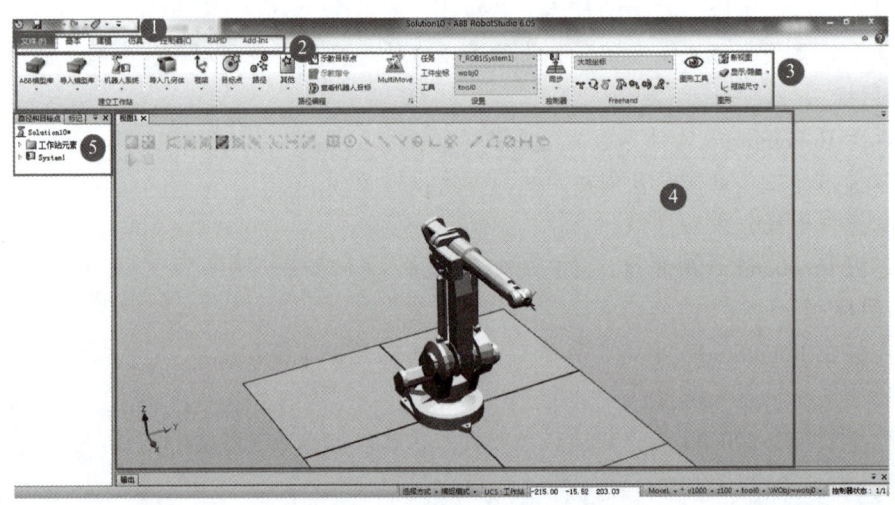

图 1-2-1　RobotStudio 用户界面

"文件"选项卡，包含创建新工作站、创造新机器人系统、连接到控制器，将工作站另存为查看器的选项和 RobotStudio 选项。如图 1-2-2 所示，"基本"选项卡，包含搭建工作站、创建系统、编程路径和摆放物体所需的控件。"建模"选项卡，包含创建和分组工作站组件、创建实体、测量以及其他 CAD 操作所需的控件。"仿真"选项卡，包含创建、控制、监控和记录仿真所需的控件。"控制器"选项卡，包含用于虚拟控制器的同步、配置和分配给它的任务控制措施，还包含用于管理真实控制器的控制功能。"RAPID"选项卡，包含RAPID 编辑器的功能、RAPID 文件的管理以及用于 RAPID 编程的其他控件。"Add-Ins"选项卡，包含 powerpacs 和 vsta 的相关控件。

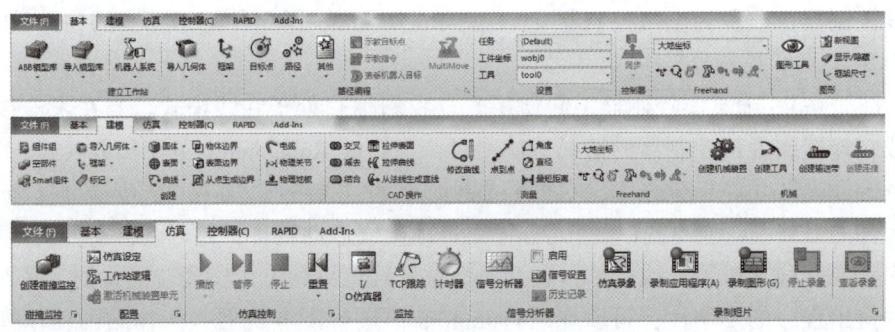

图 1-2-2　RobotStudio 选项卡详情

项目一 工业机器人系统认知与仿真软件的使用

图 1-2-2 RobotStudio 选项卡详情（续）

RobotStudio 视图区可以通过鼠标和键盘进行控制，可以进行选择项目、旋转工作站、平移工作站、缩放工作站等操作，具体描述如表 1-2-1 所示。

表 1-2-1 RobotStudio 视图区操作详情

用于	使用键盘/鼠标组合	描述
选择项目	🖱	只需单击要选择的项目即可。要选择多个项目，按 Ctrl 键的同时单击新项目
旋转工作站	Ctrl+Shift+🖱	按 Ctrl+Shift 键和鼠标左键的同时，拖动鼠标对工作站进行旋转。三键鼠标，可以使用中间键和右键替代键盘组合
平移工作站	Ctrl+🖱	按 Ctrl 键和鼠标左键的同时，拖动鼠标对工作站进行平移
缩放工作站	Ctrl+🖱	按 Ctrl 键和鼠标右键的同时，将鼠标拖至左侧可以缩小，将鼠标拖至右侧可以放大。三键鼠标，可以使用中间键替代键盘组合
使用窗口缩放	Shift+🖱	按 Shift 键和鼠标右键的同时，将鼠标拖过要放大的区域
使用窗口选择	Shift+🖱	按 Shift 键和鼠标左键的同时，将鼠标拖过该区域，以便选择与当前选择层级匹配的所有项目

3. 工作站构建流程

在大多数情况下，我们可以按照以下流程进行工作站的构建。

（1）创建系统工作站

"新建"选项卡提供了三种创建工作站的方式，第一种是创建"空工作站解决方案"，如图 1-2-3 所示，需要确定工作站解决方案的名称和存放路径。

第二种是创建"工作站和机器人控制器解决方案"，如图 1-2-4 所示，除了需要确定工作站解决方案的名称和存放路径外，还需要确定已有控制器的名称、存放位置和机器人

23

型号。

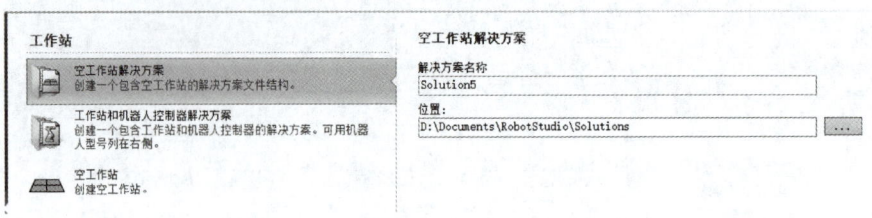

图 1-2-3　创建"空工作站解决方案"

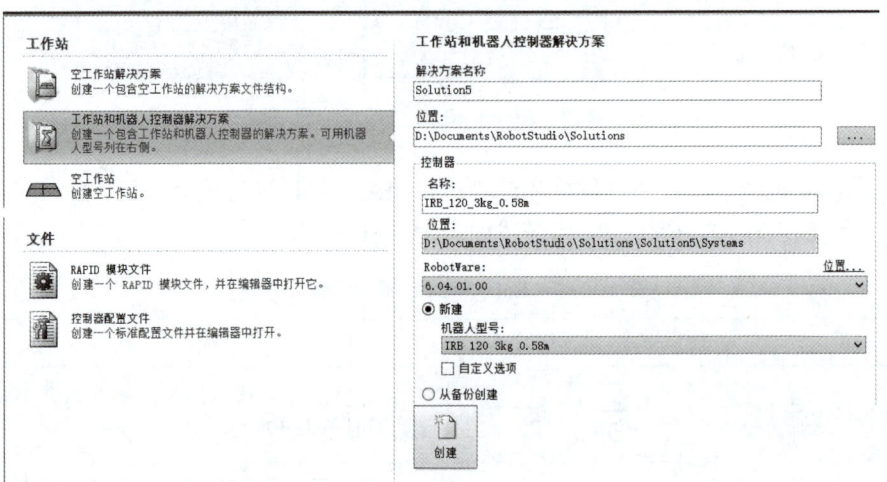

图 1-2-4　创建"工作站和机器人控制器解决方案"

注意：保存工作站文件夹路径不要存在中文，否则系统配置无法导入。

第三种是创建"空工作站"，如图 1-2-5 所示，预先不需要进行任何定义，直接单击"创建"即可生成一个工作站文件，但是需要及时单击"保存"按钮进行保存。

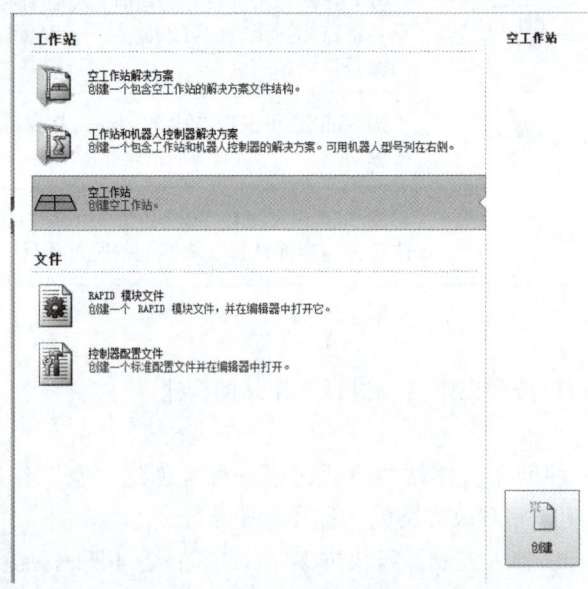

图 1-2-5　创建"空工作站"

（2）导入或创建要使用的对象

单击"ABB 模型库"按钮，可以从相应的列表中选择所需的机器人、变位机和导轨。单击"导入模型库"，可以导入设备、几何体、变位机、机器人、工具以及其他物体到工作站，如图 1-2-6 所示。

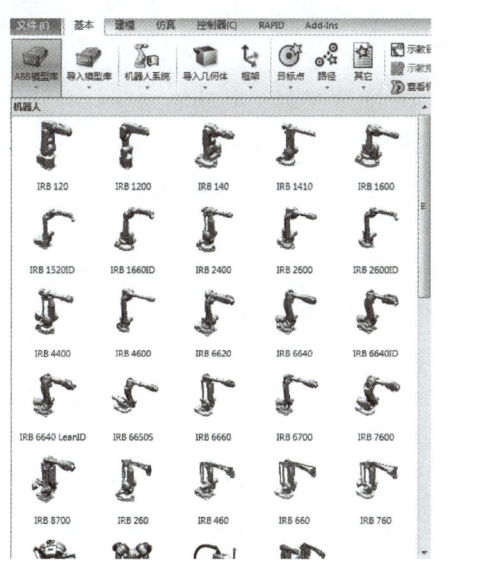
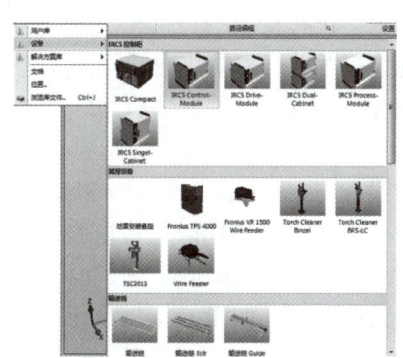

图 1-2-6　导入机器人和设备模型

（3）通过为机器人和其他设备寻找最佳位置，优化工作站布局

要实现工作站所需的布局，需要在导入或创建对象之后，按照实际工作站布局在软件中相应位置放置虚拟对象，或者将对象安装到机器人或其他机械装置。多种优化工作站布局的操作方式及描述如表 1-2-2 所示。

表 1-2-2　多种优化工作站布局的操作方式及描述

操作	描述
摆放对象	将对象放置在工作站的指定位置中
旋转对象	为了实现所需的布局，可以对工作站中的对象进行旋转
测量	可测量从图形窗口中选择的点之间的距离、角度和直径等
创建组件组	相关的物体将在浏览器中组成组件组
安装或拆除物体	如果某对象要跟随其他对象一起移动，可使用安装功能，如工具必须安装至机器人末端，不使用时可进行拆除
微动机器人	通过微动控制，可以移动机器人。此外，可以定位机器人轴
修改任务框架	修改任务框架会改变当前工作站中控制器和与其相联的机器人和其他设备的位置
修改 baseframe 位置	通过修改 baseframe 位置，可以设置控制器大地坐标系和机械单元的 baseframe 之间的偏移。如果多个机械单元属于同一个控制器（如 MultiMove 系统中的多个机器人），或者使用的是定位器外轴，必须执行上述操作

(4) 为机器人配置系统

如果机器人未连接至控制器，则不能进行编程。可以为机器人配置一个系统，形成连接至虚拟控制器机器人，可以实现在 PC 端进行仿真练习的目的。有三种创建机器人系统的方式，分别是"从布局…""新建系统"和"已有系统"。若已经在工作站中添加了机器人模型，一般使用"从布局…"创建机器人系统。

(5) "Freehand 选项"控制虚拟机器人

"Freehand 选项"是进行虚拟机器人基本操作的主要工具，其功能如下。

移动：在图形窗口中，单击某一轴将项目拖到位置上。

旋转：在图形窗口中，单击某个转动环将项目拖到位置上。如果在旋转项目时按下 Alt 键，则旋转一次移动 10°。

手动控制关节：单击想要移动的关节并将其拖至所需的位置。如果按住 Alt 键同时拖拽机器人关节，机器人每次移动 10°。按住 F 键的同时拖拽机器人关节，机器人每次移动 0.1°。

手动线性-Jog Linear（微动控制线性）：单击想要移动的关节，并将机器人 TCP 拖至首选位置。如果按住 F 键同时拖拽机器人，机器人将以较小步幅移动。

手动重定向-Jog Reorient（微动控制重定向）：单击该定位环，然后拖动机器人将 TCP 旋转至所需的位置，如图 1-2-7 所示。如果在重定向时按下 Alt 键，则机器人的移动步距为 10 个单位；如果按下 F 键，则移动步距为 0.1 个单位。

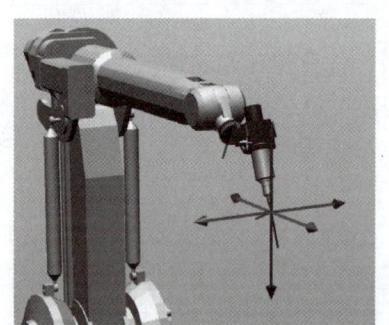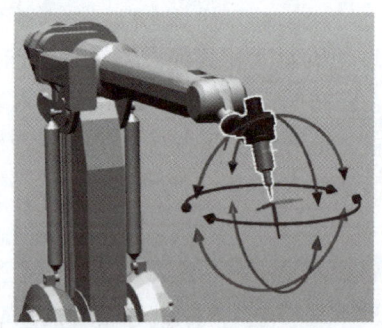

图 1-2-7 手动线性和手动重定向

Multirobot 微动控制：选择微动模式，微动其中一个机器人，其他机器人将跟随其移动。

注意：手动线性和手动重定向都可以选择参考坐标系（大地、本地、UCS、活动工件、活动工具），对不同的参考坐标系，线性移动和重定向的行为也有所差异。

其他优化工作站布局或者控制机器人的具体操作可参见"任务实施"部分，或者扫描旁边二维码在 RobotStudio 说明书中进行查找。

4. 工作站的基本操作

(1) 回到虚拟机器人的机械原点

在 RobotStudio 中的虚拟机器人，由于手动操作到了关节超限或者奇点等位置无法移动，可以通过右击"布局"选项卡中的"回到机械原点"命令，将机器人回零，如图 1-2-8 所示。在 RobotStudio 中，IRB1410 机器人的机械原点是第 5 轴为 30°，其余轴为 0°。

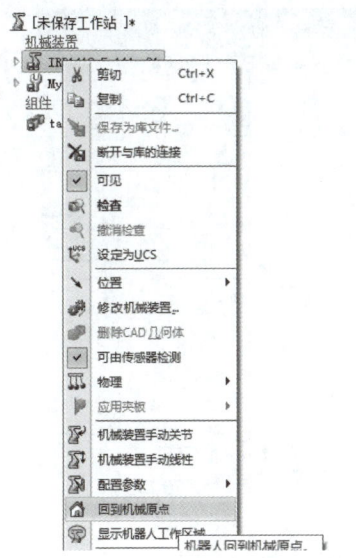 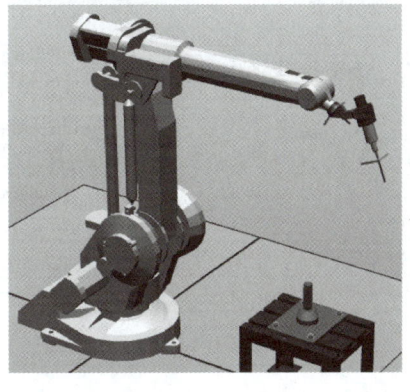

图 1-2-8　回到机械原点

（2）显示机器人工作区域

在 RobotStudio 中的虚拟机器人，可以以 2D 和 3D 轮廓的形式显示其工作区域，如图 1-2-9 所示，在"布局"选项卡的 IRB1410 机器人上右击，选择"显示机器人工作区域"命令即可。

 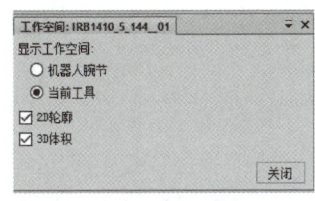 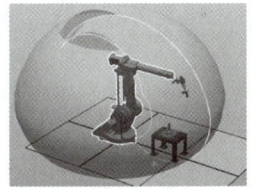

图 1-2-9　机器人工作区域

（3）恢复默认窗口布局

在 RobotStudio 中进行操作时，若不小心关闭了某些窗口，可以单击图 1-2-10 所示的快捷下拉箭头，单击"窗口"命令，勾选需要显示的窗口即可，也可以单击"默认布局"显示所有窗口。

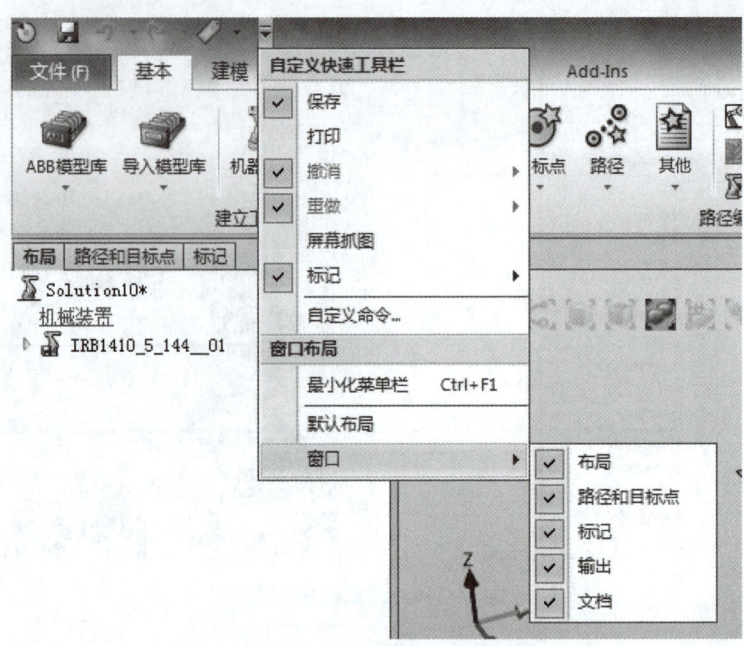

图 1-2-10　恢复默认窗口布局

项目一 工业机器人系统认知与仿真软件的使用

任务实施

1. 创建工业机器人工作站并创建系统

创建工业机器人工作站并创建系统的操作如表 1-2-3 所示。

利用 RobotStudio 创建虚拟工作站

表 1-2-3 创建工业机器人工作站并创建系统

序号	操作步骤	图片说明
1	双击 RobotStudio 软件图标,打开软件	
2	选中"空工作站",单击"创建"命令	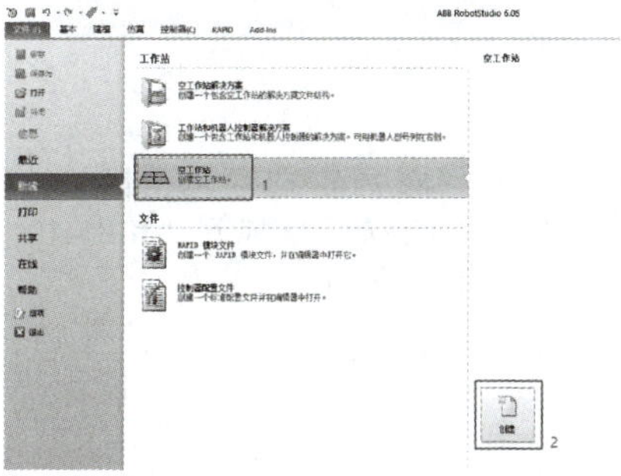
3	单击"保存"按钮,在弹出的对话框中选择工作站存放的路径,输入文件名(最好不包含中文),之后单击"保存"按钮	
4	单击"ABB 模型库"选项,按照实际需要选择合适型号的机器人,这里我们单击"IRB 1410"项,机器人即被添加到工作站视图区	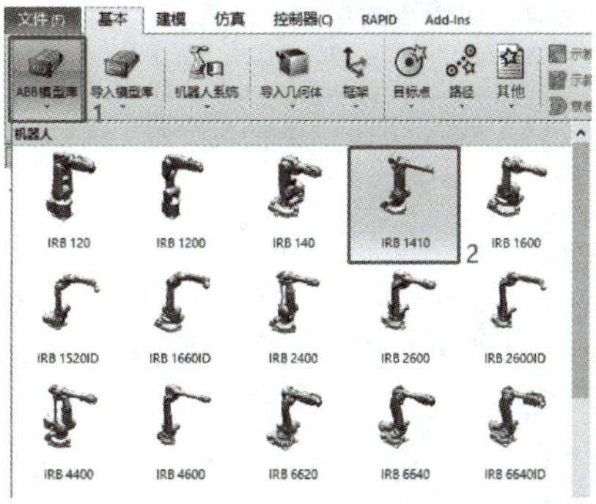

29

续表

序号	操作步骤	图片说明
5	单击"导入模型库"—"设备",在列表最下方选择"myTool"和"propeller table"选项,导入工具和桌子模型	
6	在"布局"选项卡,鼠标左键按住"MyTool"选项拖拽到"IRB1410_5_144_01"上,松开鼠标	
7	在弹出的对话框中单击"是"按钮,工具即被安装在机器人末端法兰上	
8	单击"Freehand"选项卡中的"移动"按钮,单击桌子部件出现一个带箭头的坐标系,按照需要选择具体的方向将桌子移动到合适的位置	
9	单击"机器人系统"选项,在下拉菜单中单击"从布局…"命令	

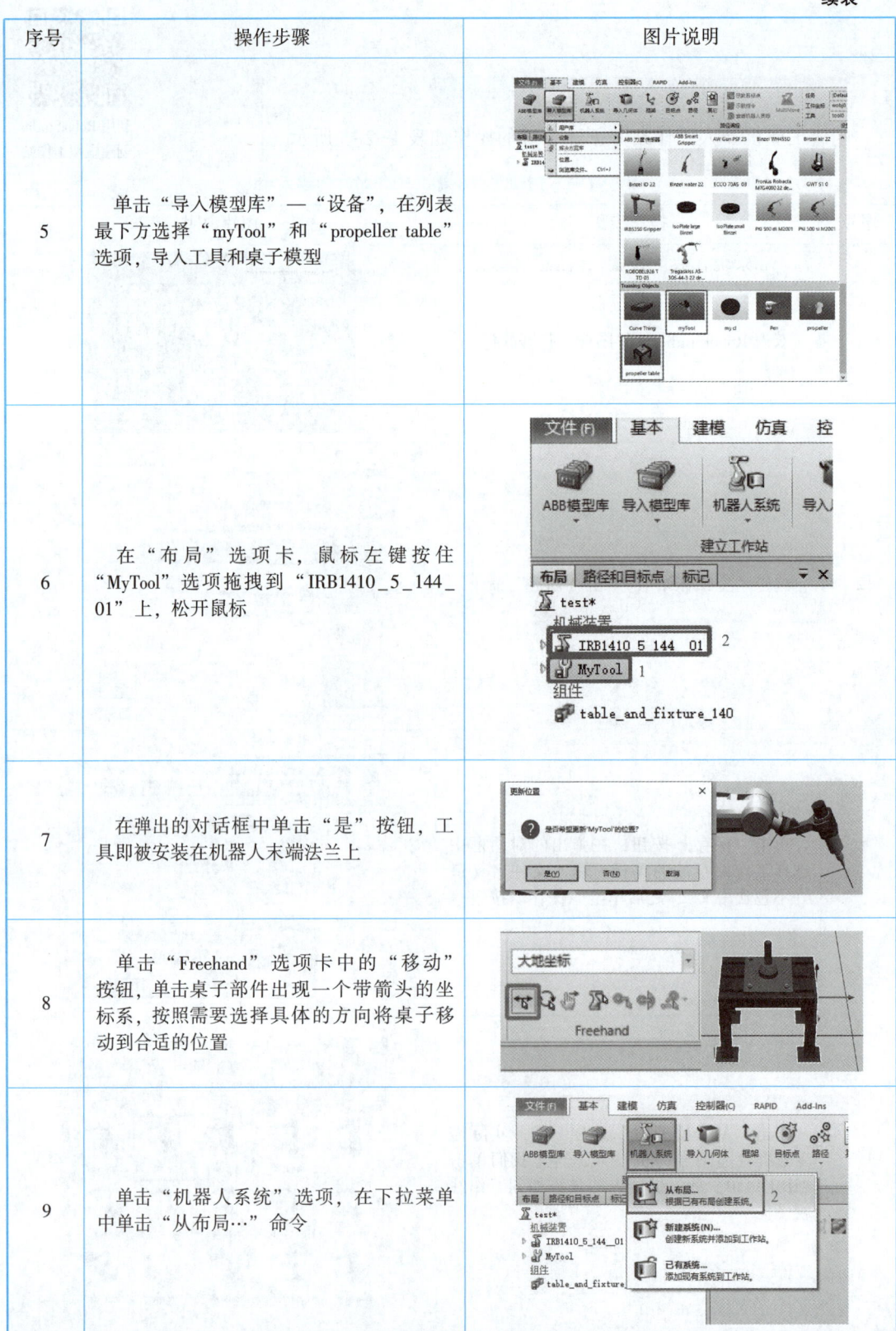

续表

序号	操作步骤	图片说明
10	在弹出的对话框中，首先输入系统"名称"和系统存放"位置"，注意不要有中文。单击"下一个"按钮	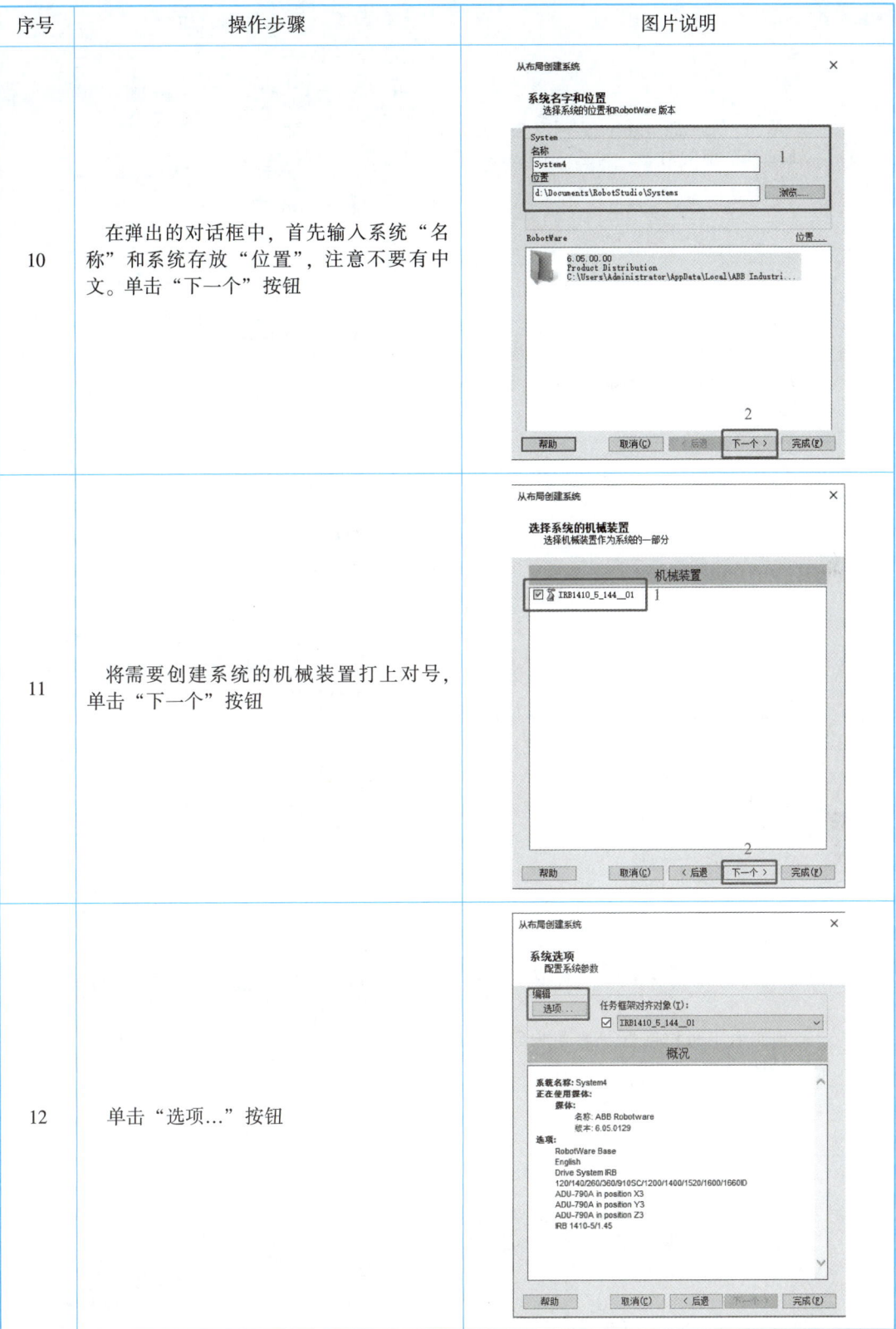
11	将需要创建系统的机械装置打上对号，单击"下一个"按钮	
12	单击"选项…"按钮	

续表

序号	操作步骤	图片说明
13	单击"Default Language"选项,取消"English"前的对号,勾选"Chinese"前的对号	
14	单击"Industrial Networks"选项,勾选"709-1 DeviceNet Master/Slave"复选框,单击"确定"按钮	
15	单击"完成"按钮,等待机器人系统创建并启动	
16	视图右下角控制器状态变为绿色,即"已启动"	
17	单击"控制器"选项卡,单击"示教器"命令,打开"虚拟示教器"FlexPendant窗口	

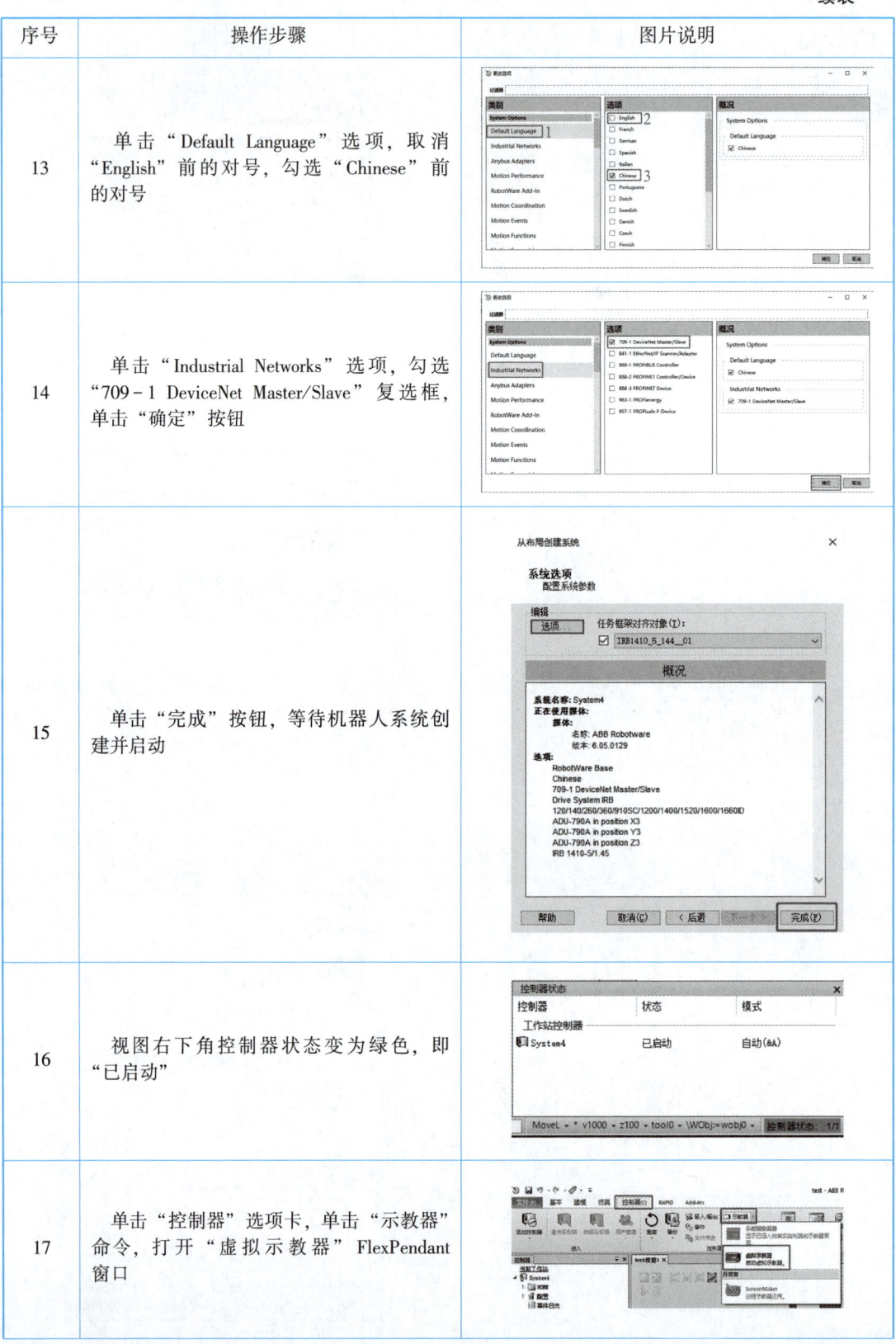

续表

序号	操作步骤	图片说明
18	单击虚拟示教器上集成的控制柜标志，将模式控制钥匙开关更改为如右图所示的"手动"模式，即可开启后续的操作	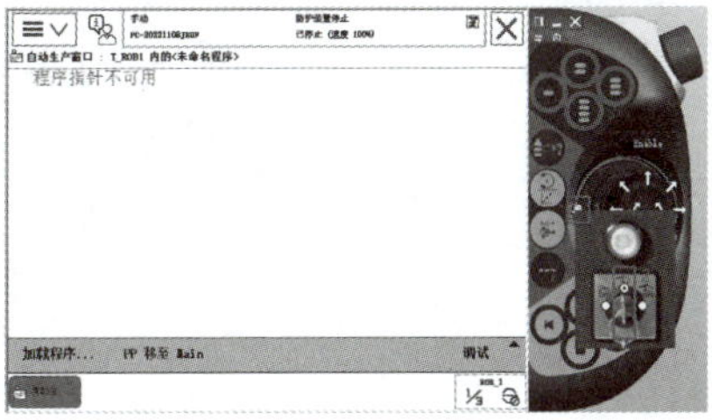

2. 三点法放置对象

三点法放置对象操作如表 1-2-4 所示。

虚拟工作站的操作

表 1-2-4　三点法放置对象

序号	操作步骤	图片说明
1	单击"导入模型库"—"设备"，在列表最下方选择"Curve Thing"选项	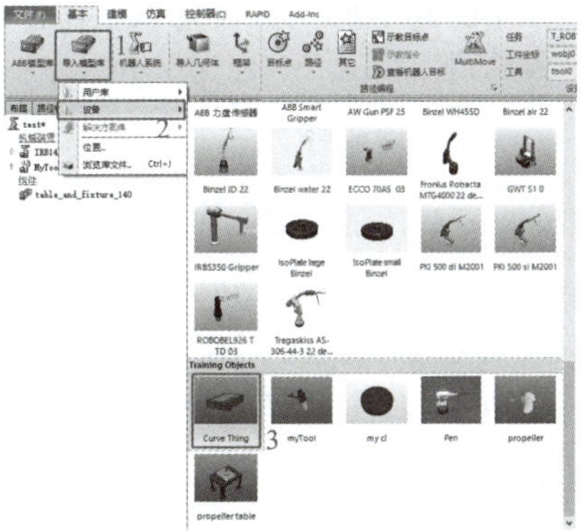
2	在"布局"选项卡中，在"Curve_thing"对象上单击鼠标右键，在弹出的菜单中依次选择"位置"—"放置"—"三点法"选项	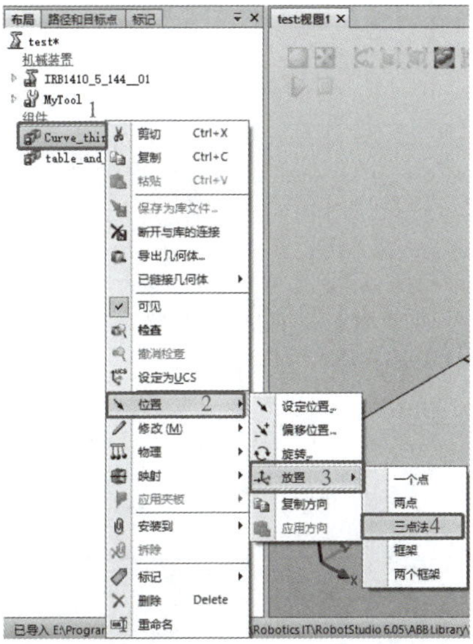

33

续表

序号	操作步骤	图片说明
3	单击视图区域上方"捕捉对象"功能，依次在视图区按照右图所示关键点，选取"主点-从""主点-到""X轴上的点-从""X轴上的点-到""Y轴上的点-从""Y轴上的点-到"。选取完毕，单击"应用"按钮	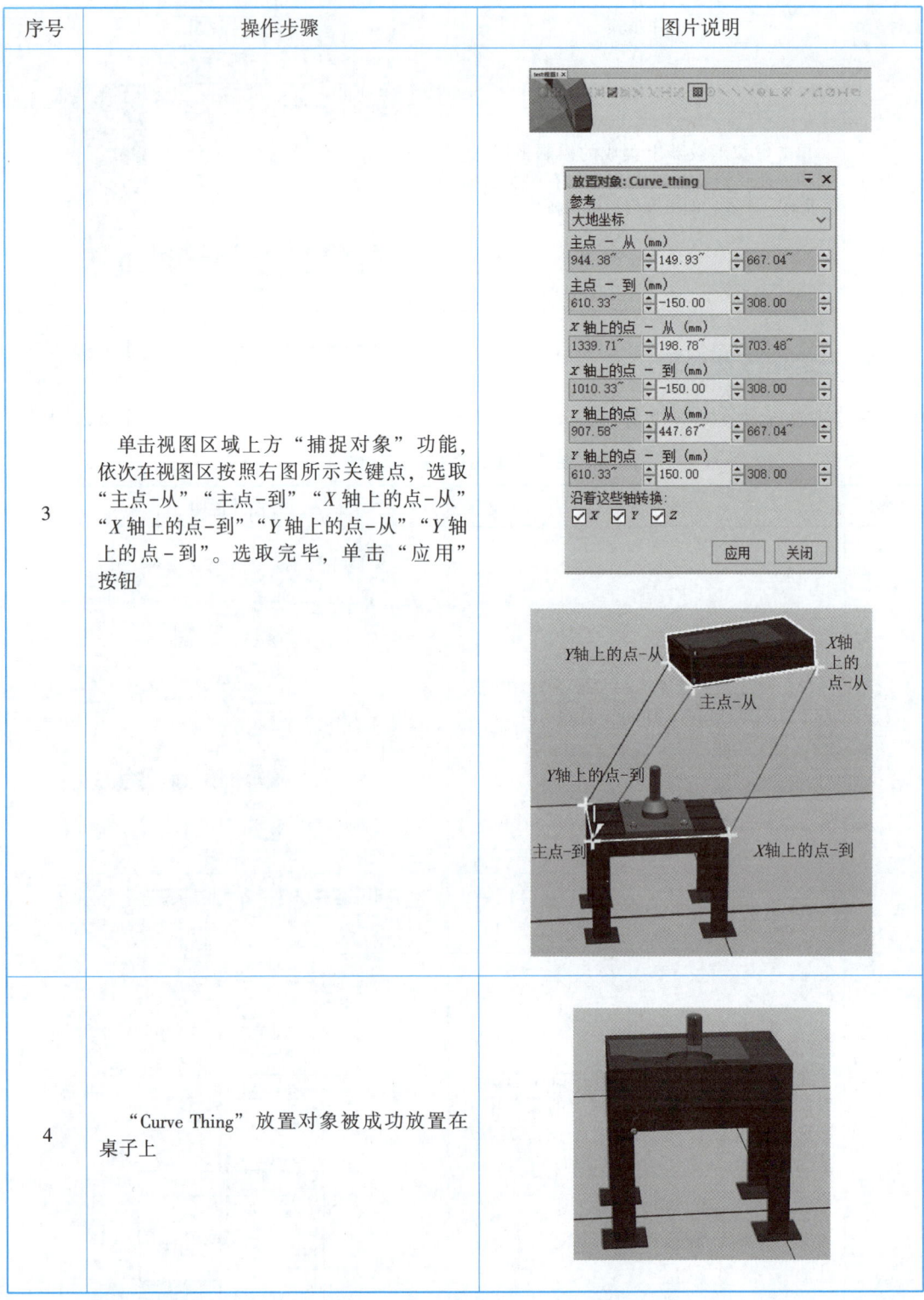
4	"Curve Thing"放置对象被成功放置在桌子上	

3. 打包和解包

打包和解包操作如表1-2-5所示。

表1-2-5　打包和解包

序号	操作步骤	图片说明
1	单击"文件"—"共享"—"打包"命令	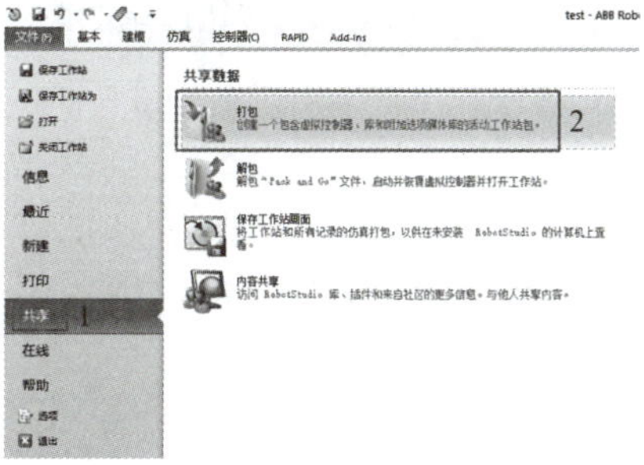
2	在弹出的对话框中输入打包的名字和位置（注意不要包含中文），单击"确定"按钮，即可实现文件的打包	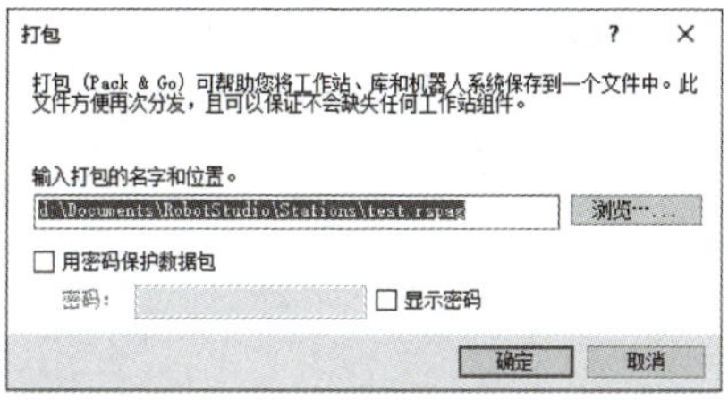
3	单击"文件"—"共享"—"解包"命令	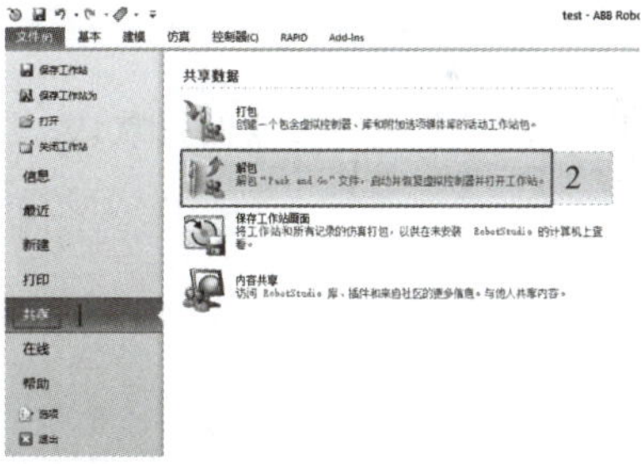
4	在弹出的解包向导中，单击"下一个"按钮	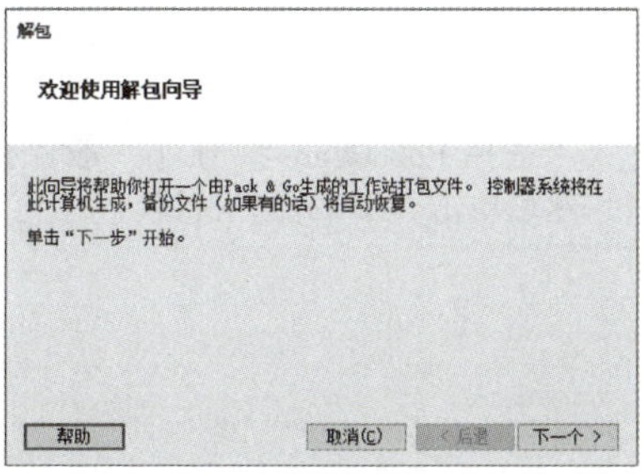

续表

序号	操作步骤	图片说明
5	单击"浏览…"按钮选择要解包的文件	
6	选中要解包的文件，单击"打开"按钮	
7	目标文件夹可以保持默认，然后单击"下一个"按钮	
8	选择 RobotWare 型号（一般保持默认），然后单击"下一个"按钮	

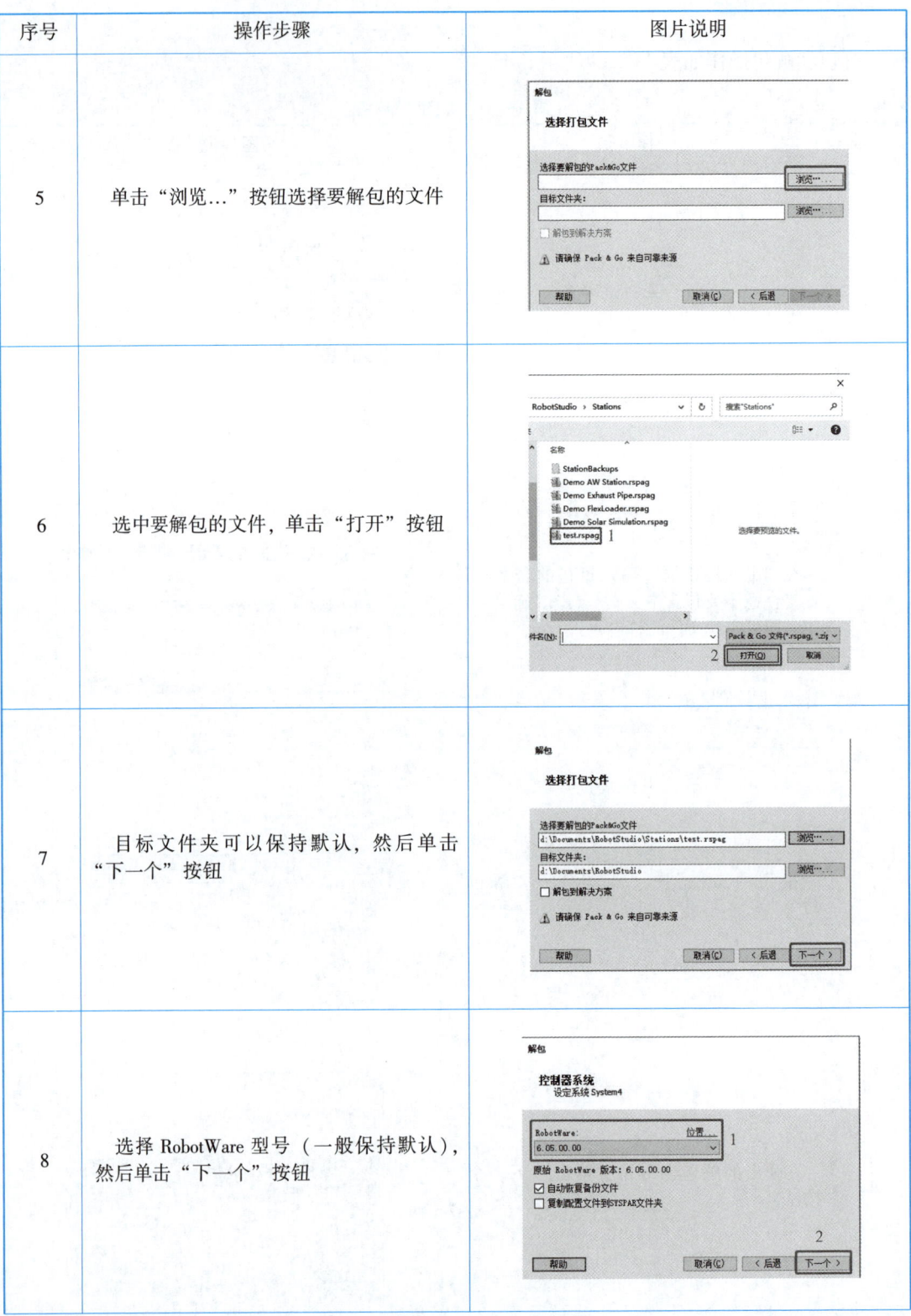

续表

序号	操作步骤	图片说明
9	单击"完成"按钮，等待解包即可	解包已准备就绪的对话框截图

任务评价

自评和互评：请按照下表对自己的操作进行自评，并邀请同组成员进行互评。

主题	操作员姓名		自评得分	互评得分
	评分标准	分值		
机器人工作站的创建（30分）	成功创建机器人工作站，添加机器人和工具	10		
	成功"从布局"创建工业机器人系统	20		
软件基本操作（60分）	利用"三点法"将"Curve Thing"放置对象成功放置在桌子上	20		
	使用Freehand将工具调整到垂直于地面的姿态	15		
	成功将自己创建的工作站进行打包	15		
	可以正确解包工作站	10		
职业素养（10分）	能与团队成员协作完成任务	3		
	能举例说明自己知道的优秀毕业生	2		
	着装规范，有纪律	3		
	尊重实训老师，服从安排	2		
	合计	100		
操作员签名	年 月 日	评分员签字		年 月 日

拓展训练

任务要求：外围设备用来配合机器人完成工作站的仿真工作，包括：机器人底座、工具、安全防护装置、防护装置内设备、防护装置外设备等。除直接从模型库添加之外，对于库中没有的模型，还可以通过软件建模功能创建模型或者加载外部模型。现需要将机器人工作站（CHL-JC-01-A）中的3D工作台进行导入，并创建一个圆锥体。

37

任务实施：

1）在 RobotStudio 中可以创建一些简单的几何体，如矩形、圆锥体、圆柱体等模型，对模型进行颜色、位置等的设定，满足仿真验证，如节拍、到达能力等。如图 1-2-11 所示，单击"建模"选项卡中的"固体"选项，在下拉菜单中单击"圆锥体"，填写"半径"/"直径"和"高度"，单击"创建"按钮，即可创建如图 1-2-11 所示的圆锥体。其他简单几何体创建操作类似。

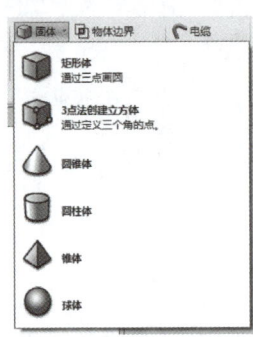 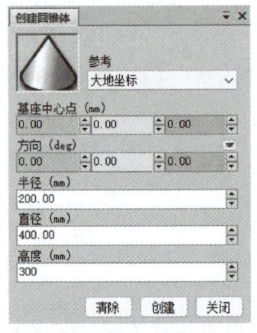 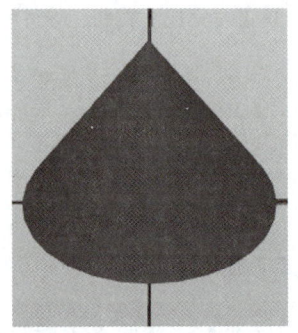

图 1-2-11　创建圆锥体

2）如果需要精致的三维模型，可以通过第三方的建模软件进行建模，并通过图 1-2-12 中显示的 *.sat，*.stp 等格式导入 RobotStudio 中来完成建模布局的工作。具体操作是：在"基本"或者"建模"选项卡中单击"导入几何体"的下拉三角，在弹出的下拉菜单中单击"浏览几何体"命令，在弹出的对话框中找到要存放几何体的路径，选中模型，单击"打开"按钮即可，如图 1-2-13 所示。

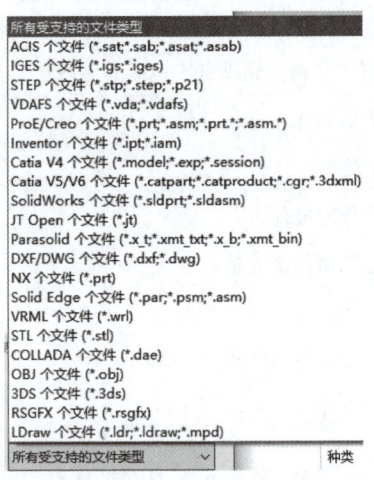

图 1-2-12　支持导入的三维模型格式

项目一 工业机器人系统认知与仿真软件的使用

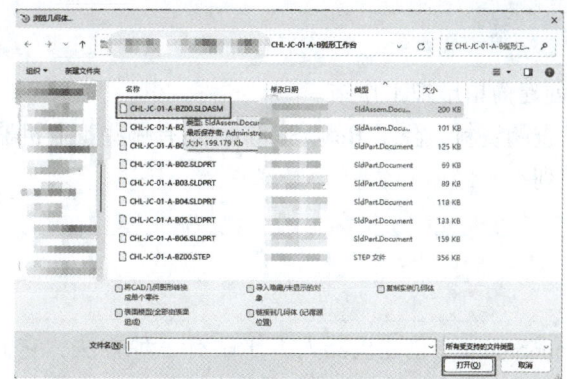

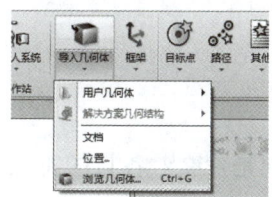

图 1-2-13 导入三维模型

任务工单

1) 创建简单虚拟工作站。

①请查阅资料,除了 RoboStudio,还有哪些工业机器人离线编程软件,它们分别有哪些特点,请列举一二。

②RoboStudio 中创建机器人工作站有三种方法,它们分别是什么?各自的特点是什么?你创建机器人工作站时一般选择哪种方法?

2) 虚拟工作站的基本操作。

①完成机器人工作站(CHL-JC-01-A)中 ABB 机器人和周边设备的导入,导入过程中存在哪些问题?你是如何解决的,记录在下列空白位置。

②利用"三点法"或者其他方法完成工作站中各对象的放置,请将主要步骤和完成任务过程中出现的问题及解决方法记录在下列空白位置。

③旋转、平移、放大缩小视图的快捷方式有哪些?

3) "从布局"创建机器系统。

①完成"从布局"创建工业机器人系统并设定缺省语言和工业网络,将完成任务过程中出现的问题及解决方法记录在下列空白位置。

②使用 Freehand 中手动关节、手动线性、手动重定位,将机器人画笔工具调整到垂直于工作台平面,初步理解三种运动方式,并将你对三种运行方式的理解写在下列空白位置。

③使用 Freehand 中手动关节对机器人 6 个轴进行操作时，观察各轴的运动方向及运行形式。将 6 个轴的范围记录在下方空白位置。

4）打包和解包。
将创建好的工作站进行打包，拷贝到 U 盘或网盘，将出现的问题记录在下列空白位置。

5）任务评价。
自评和互评：请按照下表对自己的操作进行自评，并邀请同组成员进行互评。

主题	评分标准	分值	自评得分	互评得分
	操作员姓名			
机器人工作站的创建（20分）	成功创建机器人工作站，添加机器人和工具	10		
	成功"从布局"创建工业机器人系统	10		
软件基本操作（70分）	利用合适的方法完成机器人工作站（CHL-JC-01-A）布局	20		
	使用 Freehand 将画笔工具调整到垂直于工作台的姿态	10		
	正确记录机器人 6 个轴的范围	15		
	成功将自己创建的工作站进行打包	15		
	可以正确解包工作站	10		
主题	评分标准	分值	自评得分	互评得分
职业素养（10分）	能与团队成员协作完成任务	3		
	能举例说明自己知道的优秀毕业生	2		
	着装规范，有纪律	3		
	尊重实训老师，服从安排	2		
	合计	100		
操作员签名	年 月 日	评分员签字		年 月 日

6）总结提升。
①本任务已经完成，写一写完成该任务的心得体会吧，并且请写出你对该任务的意见和

建议。

_____

_____

_____

_____

②请回答下列问题巩固一下吧。

a) RobotStudio 软件中，在 *XY* 平面上移动工件的位置，可选中 Freehand 中（   ）按钮，再拖动工件。

    A. 移动　　　　　　B. 拖曳　　　　　　C. 旋转　　　　　　D. 手动关节

b) 不创建虚拟控制系统，RobotStudio 软件中机器人的以下操作无效（   ）。

    A. 机械手动关节　　B. 机械手动线性　　C. 回到机械原点　　D. 显示工作区域

c) RobotStudio 软件中，未创建机器人系统的情况下可以使用的功能是（   ）。

    A. 打开虚拟示教器　B. 手动线性　　　　C. 手动重定位　　　D. 导入几何体

d) 下列不属于 RobotStudio 离线编程软件的特点的是（   ）。

    A. 支持多种格式的三维 CAD 模型

    B. 支持多种品牌及型号的机器人

    C. 可自动识别 CAD 模型的点、线、面信息生成轨迹

    D. 可制作工作站仿真动画

e) 判断：RobotStudio 高级版提供了所有品牌机器人的离线编程功能和多机器人仿真功能。高级版中包含基本版中的所有功能。（   ）

f) 判断：RobotStudio 6.05 主菜单包括：文件、基本、建模、仿真、控制器、RAPID、Add-Ins 七个功能。（   ）

g) 判断：RobotStudio 软件只能对 ABB 品牌机器人进行仿真和编程。（   ）

项目总结

通过学习工业机器人系统认知与仿真软件的使用项目，了解了工业机器人的历史、现状、组成、分类、应用、性能参数等，也学习了 RobotStudio 软件的基本操作，为后续内容的学习奠定了基础。同时，结合配套在线课程资源和项目的练习，能够具有集体意识和团队合作精神，热爱本职工作，具有爱岗敬业的职业素养以及耐心、细心、精益求精的工匠精神。

项目二
手动操纵工业机器人拾取工具

项目情景

工业机器人可以通过手动操纵台控制，通常是使用专门的手柄或者遥控器，一般称之为"示教器"。

手动操纵通常用于以下情况。

1) 调试工作：使用手动操纵来验证机器人程序是否正确；

2) 应对异常情况：当机器人需要完成非常规的任务时，手动操纵可帮助机器人顺利完成任务；

3) 故障排除：通过手动操纵来检查机器人是否存在一些故障或者机械部件是否正常运行；

4) 人工干预：当机器人操作中出现问题时，需要进行及时干预。

操纵工业机器人需要注意安全并遵守相关规定，如图 2-0-1 所示，以确保能够正确、准确地控制机器人，并且不会对自身或者周围工作环境造成危险。

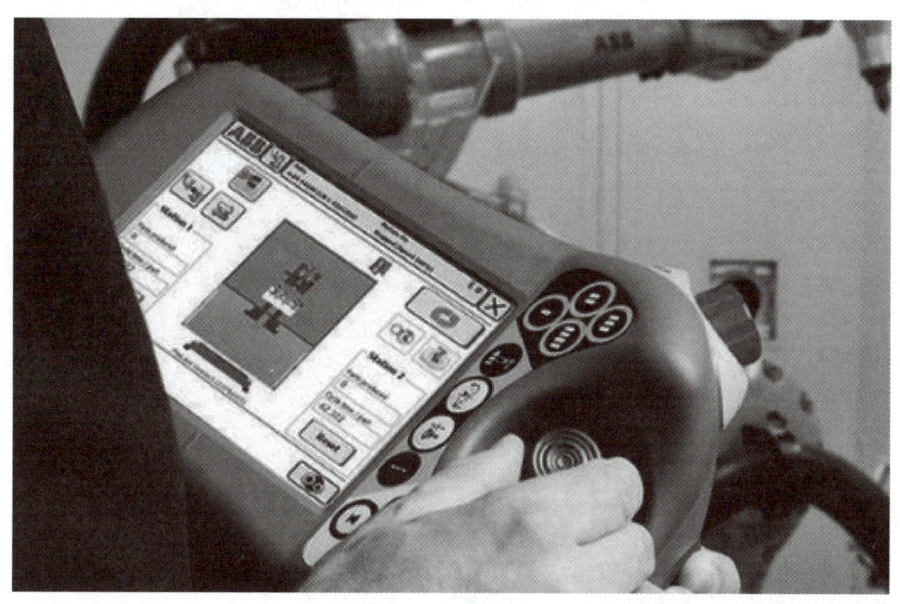

图 2-0-1　工业机器人手动操纵

在调试某工业机器人工作站时，需要手动操纵工业机器人完成拾取工具的任务，以验证机器人抓取位置是否可达。

作为操作人员，你需要熟悉此工作站的基本操作，熟悉示教器的使用，掌握工业机器人系统设置和三种手动操纵模式，并且能够自由切换以完成任务。让我们开启本项目的学习之旅吧。

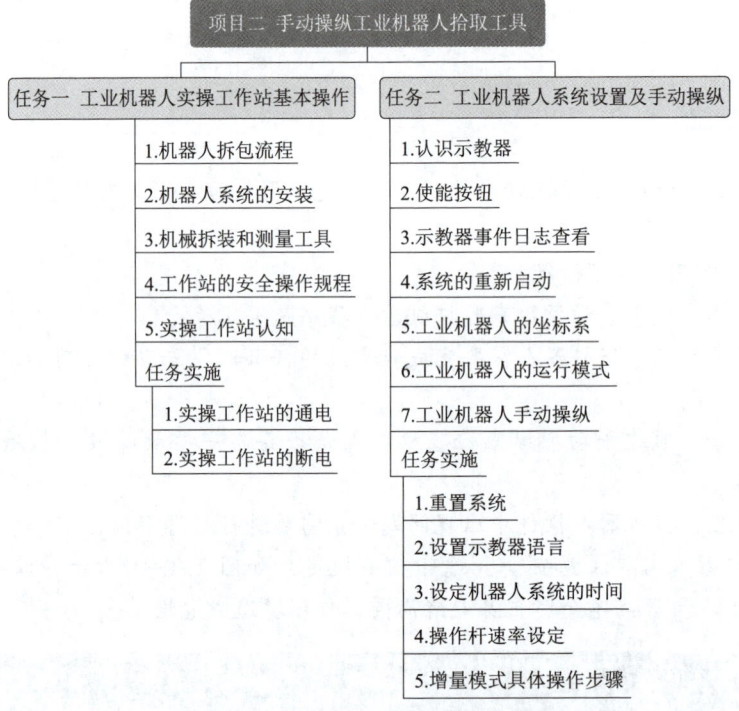

任务一　工业机器人实操工作站基本操作

学习目标

素质目标：

1）具有较高的专业认同感；
2）具备精益求精的工匠精神；
3）具有一定的专业英语素养。

知识目标：

1）熟悉实操工作站组成及功能；
2）掌握常用机械拆装和测量工具的特点及使用方法；
3）熟练掌握工作站的安全操作规程；
4）掌握工作站的通电、断电等操作。

能力目标：

1）能对工业机器人进行拆包；
2）能够参与工业机器人的初步安装；
3）能够使用常用机械拆装和测量工具进行拆装及测量；
4）能按照安全操作规程对实操工作站进行初步操作。

任务描述

某单位刚到货一批工业机器人工作站（CHL-JC-01-A），如图 2-1-1 所示，需要你协助负责人利用机械拆装和测量工具对工业机器人进行拆包、测量以及安装，在熟悉工作站的安全操作规程后，进行工业机器人认知和初步操作。要求：安全而细致地对机器人设备包裹进行拆包；精确地测量机器人安装参数，并利用机械工具准确地安装机器人系统；安全操作流程熟悉于心；实操工作站的认知及通电启动、断电等简单操作。

图 2-1-1　工业机器人工作站

任务分析

1. 机器人拆包流程

工业机器人的拆包与安装

机器人拆包流程如图 2-1-2 所示，在进行拆包之前，机器人包装的外观是最为重要的检查项目，机器人及其包装状态是否完好将直接影响后续工作。机器人包装所用扎带往往很结实，以钢扎带居多，需要合理利用工具处理此

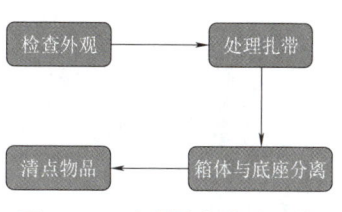

图 2-1-2　机器人拆包流程的关键点

类扎带。机器人外包装最为常见的是木板制作的箱体，需要按照箱体正放标识将箱体取出放置于平整地面。拆包含义有两个，其一为上述外包装，其二则包含机器人的关键零部件，故拆包完成后一并清点各物品也是流程的核心环节，此时建议核查到货清单，并做好物品清点记录。

2. 机器人系统的安装

机器人系统主体分为机器人本体和控制柜，需要分别进行准确安装，其中要点为稳固，基座要求放置于平坦之处,并为机器人留足工作空间。本体与控制柜安装完成后,另一个关键部分便为电缆的连接,每种电缆都有各自的功能,且电缆接口各不相同,需要按照接口精准连接,并锁紧,最后为示教器及其支架安放。

3. 机械拆装和测量工具

认识机械拆装和测量工具

机械拆装工具是进行机器人安装的基础,见表2-1-1,常用的拆装工具有内六角扳手、扭矩扳手、橡胶锤、斜口钳、尖嘴钳、螺丝刀等。其中,根据应用场景的不同,内六角扳手又有普通型、梅花型、带球头加长型等;螺丝刀也有普通型和特殊型等划分。

表 2-1-1 拆装工具

工具	功能	主要特点
内六角扳手	拆装内六角螺钉	简单、轻巧、成本低廉
梅花内六角扳手	拆装梅花形螺钉	简单、轻巧、特殊构型
扭矩扳手	可施加特定扭矩值	可设定扭矩,扭矩可调
橡胶锤	柔和敲击工件	具有弹性,不损伤工件表面
斜口钳	剪切多余引线	耐用、可剪切、可剖切
带球头的T形六角扳手	拆装内六角螺钉	加长扳手
尖嘴钳	剪切较细多股线	能在较狭小空间工作
螺丝刀	拧转螺丝	薄楔形、一字、十字口
小型螺丝刀套装	拆装小型螺丝	小巧,使用便捷

测量工具则是在安装过程中或安装完成调试过程中使用,主要涵盖张力、电参量、相对作用力、尺寸等的测量,见表2-1-2,主要有数字显示张力计、数字式万用表、弹簧秤、卷尺和游标卡尺等,其中数显类型的测量工具可以直观显示被测量数值,因而被广泛使用。

表 2-1-2 测量工具

工具	功能	主要特点
数字显示张力计	测试同步带张紧后的张力	波形周期可读、直观显示
数字式万用表	测量电参数	多功能、操作简便
弹簧秤	测量作用力大小	结构简单、易测量
卷尺	测量较长的尺寸或距离	方便携带、尺长可调
游标卡尺	测量较小尺寸或距离	可测量内、外径,精度较高

工作站的安全操作规程

4. 工作站的安全操作规程

(1)规范着装

操作机器人时需按照规范着装,正确佩戴安全帽,女生则须将头发盘起,安全帽外不得露出头发,如图2-1-3所示。

项目二 手动操纵工业机器人拾取工具

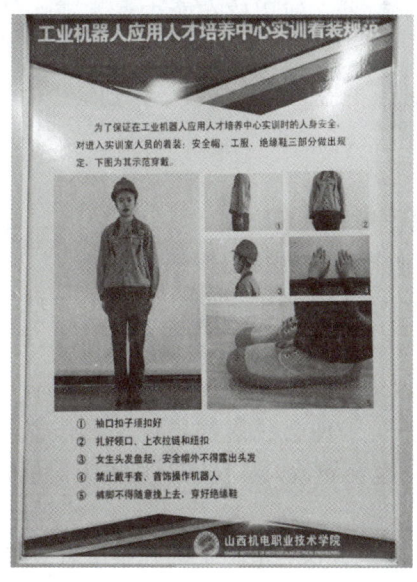 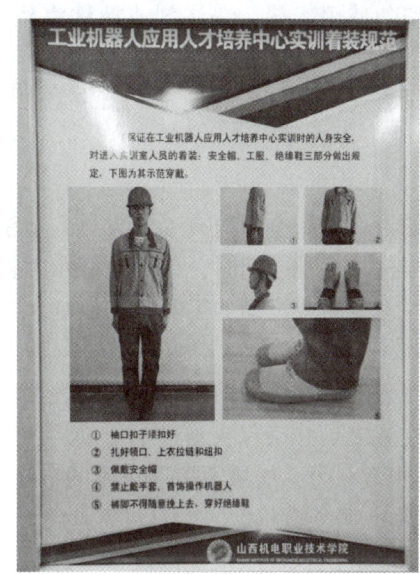

图 2-1-3 着装规范

（2）关闭总电源

1）在进行机器人的安装、维修、保养时切记要将总电源关闭。带电作业可能会产生致命性后果。

2）在得到停电通知时，要预先关断机器人的主电源及气源。

3）突然停电后，要在来电之前预先关闭机器人的主电源开关，并及时取下夹具上的工件。

（3）与机器人保持足够的安全距离

在调试与运行机器人时，它可能会执行一些意外的或不规范的运动。并且，所有的运动都会产生很大的力量，从而严重伤害个人或损坏机器人工作范围内的任何设备。所以时刻警惕与机器人保持足够的安全距离。

（4）设备防护之防止静电危险

静电放电（ESD）是电势不同的两个物体间的静电传导，它可以通过直接接触传导，也可以通过感应电场传导。搬运部件或部件容器时，未接地的人员可能会传递大量的静电荷。这一放电过程可能会损坏敏感的电子设备。所以需要在有图 2-1-4 所示的标识情况下，做好静电放电防护。

图 2-1-4 静电危险标识

（5）示教器的安全

1）小心操作。不要摔打、抛掷或重击，这样会导致破损或故障。在不使用该设备时，将其挂到专门存放的支架上，以防意外掉到地上。

2）示教器的使用和存放应避免电缆被人踩踏。

3）切勿使用锋利的物体（如螺钉、刀具或笔尖）操作触摸屏。这样可能会使触摸屏受损，所以应用手指或触摸笔去操作示教器触摸屏。

4）定期清洁触摸屏。灰尘和小颗粒可能会挡住屏幕造成故障。

5）切勿使用溶剂、洗涤剂或擦洗海绵清洁示教器，使用软布蘸少量水或中性清洁剂清洁。

6）没有连接USB设备时务必盖上USB端口的保护盖。如果端口暴露到灰尘中，那么它会中断或发生故障。

（6）工作中的安全

1）如果在保护空间内有工作人员，请手动操作机器人系统。

2）当进入保护空间时，请准备好示教器，以便随时控制机器人。

3）注意旋转或运动的工具，如切削工具和锯。确保在接近机器人之前，这些工具已经停止运动。

4）注意工件和机器人系统的高温表面。机器人电动机长期运转后温度很高。

5）注意夹具并确保夹好工件。如果夹具打开，工件会脱落并导致人员伤害或设备损坏。夹具非常有力，如果不按照正确的方法操作，也会导致人员伤害。机器人停机时，夹具上不应置物，必须空机。

6）注意液压、气压系统以及带电部件。即使断电，这些电路上的残余电量也很危险。

（7）火灾处理

首先保证人员第一时间撤离，使伤员在第一时间得到救治，同时用干冰（CO_2）灭火器对准着火源基部进行灭火，如图2-1-5所示。

（8）紧急停止操作

紧急停止优先于任何其他机器人控制操作，它会断开机器人电动机的驱动电源，停止所有运转部件，并断开电源与操纵器系统控制的任何可能存在危险的功能的连接。出现以下情况时请立即按下任意紧急停止按钮（简称急停按钮），如图2-1-6所示。

1）机器人伤害了工作人员或损伤了机器设备。

2）机器人运行时，工作区域内有工作人员。

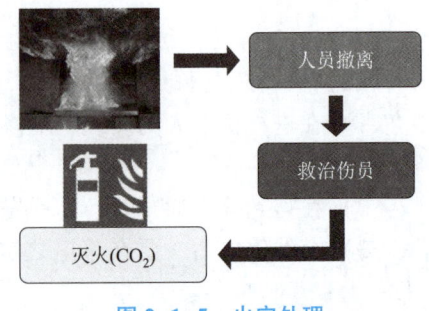

图 2-1-5　火灾处理

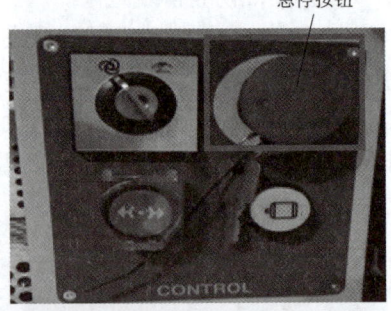

图 2-1-6　急停按钮

(9) 急停的恢复

等急停情况解除以后,可以旋开急停按钮解除急停状态,除旋开所有急停按钮外,还需按一下电机通电按钮,如图 2-1-7 所示。

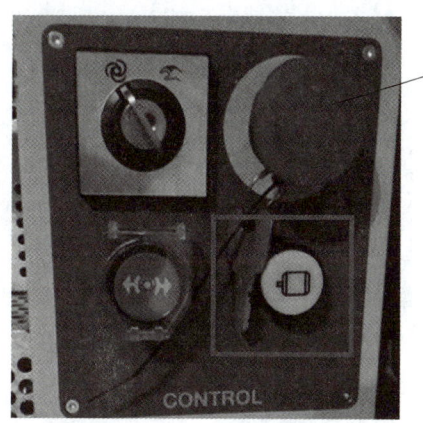

图 2-1-7 电机通电按钮

5. 实操工作站认知

CHL-JC-01-A 工作站由工业机器人本体(包含控制器,示教器,必要的线缆及接头等)、3D 工作台、流水线工作台、刀具库、操控台和安全房六大系统组成,如图 2-1-8 所示。各组成部分详情见表 2-1-3。其中,选用 ABB 的 IRB1410 型机器人。3D 轨迹板主要完成机器人轨迹类编程;流水线工作台主要完成模拟冲压功能调试。工作站配电箱提供流水线工作台的控制,刀具库存放刀具,工作站操作面板配置了触摸屏,机器人安装在机器人底座上,空气压缩机为工作站气路提供气源。

实操工作站认知

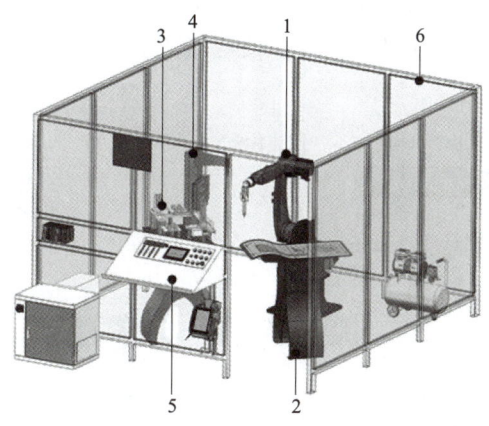

图 2-1-8 CHL-JC-01-A 工作站布局示意图

1—机器人本体;2—3D 工作台;3—流水线工作台;4—刀具库;5—操控台;6—安全房

主要性能参数如下。

输入电源:交流单相 220 V,频率 50 Hz。

额定功率：3 kW。

安全保护：急停开关、漏电保护、短路保护、过载保护。

整体尺寸：3 000 mm×4 000 mm×2 000 mm。

表 2-1-3　CHL-JC-01-A 工作站主要组成

IRB1410 型机器人	3D 轨迹板	流水线工作台
	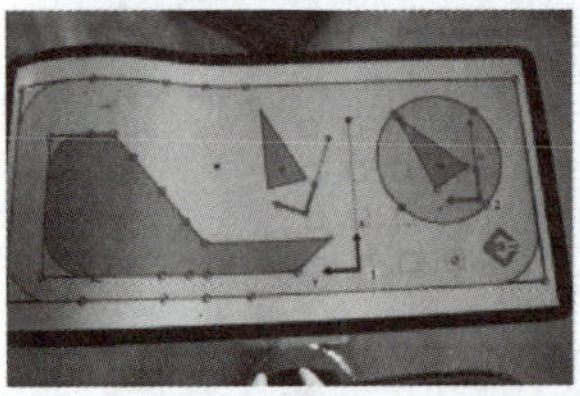	
工作站配电箱 刀具库	工作站操作面板 工业机器人底座	
空气压缩机		

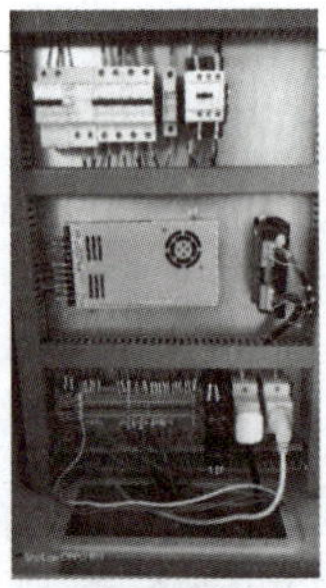

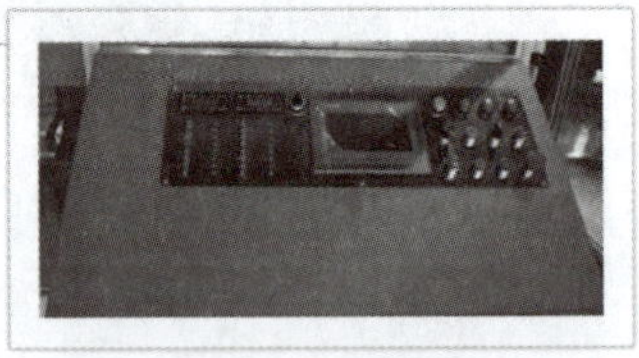

该工作站所用机器人为 ABB 的 IRB1410 型机器人，由机器人本体、控制柜和示教器组成，如图 2-1-9 所示。IRB1410 机器人各个轴运动范围如表 2-1-4 所示。主要性能参数如表 2-1-5 所示。

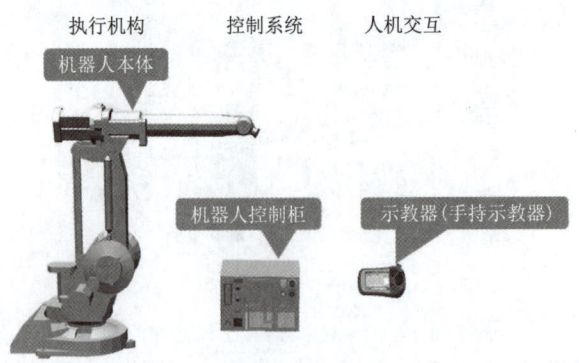

图 2-1-9　IRB1410 型机器人组成

表 2-1-4　IRB1410 机器人各轴运动范围

轴运动	工作范围	最大速度
轴 1	−165°～+165°	250(°)/s
轴 2	−110°～+110°	250(°)/s
轴 3	−90°～+70°	250(°)/s
轴 4	−160°～+160°	320(°)/s
轴 5	−120°～+120°	320(°)/s
轴 6	−400°～+400°	420(°)/s

表 2-1-5　IRB1410 机器人主要性能参数

质量	225 kg
有效载荷	5 kg
重复定位精度	0.05 mm
附加载荷	第 1 轴：19 kg 第 3 轴：18 kg
防护等级	电气设备为 IP54； 机械设备需干燥换环境
TCP 最大速度	2.1 m/s
环境温度	工作时：5~45 ℃

机器人控制柜相当于人的大脑，用于控制机器人的运动和信号的输入/输出。本工作站机器人控制柜是 ABB IRC5 紧凑型控制柜。其各接口含义如图 2-1-10 所示。该控制柜所需电压是 220 V。

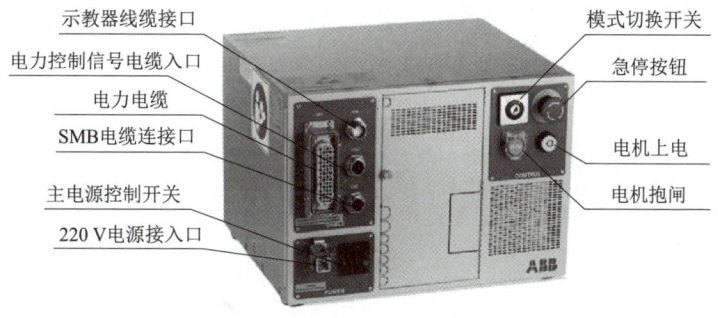

图 2-1-10　ABB IRC5 紧凑型控制柜接口

示教器主要由触控屏、实体键、急停按钮、使能键、示教器电缆以及复位键、触控笔、绑带、USB 插口等组成，如图 2-1-11 所示。手持示教器时，左手从下方穿过绑带托住示教器，四指放在使能键上，如图 2-1-12 所示，如果是左利手，可反向操作。不使用时，将示教器放在专用的示教器支架上。

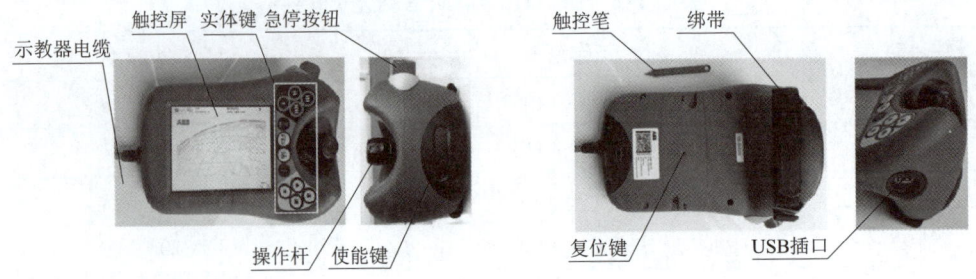

图 2-1-11　ABB 机器人示教器组成

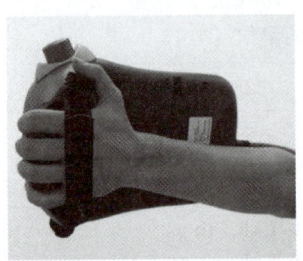  

图 2-1-12　示教器的正确手持方式及放置方式

项目二 手动操纵工业机器人拾取工具

任务实施

1. 实操工作站的通电

工作站的通电操作如表 2-1-6 所示。

表 2-1-6　工作站的通电

序号	操作步骤	图片说明
1	向右旋转标有"电源启动"钥匙开关，随即松手，钥匙开关自动回位，并且上方"电源指示"灯亮	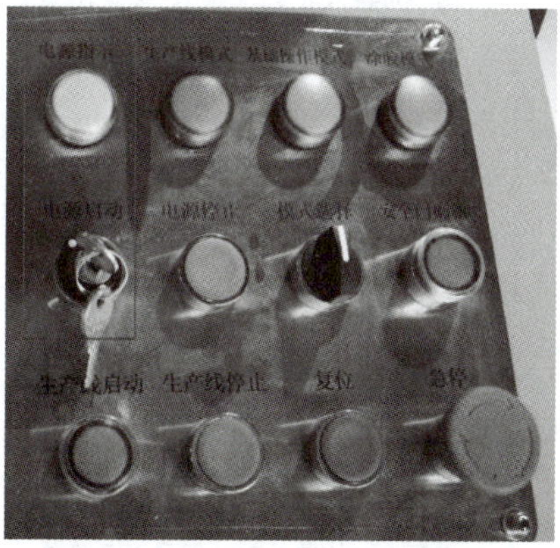
2	向右旋转机器人的电源开关，指向 ON，给机器人通电	
3	向右旋转模式旋转钥匙开关，指向手动标志，将机器人设置为手动模式	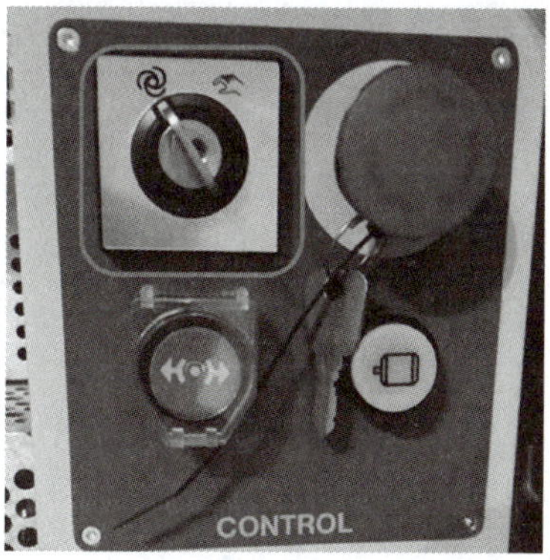

53

2. 实操工作站的断电

实操工作站的断电操作如表 2-1-7 所示。

表 2-1-7　实操工作站的断电

序号	操作步骤	图片说明
1	工作站断电时应确保以下几点。 1）机器人正处于一个安全位置； 2）机器人处于待机状态，无正在执行的程序； 3）机器人末端执行器已经取下或安装的工件已经取下； 4）机器人关机不会引起其他有害后果	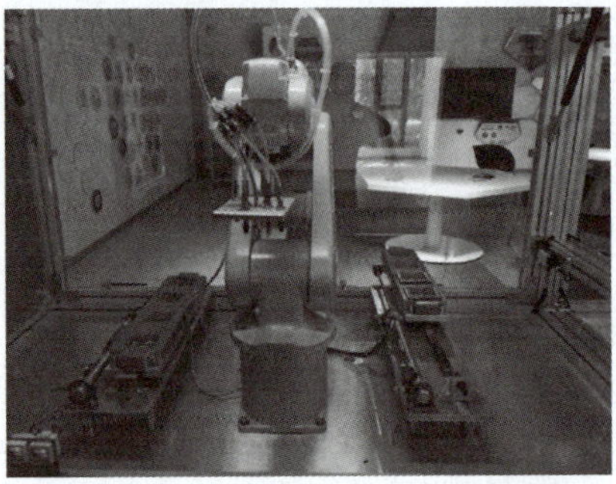
2	关闭示教器：单击下拉菜单中的"重新启动"按钮	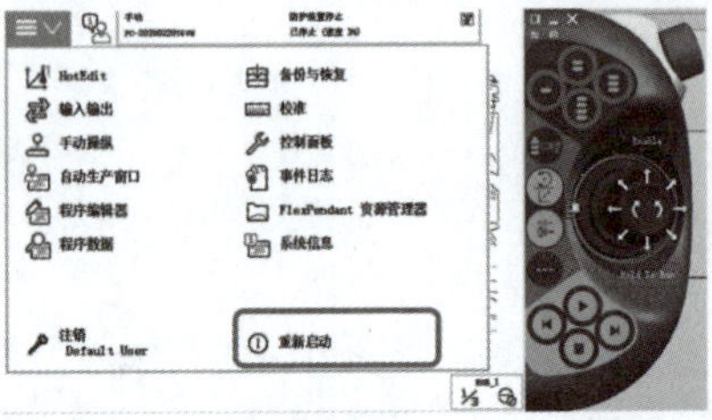
3	关闭示教器：选择界面中的"高级"选项	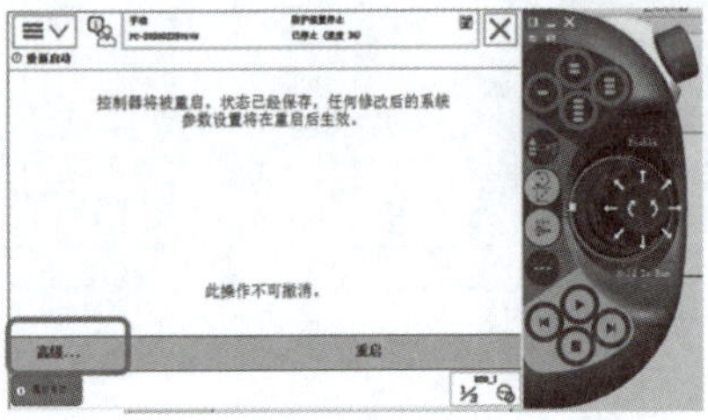
4	关闭示教器：选择界面中的"关闭主计算机"选项	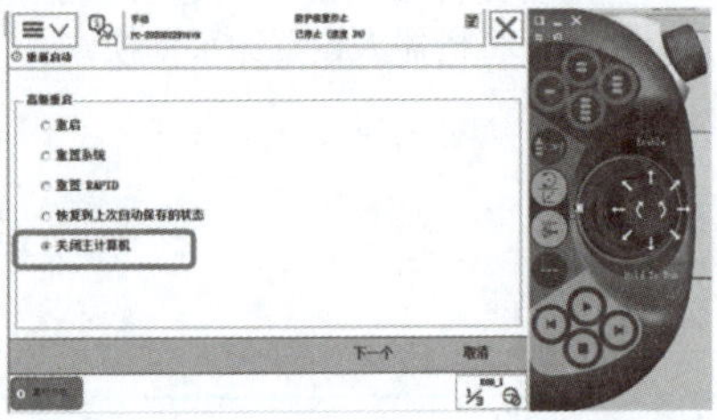

续表

序号	操作步骤	图片说明
5	关闭示教器：继续单击"关闭主计算机"选项	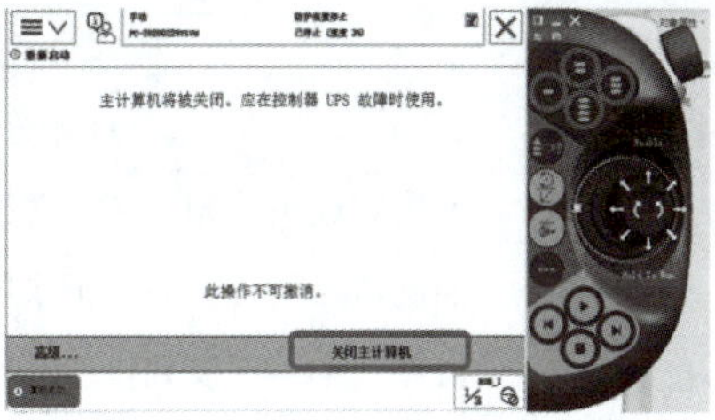
6	等待示教器关闭，关闭以后，触控屏不会息屏，显示"controller has shut down"就是示教器关闭完成了	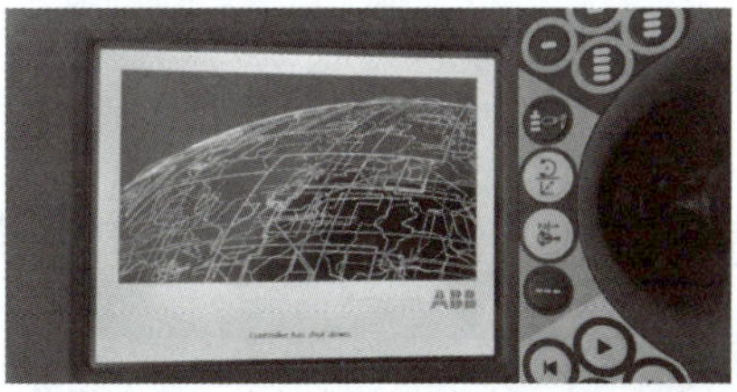
7	机器人断电：向左旋转机器人的电源开关，指向 OFF，机器人断电	
8	工作站断电：按下标有"电源停止"的按钮，"电源指示"灯灭	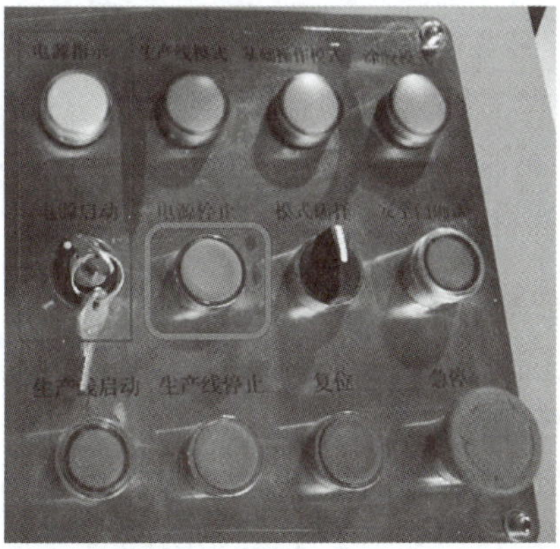

任务评价

自评和互评：请按照下表对自己的操作进行自评，并邀请同组成员进行互评。

主题	评分标准	分值	自评得分	互评得分
操作员姓名				
工业机器人拆包（20分）	准确完成包装箱拆卸，并按要求摆放	10		
	准确清点到货物品，记录物品明细	10		
工业机器人安装（20分）	机器人本体安装到位，基座安装牢固	10		
	控制柜安装到位，接线正确	10		
拆装工具的使用（10分）	正确使用常用拆装工具	10		
测量工具的使用（10分）	正确使用常用测量工具	10		
急停及恢复（10分）	模拟突发状况，准确快速按下急停按钮，能够恢复急停	10		
通电及断电操作（20分）	准确完成工作站通电操作，准确完成断电工作	20		
职业素养（10分）	遵守实训纪律，无安全事故	2		
	工位保持清洁，物品整齐	2		
	着装规范整洁，佩戴安全帽	2		
	操作规范，爱护设备	2		
	尊重实训老师，服从安排	2		
违规扣分项	不服从实训安排（每次扣5分）			
	机器人与工作台等周围设备发生碰撞（每次扣5分）			
	画笔工具掉落（每次扣5分）			
合计		100		
操作员签名	年 月 日	评分员签字		年 月 日

拓展训练

任务要求：本工作站中的机器人末端安装了防碰撞传感器，当末端执行器受到的力超过防碰撞传感器的设定值时，会触发机器人急停，如图2-1-13所示。请按步骤解除急停。

任务实施：解除急停需两人配合完成。第一步：一人按下如图2-1-14所示的红色按钮（在解除受力之前，需要一直按住）；第二步：观察示教器状态栏，显示"紧急停止后等待电机开启"，如图2-1-15所示；第三步：另一人按下"电机通电按钮"；第四步：按下示教器使能键，操纵机器人使末端执行器离开碰撞状态；第五步：松开防碰撞传感器上的红色按钮。

项目二 手动操纵工业机器人拾取工具

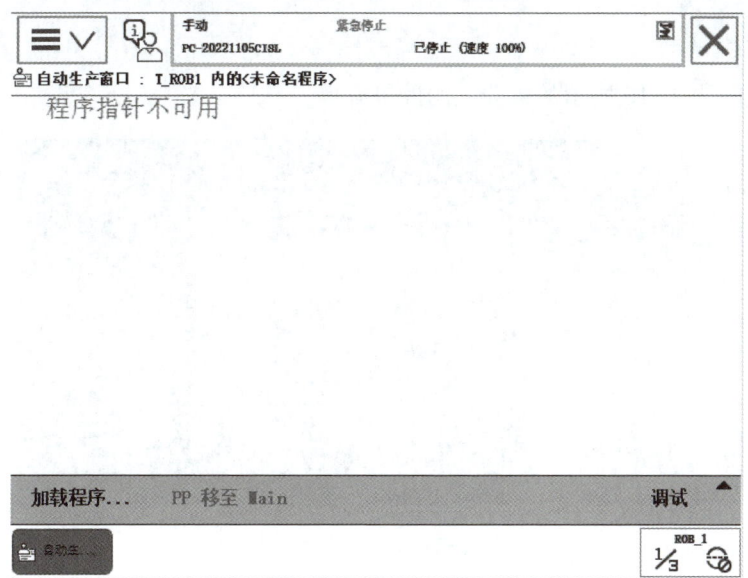

图 2-1-13 机器人急停

图 2-1-14 防碰撞传感器

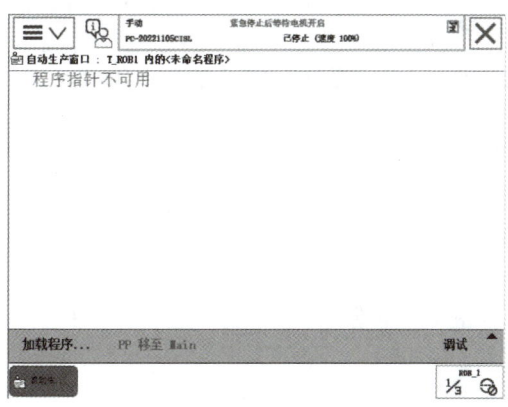

图 2-1-15 按住防碰撞传感器上红色按钮后

任务工单

1）请描述图 2-1-16 所示的机器人的拆包流程。

图 2-1-16　机器人拆包

2）工业机器人各部分安装要点是什么？

①工业机器人本体安装要点：

②控制柜安装要点：

③如何规范操作工业机器人？

3）简述机器人工作站（CHL-JC-01-A）的结构及组成，工业机器人各性能参数的含义分别代表什么？

4）通电以及断电操作流程可以不按顺序吗？为什么？请写出机器人工作站（CHL-JC-01-A）正确的通电、断电顺序。

_____

_____

_____

5）任务评价。

自评和互评：请按照下表对自己的操作进行自评，并邀请同组成员进行互评。

主题	评分标准	分值	操作员姓名	
			自评得分	互评得分
工业机器人拆包（20分）	准确完成包装箱拆卸，并按要求摆放	10		
	准确清点到货物品，记录物品明细	10		
工业机器人安装（20分）	机器人本体安装到位，基座安装牢固	10		
	控制柜安装到位，接线正确	10		
拆装工具的使用（10分）	正确使用常用拆装工具	10		
测量工具的使用（10分）	正确使用常用测量工具	10		
急停及恢复（10分）	模拟突发状况，准确快速地按下急停按钮，能够恢复急停	10		
通电及断电操作（20分）	准确完成工作站通电操作，准确完成断电工作	20		
职业素养（10分）	遵守实训纪律，无安全事故	2		
	工位保持清洁，物品整齐	2		
	着装规范整洁，佩戴安全帽	2		
	操作规范，爱护设备	2		
	尊重实训老师，服从安排	2		
违规扣分项	不服从实训安排（每次扣5分）			
	机器人与工作台等周围设备发生碰撞（每次扣5分）			
	画笔工具掉落（每次扣5分）			
	合计	100		
操作员签名	年 月 日	评分员签字	年 月 日	

6）总结提升。

①本任务已经完成，写一写完成该任务的心得体会吧，并且请写出你对该任务的意见和建议。

_____

_____

_____

②请回答下列问题巩固一下。

a）在机器人拆包过程中，可以用（　　）剪开钢扎带。

A. 剪刀　　　　　　B. 斜口钳　　　　　C. 剥线钳　　　　　D. 网线钳

b）下列（　　）项不属于安全操作。

A. 佩戴安全帽　　　B. 扎好领口　　　　C. 戴手套　　　　　D. 穿绝缘鞋

c）工作站（　　）上有急停按钮。

A. 示教器　　　　　B. 控制柜　　　　　C. 操作台　　　　　D. 机器人

d）判断：机器人末端执行器不用取下，可以直接让工作站断电。（　　）

e）判断：使用溶剂、洗涤剂或擦洗海绵清洁示教器，这样更有效果。（　　）

f）示教器使用完毕后，应放在（　　）。

A. 挂在工业机器人上　　　　　　　　B. 系统夹具上

C. 示教器支架上　　　　　　　　　　D. 地面上

任务二　工业机器人系统设置及手动操纵

学习目标

素质目标：
1）具有精益求精的工匠精神；
2）具有安全意识和质量意识；
3）具有 6S 现场管理职业素养。

知识目标：
1）了解工业机器人系统设置；
2）了解工业机器人的环境参数；
3）了解工业机器人运动模式；
4）掌握手动操纵的快捷按钮和快捷菜单；
5）理解工业机器人笛卡儿坐标系：大地坐标系 world coordinates、基坐标系 base coordinates、工具坐标系 tool coordinates 和工件坐标系 object coordinates；
6）掌握工业机器人关节运动、线性运动、重定位的操作步骤。

能力目标：
1）能够按要求重置或者重启机器人系统；
2）能够修改机器人系统语言、时间、程序运行速度、操纵杆速度等参数；
3）能够切换工业机器人运行模式；
4）能够查看机器人事件日志和当前状态；
5）能够手动操纵机器人进行关节运动、线性运动、重定位到规定位置。

任务描述

在工业机器人的使用过程中，为了方便地操纵工业机器人，需要按照如下要求设置机器人系统参数：①重置机器人系统；②将工业机器人系统环境语言设置为中文；③设定工业机器人的系统时间为本地时区时间；④设定工业机器人的程序运动速率为 40%；⑤设定工业机器人的操纵杆速率为 30%；⑥查看机器人事件日志和当前状态；⑦手动操作工业机器人，使夹爪工具垂直于工作台，并且抓取工作台上的物料块。

任务分析

1. 认识示教器

ABB 示教器由触摸屏和硬件按钮组成，硬件按钮的功能如图 2-2-1 所示。

机器人示教盒
使用及系统重启

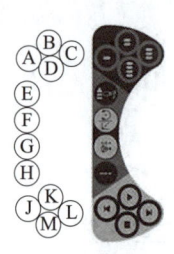

A~D	预设按键1~4。有关如何定义其各项功能的详细信息,请参见操作员手册——带FlexPendant的IRC5中的"预设按键"一节
E	选择机械单元
F	切换运动模式,重定向或线性
G	切换运动模式,轴1~3或轴4~6
H	切换增量
J	Step BACKWARD(步退)按钮。按下此按钮,可使程序后退至上一条指令
K	START(启动)按钮,开始执行程序
L	Step FORWARD(步进)按钮,按下此按钮,可使程序前进至下一条指令
M	STOP(停止)按钮,停止程序执行

图 2-2-1 ABB 机器人示教器的硬件按钮功能

示教器主界面由菜单栏、通知栏、状态栏、快捷键和显示界面组成,如图 2-2-2 所示。

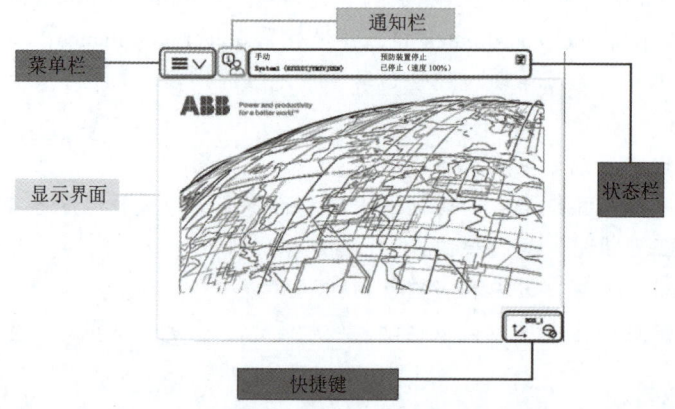

图 2-2-2 ABB 机器人示教器主界面

示教器主菜单如图 2-2-3 所示,其中,HotEdit 是程序模块下轨迹点位置的补偿设置窗口。输入输出是设置及查看 I/O 视图的窗口。手动操纵可进行动作模式设置、坐标系选择、操纵杆锁定及载荷属性的更改,也可显示实际位置。自动生成窗口在自动模式下,可直接调试程序并运行。程序编辑器是建立程序模块及例行程序的窗口。程序数据是选择编程时所需程序数据的窗口。备份与恢复可备份和恢复系统。校准是进行转数计数器和电机校准的窗口。控制面板可进行示教器的相关设定。事件日志可查看系统出现的各种提示信息。FlexPendant 资源管理器可查看控制器及当前系统的相关信息。系统信息可查看当前系统的系统文件。

2. 使能按钮

使能按钮是工业机器人为保证操作人员人身安全而设置的。只有在按下使能按钮,并保持在"电机开启"的状态,才可对机器人进行手动操作与程序调试。当发生危险时,人会本能地将使能按钮松开或按紧,机器人则会马上停下来,保证安全。

使能按钮分为三挡（图2-2-4）：一挡为常开挡，电机不会通电，防护装置停止；二挡为使用挡，电机通电；三挡为常开挡，电机不会通电，防护装置停止。

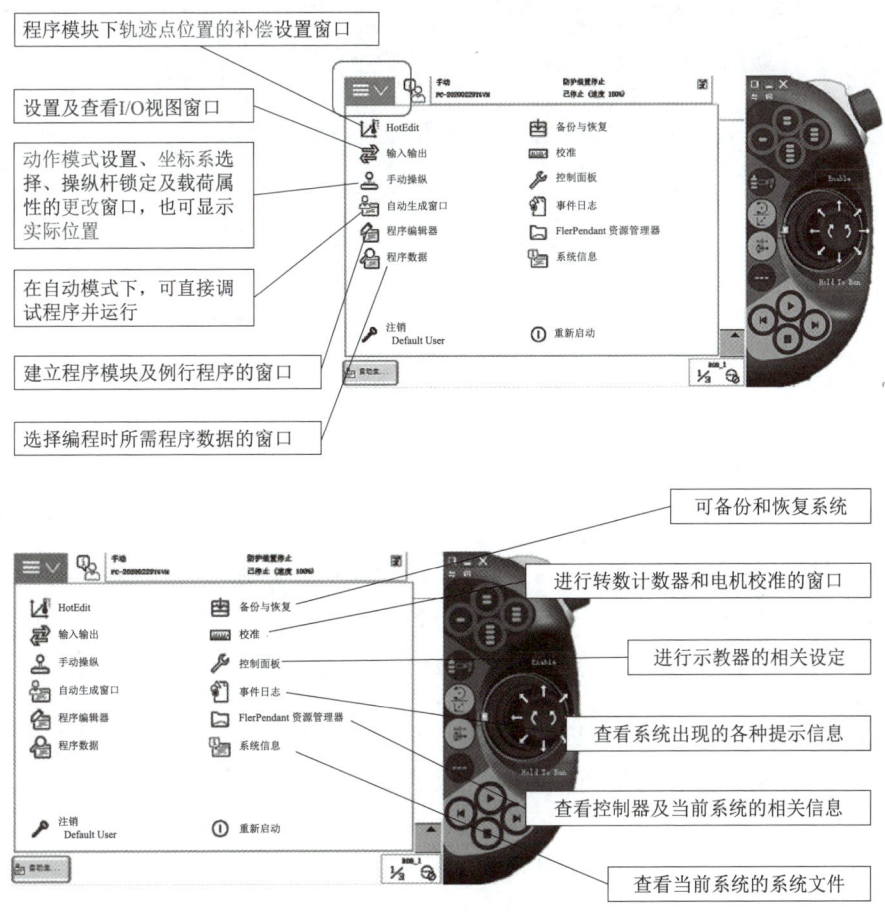

图 2-2-3　ABB 机器人示教器主菜单功能介绍

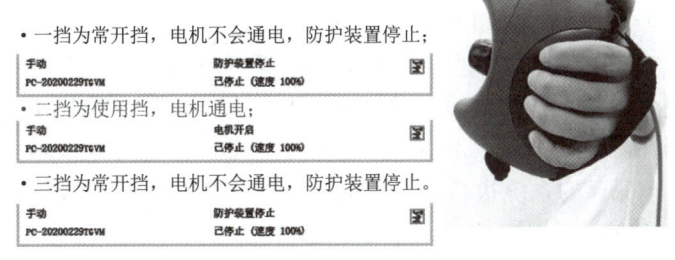

图 2-2-4　使能按钮

3. 示教器事件日志查看

通过示教器画面上的状态栏信息的查看，可以了解到机器人当前所处的状态及一些存在的问题，如机器人当前模式，机器人电机的状态、机器人当前速度状态、机器人系统信息以及机器人或外轴的使用状态等，如图 2-2-5 所示。

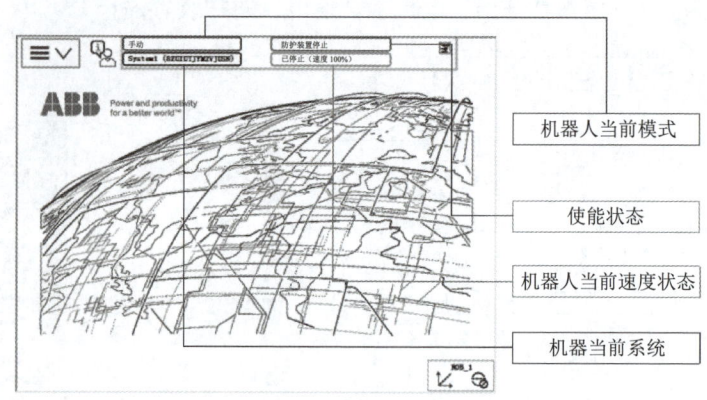

图 2-2-5　示教器状态栏

单击示教器的状态栏，可查看 ABB 机器人常用信息及事件日志，如图 2-2-6 所示。

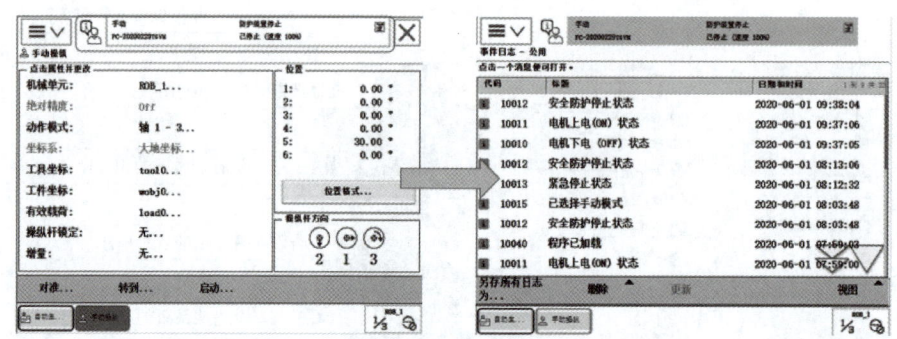

图 2-2-6　查看事件日志

4. 系统的重新启动

重新启动的类型包括重启、重置系统、重置 RAPID、恢复到上次自动保存的状态和关闭主计算机，如图 2-2-7 所示。其中重启是使用当前的设置重新启动当前系统，修改后的系统参数将会在重启后生效；重置系统是系统将重启并将丢弃当前的系统参数设置和 RAPID 程序，使用原始的系统安装设置（即恢复出厂设置）；重置 RAPID 是重启并将丢弃当前的 RAPID 程序和数据，但会保留系统参数设置；恢复到上次自动保存的状态是重启并尝试回到上一次自动保存的系统状态，一般在从系统崩溃中恢复时使用；关闭主计算机是关闭机器人控制系统，应在控制器 UPS 故障时使用。

ABB 机器人系统可以长时间地进行工作，无须定期重新启动运行。但出现以下情况时需要重新启动机器人系统。

1）安装了新的硬件。
2）更改了机器人系统配置参数。
3）出现系统故障（SYSFAIL）。
4）RAPID 程序出现程序故障。

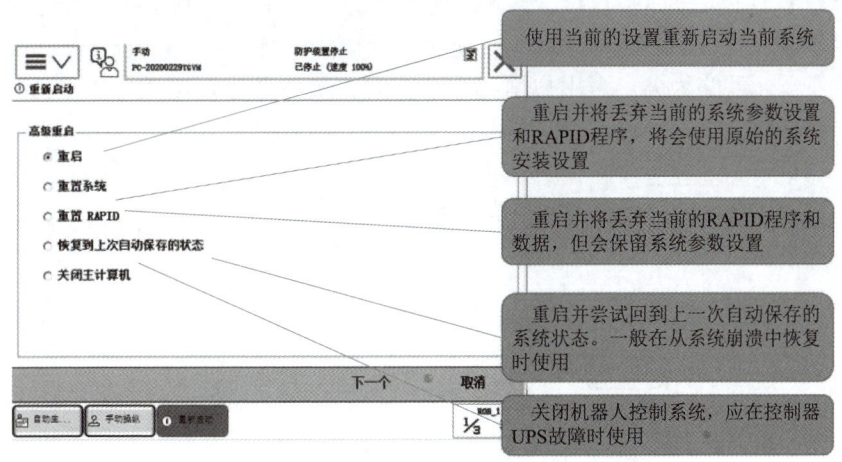

图 2-2-7 系统的重新启动

5. 工业机器人的坐标系

工业机器人有两类坐标系,分别是关节坐标系和直角坐标系。ABB 机器人主要用笛卡儿直角坐标系来定义三维空间,工业机器人运动目标和位置是通过对坐标系轴的测量来定位的。在工业机器人系统中可以定义多个坐标系,每一个坐标系都适用于特定类型的控制或程序。工业机器人系统常用的坐标系有大地坐标系、基坐标系、工具坐标系和工件坐标系,如图 2-2-8 所示。

认识工业机器人的坐标系

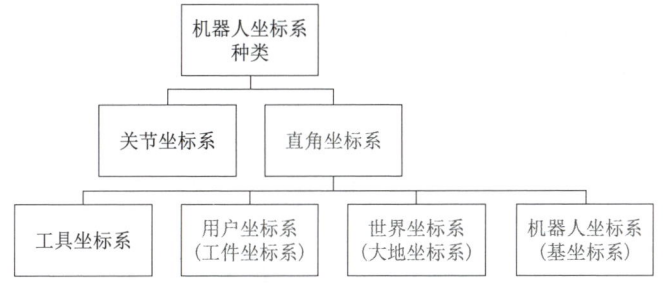

图 2-2-8 工业机器人的坐标系

1) 大地坐标系。大地坐标系也称全局坐标系,其坐标原点在工作单元或者工作站中有固定位置,如图 2-2-9 所示。通常用于处理若干个机器人或有外部轴移动的机器人。

2) 基坐标系。基坐标系一般位于机器人基座,坐标原点定义在机器人底座中心,X 轴与机器人出厂时小臂方向一致,Z 轴竖直向上,Y 轴按右手法则确定,如图 2-2-9 所示。

3) 工具坐标系。工具坐标系将机器人第 6 轴法兰上携带工具的参考中心点设置为坐标系原点,由此创建一个坐标系,该参照点称为即工具中心点。执行程序时,机器人就是将 TCP 移至编程位置。如果改变了工具,机器人的移动将随之改变。ABB 工业机器人自带名为 tool0 的工具坐标系,如图 2-2-9 所示。针对不同工具,建立不同的工具坐标系有助于机器人编程工艺的实现。

4) 工件坐标系。工件坐标系定义工件相对于大地坐标系的位置,也就是说机器人系统

65

内可以拥有若干个工件坐标系，对机器人进行编程时就是在工件坐标系中创建目标和路径，如图2-2-9所示。当工件坐标系较多时，还可以创建用户坐标系（user coordinates），用户坐标系是工件坐标系的父级，当用户坐标系改变时，工件坐标系也随之改变，如图2-2-9所示。

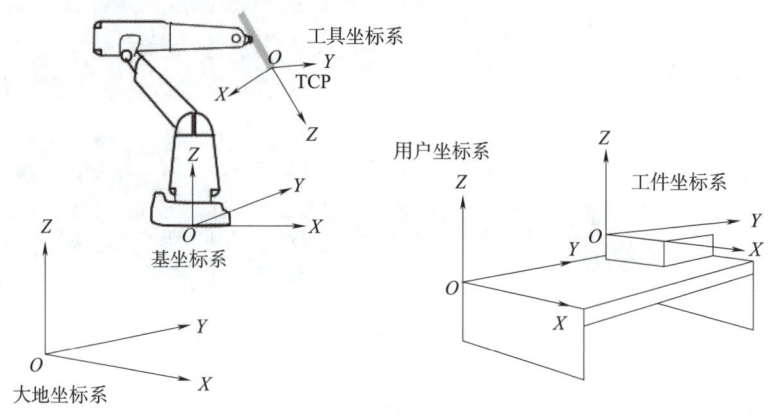

图2-2-9　工业机器人的坐标系示意图

6. 工业机器人的运行模式

（1）手动模式

在手动模式下主要进行机器人程序的编写及调试、示教点位的修改等操作。手动模式下只有当操作人员长按使能键时才能进行机器人的运动操作，值得注意的是，在手动模式下机器人只能限速移动，速度通常为250 mm/s。只要操作者在安全保护空间之内工作，就应以手动模式进行操作。

（2）自动模式

在自动模式下，按下控制柜通电按钮后无须再手动按下使能键，机器人依次自动执行程序语句并且以程序语句设定速度进行移动。自动模式主要应用于工业生产，程序编辑功能将被锁定，自动模式下有附加保护机制，可以确保安全。

（3）手动全速模式

在手动全速模式下，机器人系统可全速运行，通常用于测试工艺程序。开启手动全速模式前，需确保所有人员位于机器人工作空间之外，且机器人工作空间内无障碍物品，对初学者而言，请勿使用手动全速模式，手动全速模式的操作与手动模式操作相同。

7. 工业机器人手动操纵

三种运动模式的手动操作

手动操纵工业机器人的方式有三种：单轴运动、线性运动和重定位运动。

（1）单轴运动

一般地，ABB机器人是由6个伺服电动机分别驱动机器人的6个关节轴（图2-2-10），通过操纵杆每次移动机器人的一个关节，这种运动被称为单轴运动。对于大范围运动，且不要求TCP姿态的，可选择单轴运动模式。

(2）线性运动

机器人的线性运动是指安装在机器人第 6 轴法兰盘上工具的 TCP 在空间中作线性运动。TCP 为机器人系统控制点，出厂时默认位于最后一个运动轴或安装法兰的中心，安装工具后 TCP 点可进行设定。

工业机器人在手动运行模式下移动，坐标系切换到基坐标系下，动作模式选择线性运动，向上或向下推动摇杆（X 方向），使机器人能沿着基坐标系的 X 方向直线移动；向左或向右推动摇杆（Y 方向），使机器人能沿着基坐标系的 Y 方向直线移动；逆时针转动摇杆（Z 方向），使机器人能沿着基坐标系的 Z 方向直线移动。

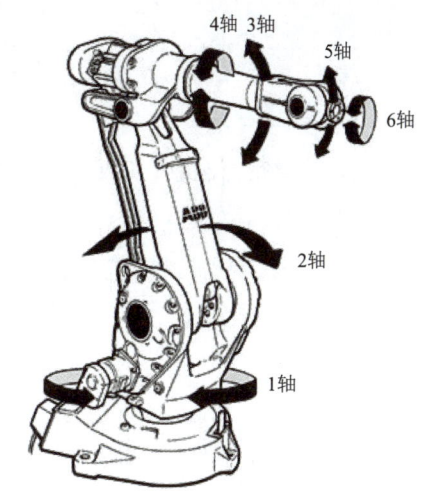

图 2-2-10　工业机器人运动轴

(3）重定位运动

重定位运动是指机器人第 6 轴法兰盘上的工具 TCP 点在空间中绕着坐标轴旋转的运动，也可以理解为机器人绕着工具 TCP 点作姿态调整的运动。其运动特点是 TCP 空间位置不变，工具坐标系绕着相应参考坐标系的坐标轴进行旋转。机器人在某一平面进行机器人的姿态调整时，选择重定位运动最为方便快捷，也可用来检验工具数据的准确性。

(4）增量模式

工业机器人在手动运行模式下移动时主要有两种运动模式：默认模式和增量模式。在默认模式下，手动操作杆的拨动幅度越小，机器人运行速度越慢；反之，手动操作杆的拨动幅度越大，机器人运行速度越快。手动运行模式下机器人的最大运行速度可以通过示教器进行设置。对初学者而言，在默认模式下操作机器人时应将机器人最大运行速度调低。

在增量模式时，运行速度是稳定的，可以通过调整增量大小控制机器人步进速度。简单理解为使用增量模式，摇杆每摇动一次，机器人沿运动方向运动固定的距离或旋转固定角度值。

任务实施

1. 重置系统

重置系统操作步骤如表2-2-1所示。

表2-2-1 重置系统

序号	操作步骤	图片说明
1	单击左上角主菜单按钮,单击"重新启动"按钮	
2	单击"高级"按钮	
3	选择"重置系统"选项,单击"下一个"按钮	
4	单击"重置系统"按钮后,系统将重置	

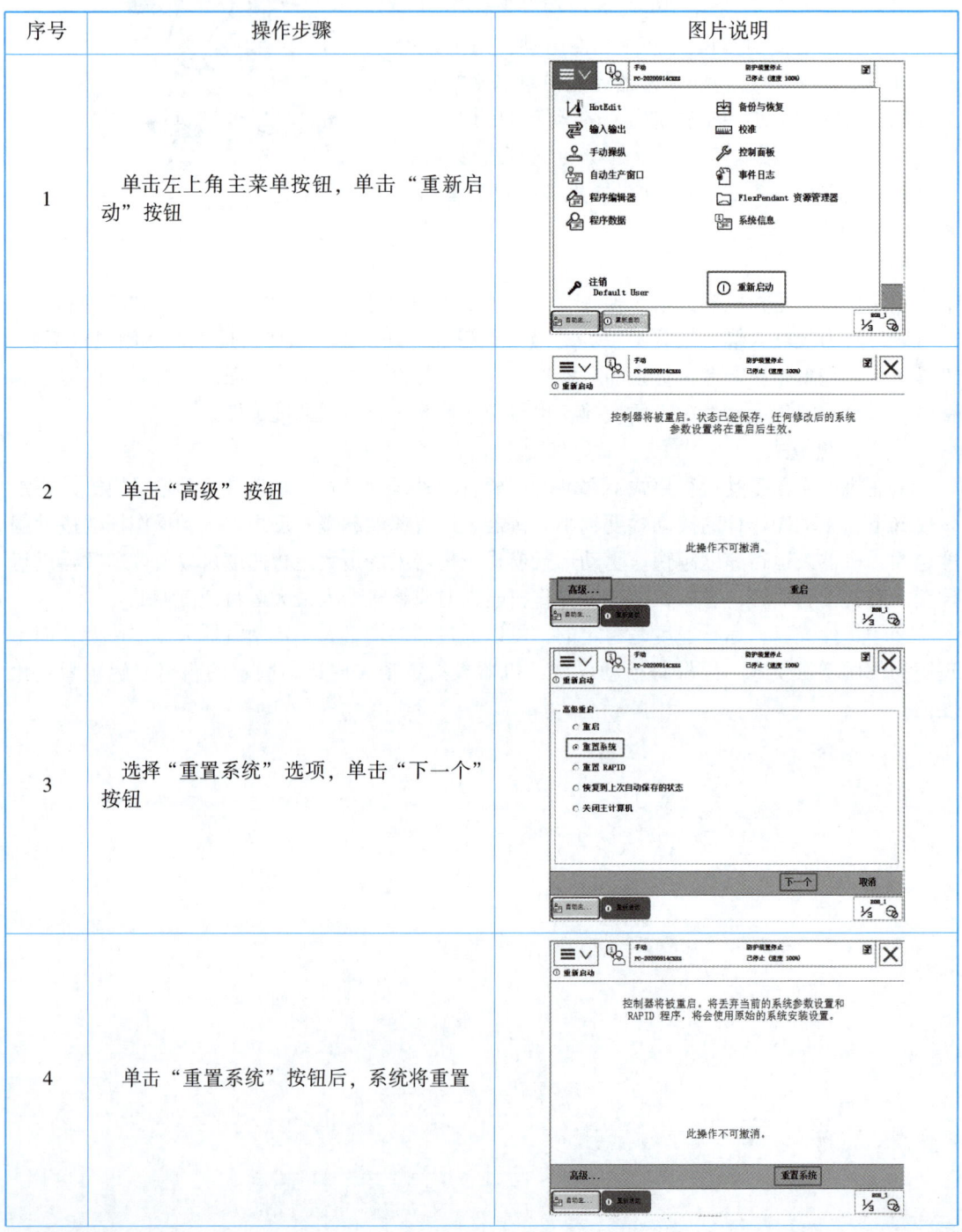

续表

序号	操作步骤	图片说明
5	重启后，默认恢复到英文界面	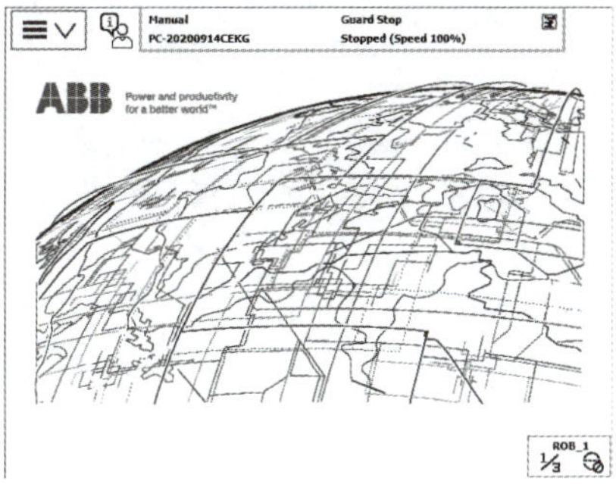

2. 设置示教器语言

设置示教器语言操作如表 2-2-2 所示。

表 2-2-2 设置示教器语言

序号	操作步骤	图片说明
1	单击左上角主菜单按钮，选择"Control Panel"选项	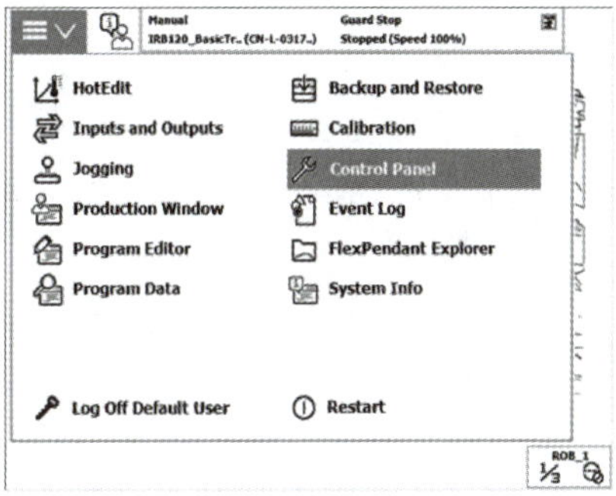
2	选择"Language"选项	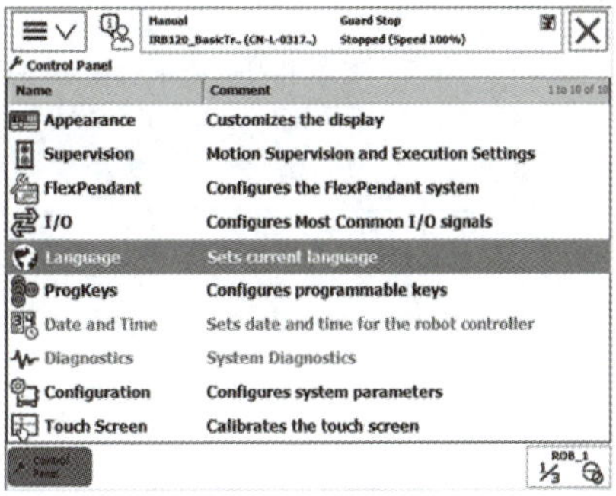

69

续表

序号	操作步骤	图片说明
3	选择"Chinese"选项，单击"OK"按钮	
4	单击"Yes"按钮后，系统重启	
5	重启后，单击左上角按钮就能看到菜单已切换成中文界面	

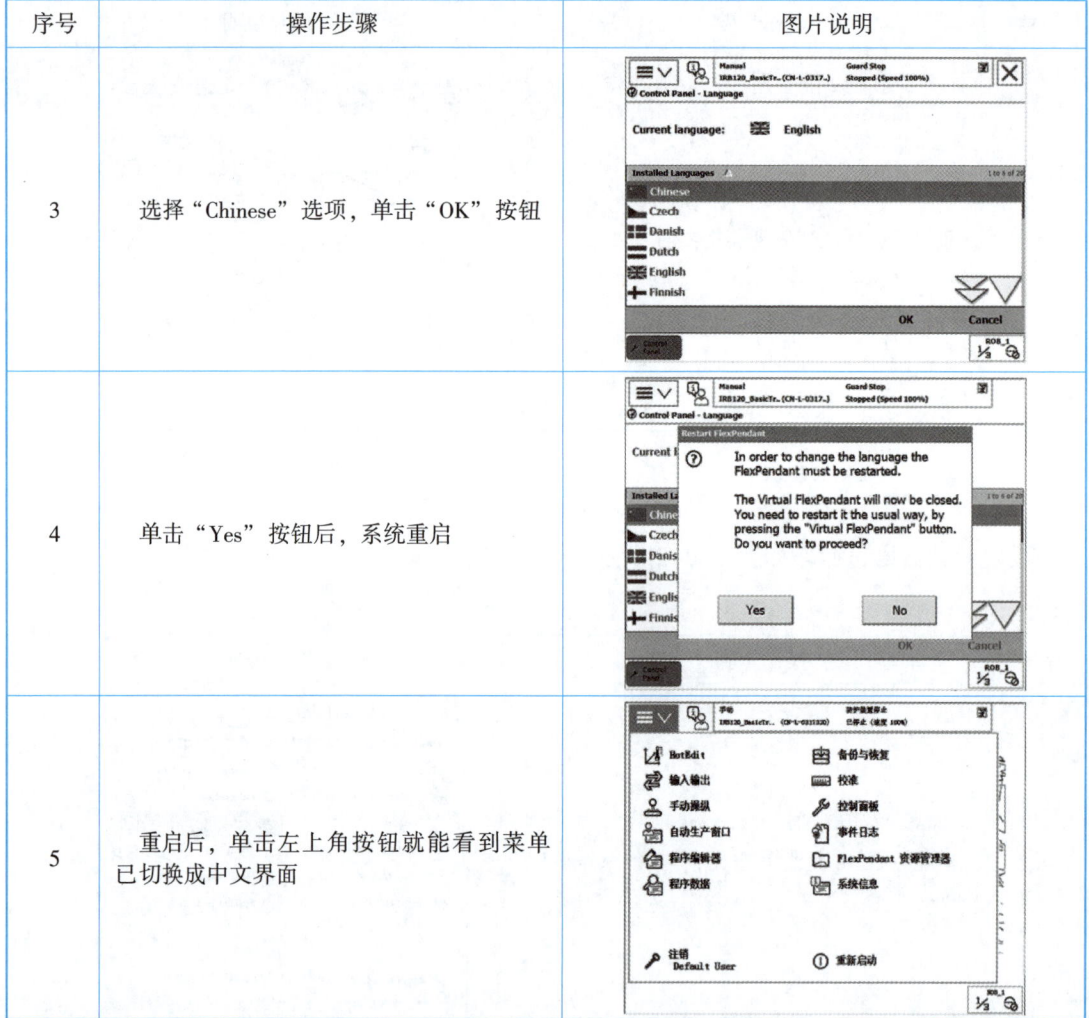

3. 设定机器人系统的时间

设定机器人系统的时间操作如表 2-2-3 所示。

表 2-2-3　设定机器人系统的时间

序号	操作步骤	图片说明
1	单击左上角主菜单按钮，选择"控制面板"选项	

续表

序号	操作步骤	图片说明
2	选择"日期和时间"选项	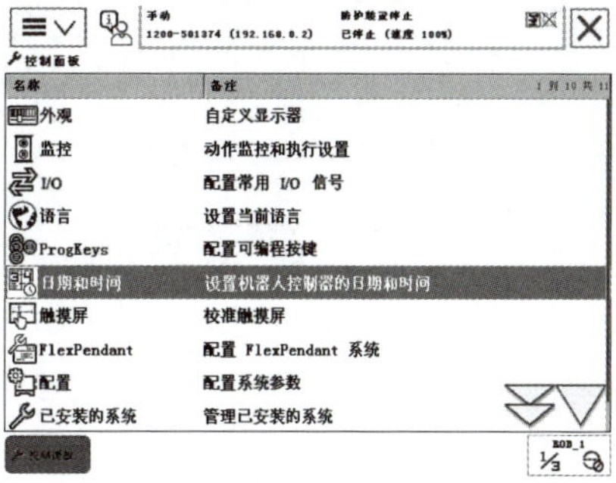
3	在此画面就能对日期和时间进行设定。日期和时间修改完成后,单击"确定"按钮	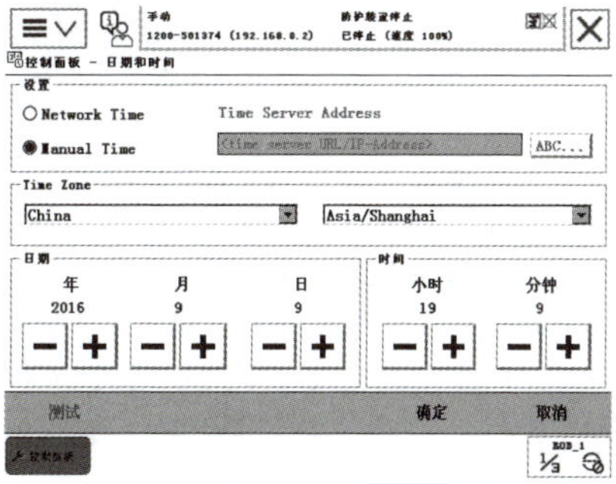

4. 操作杆速率设定

操作杆速率设定操作如表2-2-4所示。

表2-2-4 操作杆速率设定

步骤	操作	示意图
1	单击示教器界面右下角的"快捷设置"按钮	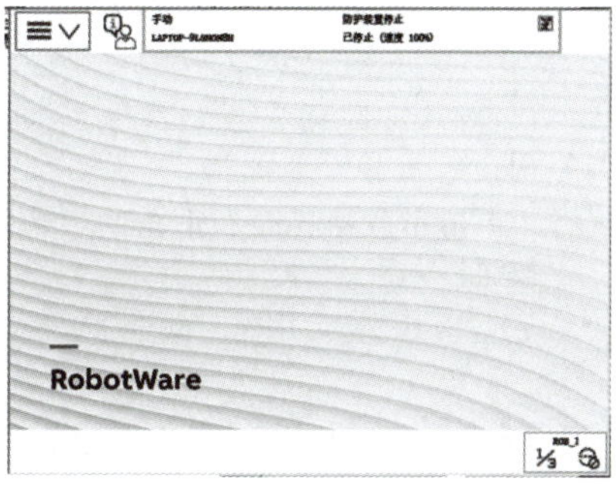
2	单击视图右上角的"机器人"按钮(机器人图标)	

续表

步骤	操作	示意图
3	单击"显示详情"按钮	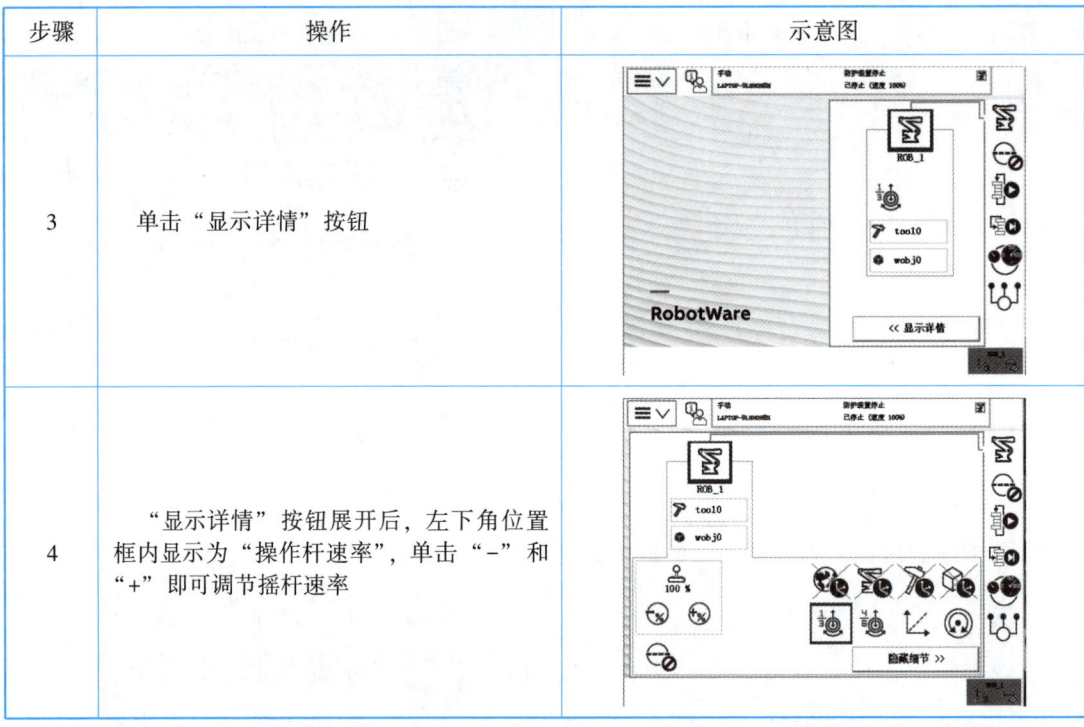
4	"显示详情"按钮展开后,左下角位置框内显示为"操作杆速率",单击"-"和"+"即可调节摇杆速率	

5. 增量模式具体操作步骤

增量模式具体操作步骤如表 2-2-5 所示。

表 2-2-5 增量模式具体操作步骤

步骤	操作	示意图
1	单击示教器界面右下角的"快捷设置"按钮	
2	单击视图右上角"增量"操作按钮	

续表

步骤	操作	示意图
3	单击"大""中""小"增量值按钮之一,即选择该增量模式	
4	单击"显示值"按钮可查看该增量模式的单步"增量值"	
5	"小"增量模式下"轴""线性""重定向"的参数值为"0.005 73°""0.05 mm""0.028 65°"	
6	如果需要设置增量参数值,单击"用户模块"按钮再单击"显示值"按钮	

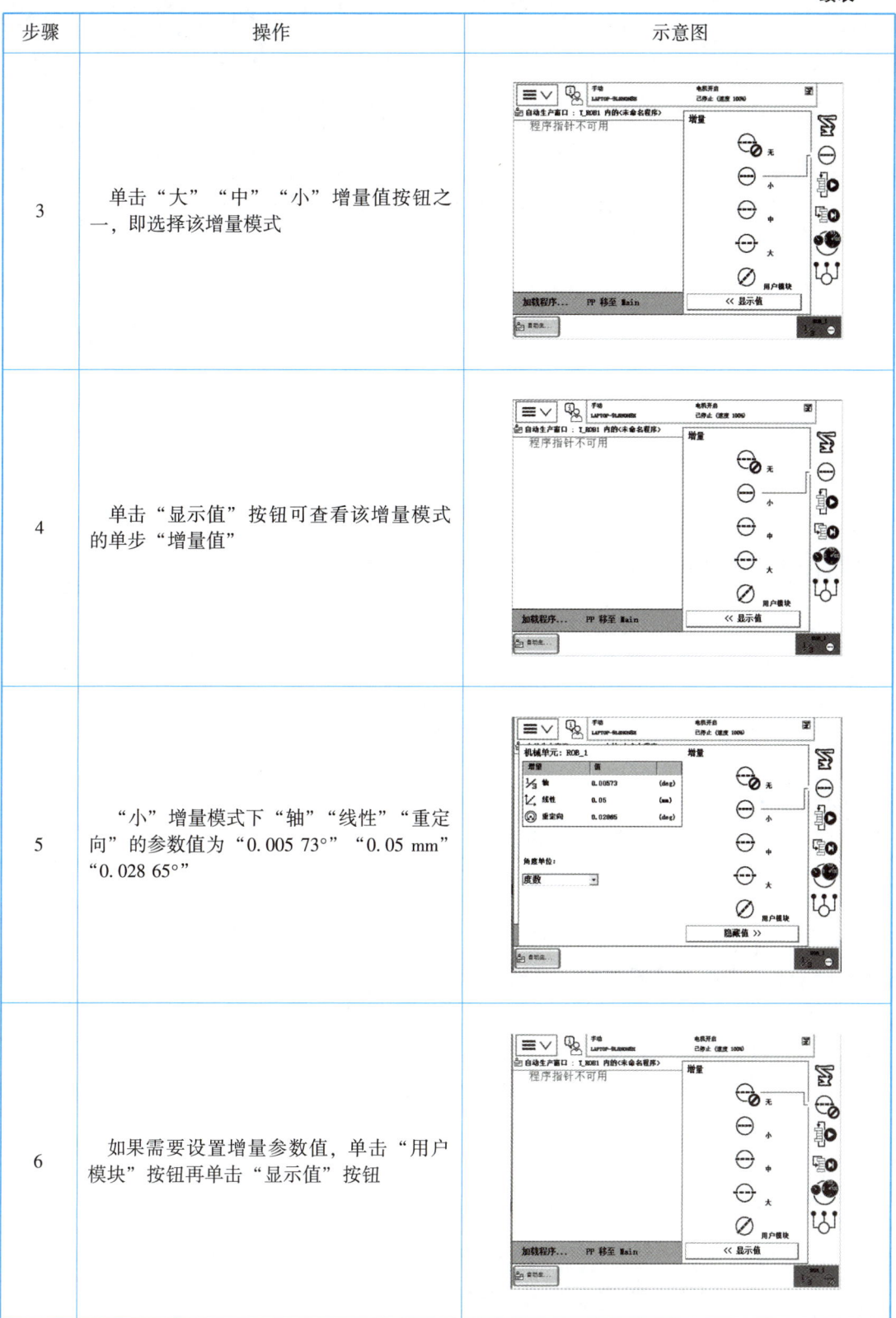

续表

步骤	操作	示意图
7	单击"值"下方任意数值,如右图中"0.005 73"即可进行设置	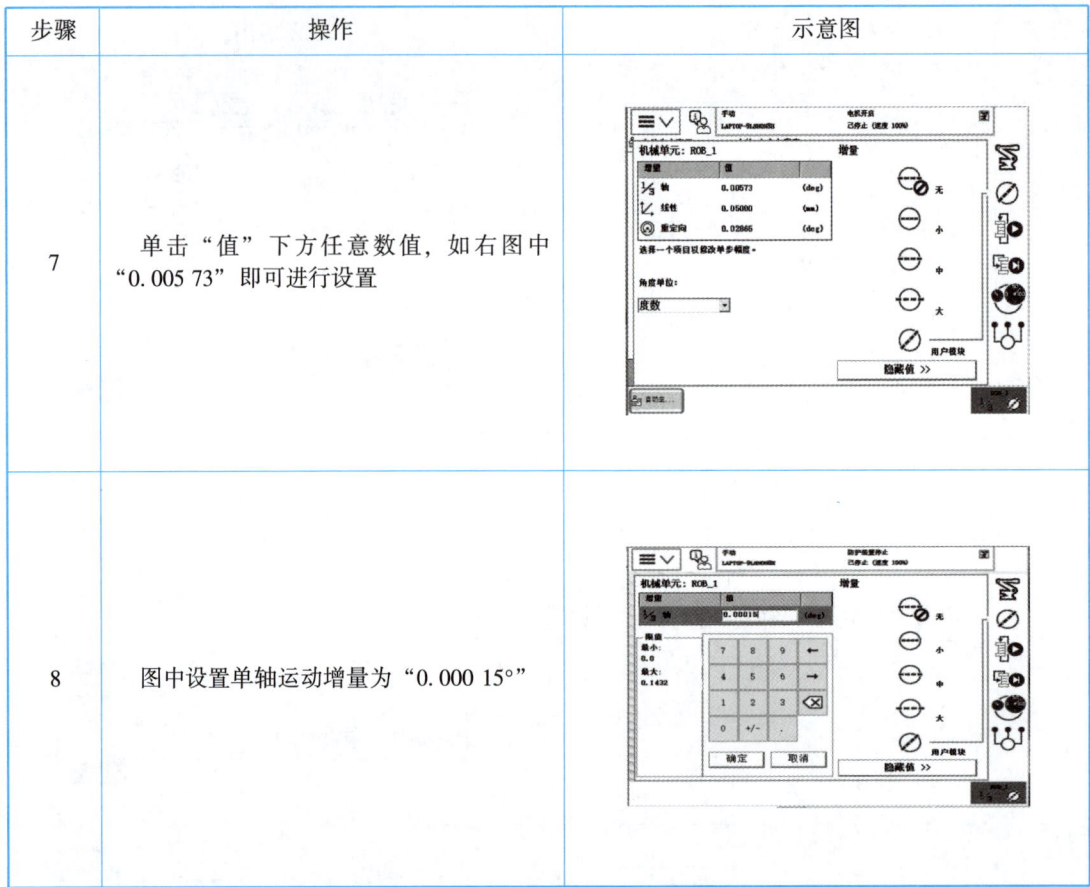
8	图中设置单轴运动增量为"0.000 15°"	

任务评价

自评和互评:请按照下表对自己的操作进行自评,并邀请同组成员进行互评。

主题	操作员姓名			
	评分标准	分值	自评得分	互评得分
环境参数设置 (20分)	将ABB机器人系统语言环境设置成中文	10		
	正确设置系统时间	10		
运行模式切换 (20分)	正确切换手动模式/自动模式	10		
	设置手动运行模式下的是默认模式/增量模式	10		
手动操纵 (50分)	会在主菜单切换运动模式	10		
	会利用快捷键切换运动模式	10		
	能利用单轴运动模式移动机器人	10		
	能利用线性模式移动机器人	10		
	能利用重定位模式改变工具姿态	10		

续表

主题	评分标准	分值	自评得分	互评得分
职业素养 （10分）	遵守实训纪律，无安全事故	2		
	工位保持清洁，物品整齐	2		
	着装规范整洁，佩戴安全帽	2		
	操作规范，爱护设备	2		
	尊重实训老师，服从安排	2		
违规扣分项	不服从实训安排（每次扣5分）			
	机器人与工作台等周围设备发生碰撞（每次扣5分）			
	工具掉落（每次扣5分）			
合计		100		
操作员签名	年　月　日	评分员签字	年　月　日	

拓展训练

任务要求：示教器在使用一段时间之后，由于某些误操作或者示教器的磕碰，导致示教器出现触摸点位不准确的情况，需要进行校正。

任务实施：依次单击"ABB主菜单"—"控制面板"—"触摸屏 校准触摸屏"—"重校"，按照指引步骤依次单击"+"或者"箭头"即可进行校准。最后单击"Confirm"，完成"重校"，如图2-2-11所示。

图2-2-11　ABB工业机器人触摸屏校准

注意：一般情况下，只要能够进入校准页面，就可以实现重校。

但是如果触摸屏精度偏差极大，根本无法通过触摸笔准确单击"ABB主菜单"—"控制面板"—"触摸屏 校准触摸屏"—单击"重校"进入重校页面。这个时候就需要通过"摇杆校准"的方法进行校准。

具体步骤：断电重启，按住可编程按键4和停止键即可进入手动摇杆校准界面，单击"Center Joystick-Press to Calibrate"，然后按照指引步骤进行校准即可，如图2-2-12所示。

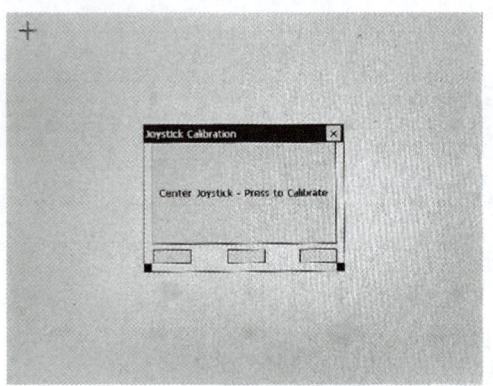

图 2-2-12　ABB 工业机器人触摸屏摇杆校准界面

任务工单

1)示教器系统的基本设置。

①通过示教器查看示教器事件日志,将最后三条日志抄写在下方横线处。

_____

_____

②在真机上进行系统重启和系统重置的操作,并在下方写出系统重启、重置系统、重置 RAPID 的区别。

_____

_____

③将机器人语言环境设置成中文,系统时间设置成当前时间,将时间记录在下方。

_____

_____

④将机器人运行速度设置为 30%,并且写出手动限速模式下,程序中写了 V1000(代表 1 000 mm/s)的参数,机器人实际运行速度是多少。

_____

_____

2)机器人的手动操纵。

①ABB 机器人一共有几种坐标系?在下列空白位置简述每种坐标系的含义。

_____

_____

_____

②熟练切换单轴运动模式(1~3 轴、4~6 轴),在单轴模式下将机器人工具调整到垂直于地面的状态,在下列空白位置记录出现的问题。

_____

_____

③利用菜单和快捷键两种方式切换机器人运动方式为线性运动,并且分别在大地坐标系、基坐标系、工具坐标系和工件坐标系下线性移动机器人。写明哪种坐标系下进行机器人线性运动最常用。

_____

_____

④分别在工具坐标系 tool0 和 MyTool 下进行重定位，使得机器人工具垂直于地面（虚拟仿真），请对两种坐标系下的不同运动结果进行描述，并说明重定位运动常在哪种坐标系下进行运动。

_____

_____

⑤请在下方写一写三种运动方式（单位运动、线性运动、重定位运动）一般在什么场合进行选用，它们分别有什么特点。

_____

_____

⑥互评：请每组的评分员对操作员的操作按照下表进行评分（真机调试）。

操作员姓名				
主题	评分标准	分值	得分	得分小计
示教器系统基本设置（25 分）	成功设置语言	10		
	成功设置时间	5		
	成功校准屏幕	5		
	正确查看信息	5		
机器人的手动操纵（65 分）	单轴运动模式下成功将工具调整到与地面垂直	10		
	正确切换线性运动的坐标系	5		
	对线性运动各坐标系方向描述正确	15		
	成功在 tool0 和 MyTool 两个工具坐标系下进行重定位运动	15		
主题	评分标准	分值	得分	得分小计
职业素养（10 分）	遵守实训纪律，无安全事故	2		
	工位保持清洁，物品整齐	2		
	着装规范整洁，佩戴安全帽	2		
	操作规范，爱护设备	2		
	尊重裁判，服从安排	2		
违规扣分项	机器人造成工具库移动（每次扣 5 分）			
	机器人与工具库碰撞（每次扣 5 分）			
	画笔工具掉落（每次扣 5 分）			
合计		100		
操作员签名	年 月 日	评分员签字		年 月 日

3)总结提升。

①本任务已经完成,写一写完成该任务的心得体会吧,并且写出你对该任务的意见和建议。

_____
_____
_____

②请回答下列问题巩固一下。

a)工业机器人在进行重定位(或回转)运动时,参考哪一点旋转工具姿态?(　　)

A. 法兰盘中心点　　　　　　　　B. 当前选中的工具坐标系原点
C. 基座中心点　　　　　　　　　D. 工件坐标系原点

b)在工业机器人语言操作系统的监控状态下,操作者可以用(　　)定义工业机器人在空间的位置、设置工业机器人的运动速度、存储或调出程序等。

A. 控制柜　　　　　　　　　　　B. 控制器
C. 示教器(示教盒)　　　　　　D. 计算器

c)机器人系统时间可以从哪个菜单上设置?(　　)

A. 手动操作　　　　B. 控制面板　　　　C. 系统信息

d)当工业机器人的使能按钮处于(　　)时,电机处于开启状态。

A. 中间挡位　　　　B. 未按下　　　　C. 底部挡位　　　　D. 以上均不正确

项目总结

通过学习手动操纵机器人拾取工具项目,了解了实操工作站组成及功能、常用机械拆装和测量工具特点及使用方法,掌握了工作站的安全操作规程,工作站的通电、断电等操作,能够按要求重置或者重启机器人系统,能够修改机器人系统语言、时间、程序运行速度、操纵杆速度等参数,能够查看机器人事件日志和当前状态,能够手动操纵机器人进行关节运动、线性运动、重定位到规定位置。同时,结合配套在线课程资源和项目的练习,能够具有集体意识和团队合作精神,热爱本职工作、具有爱岗敬业的职业素养以及耐心、细心、精益求精的工匠精神。

项目三
工业机器人在激光切割中的模拟应用

项目情景

激光切割是利用经聚焦的高功率密度激光束照射工件,使被照射的材料迅速熔化、汽化、烧蚀或达到燃点,同时借助与光束同轴的高速气流吹除熔融物质,从而实现将工件隔开,如图3-0-1所示。其具有以下特点。

1) 几乎对所有的金属和非金属材料都可以进行激光切割;
2) 激光能聚焦成极小的光斑,可进行微细和精密加工;
3) 属于非接触切割,材料无机械变形;
4) 便于自动控制连续加工,切割效率高、质量高。

工业机器人激光切割系统包括工业机器人、激光器(含光纤、冷水机和稳压电源)、激光头、工作平台、其他辅助装备(工控机、冷干机、辅助水汽等)。工业机器人作为激光切割系统的运动机构,具有灵活的运动功能,可提高切割精度,并可与其他设备进行信号交换,控制其他设备的开启和关闭。工业机器人激光切割在汽车、电子等领域的应用广泛。

图3-0-1 工业机器人激光切割应用

现在你公司接到一个工业机器人激光切割平面及曲面钢板的项目,作为机器人操作运维员,你需要根据客户要求做好编程准备、编写调试程序、运行程序完成钢板切割、调试工作站实现产线的自动运行。

这就需要创建激光切割枪的工具坐标系,创建加工钢板的工件坐标系,配置控制激光器的I/O信号,编写平面及曲面加工程序,手动调试程序及自动运行程序。让我们开启本项目的学习之旅吧。

项目三　工业机器人在激光切割中的模拟应用

项目导图

- 项目三　工业机器人在激光切割中的模拟应用
  - 任务一　机器人程序数据的设定
    - 子任务一　认识机器人的程序数据
      - 1.什么是程序数据
      - 2.程序数据的类型
      - 3.常用的程序数据
      - 4.程序数据的存储类型
      - 5.程序数据的范围
      - 任务实施
        - 数字数据的创建
    - 子任务二　工具数据tooldata的设定
      - 1.工具数据的含义
      - 2.默认工具tool0
      - 3.tooldata的组成
      - 4.工具数据tooldata示例
      - 5.工具中心点的设定原理
      - 6.设定工具坐标系的三种方法
      - 任务实施
        - 1.利用TCP和Z、X法完成tooldata数据的设定
        - 2.验证工具坐标系
        - 3.工具沿着工具轴线方向运动
    - 子任务三　工件坐标数据wobjdata的设定
      - 1.工件坐标数据wobjdata的定义
      - 2.工件坐标数据对编程的优势
      - 3.工件坐标数据wobjdata组成
      - 4.工件坐标数据wobjdata示例
      - 5.工件坐标数据wobjdata的设定方法
      - 任务实施
        - 1.wobjdata数据的设定
        - 2.工件坐标系验证
  - 任务二　工业机器人的I/O配置
    - 1.ABB机器人I/O通信的种类
    - 2.ABB标准I/O板DSQC 651
    - 3.ABB标准I/O板DSQC 652
    - 4.ABB 标准I/O板DSQC 653
    - 5.ABB 标准I/O板DSQC 355A
    - 6.ABB 标准I/O板DSQC 377A
    - 任务实施
      - 1.定义DSQC 652板的总线连接的相关参数
      - 2.定义数字输入信号di1
      - 3.定义数字输出信号do2
      - 4.定义模拟输出信号ao1
      - 5.信号的查看与强制
      - 6.建立系统输入"电机开启"与数字输入信号di1的关联
      - 7.建立系统输出"电机开启状态"与数字输出信号do2的关联
      - 8.配置可编程按键
  - 任务三　工业机器人平面及曲面轨迹编程
    - 子任务一　平面轮廓的模拟激光切割
      - 1.轨迹规划的一般思路
      - 2.ABB机器人的RAPID编程语言
      - 3.ABB机器人的任务、程序模块和例行程序(创建模块和例行程序)
      - 4.ABB机器人的运动指令
      - 5.Offs位置偏移函数
      - 6.关键点示教的方法
      - 7.程序运行的三种方式
      - 任务实施
        - 1.程序模块和例行程序的创建
        - 2.三角形轨迹的编程步骤
        - 3.程序手动运行
    - 子任务二　曲面轮廓的模拟激光切割
      - 1.圆弧指令MoveC
      - 2.利用MoveC指令实现整圆轨迹
      - 3.ProcCall调用例行程序
      - 4.程序的导出及导入
      - 任务实施
        - 1.程序的导入和导出操作
        - 2.圆形轨迹的编程步骤
        - 3.复杂轨迹的编程步骤
        - 4.程序自动运行

任务一　机器人程序数据的设定

学习目标

素质目标：
1) 具有实事求是的科学态度；
2) 具有独立思考的工作能力；
3) 具有一定的专业英语素养。

知识目标：
1) 了解什么是程序数据；
2) 了解建立程序数据的操作；
3) 了解程序数据的类型分类及存储类型；
4) 理解关键程序数据 tooldata、wobjdata 的定义；
5) 掌握关键程序数据 tooldata、wobjdata 的设定方法及步骤。

能力目标：
1) 能够按照要求建立相应的程序数据；
2) 能够采用不同的方法建立工业机器人的工具坐标系；
3) 能够验证所建立工具坐标系的正确性；
4) 能够采用三点法建立工件坐标系；
5) 能够验证所建立工件坐标系的正确性。

子任务一　认识机器人的程序数据

任务描述

在 ABB 机器人系统中，创建数字数据（num），要求新数据名称为 length，存储范围为本地，存储类型为可变量，初始值设为 5。

任务分析

认识机器人的程序数据

1. 什么是程序数据

程序数据是在程序模块或系统模块中设定值和定义一些环境数据。创建的程序数据用同一个模块或其他模块中的指令进行引用。图 3-1-1 所示为工业机器人例行程序。

在图 3-1-1 所示的例行程序中，工业机器人关节运动指令 MoveJ 调用了 4 个程序数据，其中 p10 的数据类型为 robtarget，即工业机器人运动目标位置数据；v100 的数据类型为 speeddata，即工业机器人运动速度数据；z10 的数据类型为 zonedata，即工业机器人运动转弯数据；tool0 的数据类型为 tooldata，即工业机器人工具数据 TCP。

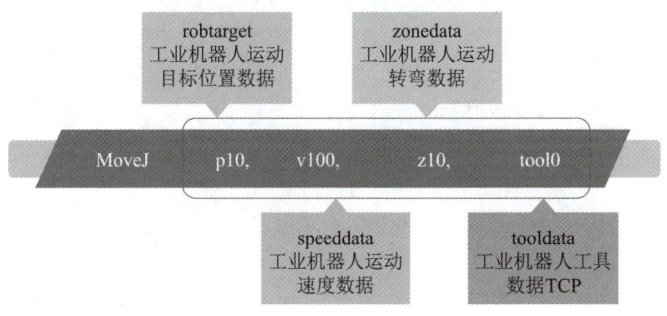

图 3-1-1　工业机器人例行程序

2. 程序数据的类型

ABB 机器人的程序数据共有 120 个左右，在高级编程中可以根据实际情况进行程序数据的创建，这为 ABB 机器人的程序编辑设计带来无限的可能和发展。

我们可以通过示教器中的程序数据窗口查看到所需要的程序数据及类型。具体步骤：①单击菜单栏按钮，出现图 3-1-2 所示的菜单界面，单击"程序数据"选项；②打开"程序数据"窗口，单击"视图"按钮，选择"全部数据类型"选项，就会显示全部程序数据的类型，如图 3-1-3 所示。

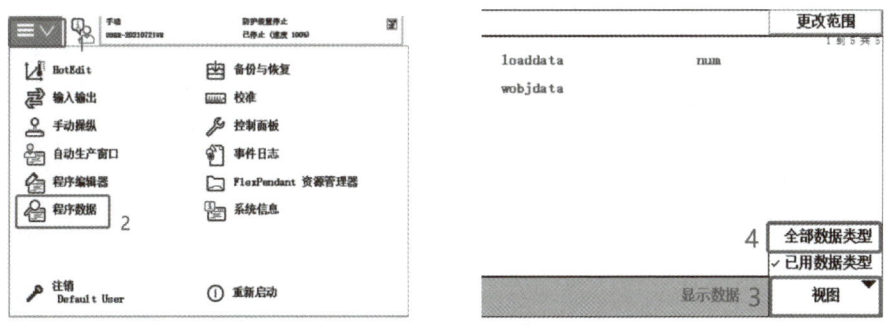

图 3-1-2　查看程序数据及类型的操作步骤

图 3-1-3　"程序数据-全部数据类型"界面

3. 常用的程序数据

在程序的编辑中，根据不同的数据用途，定义了不同的程序数据。在 ABB 机器人的程序数据中，有一些机器人系统常用的程序数据，如表 3-1-1 所示。

表 3-1-1 ABB 机器人系统常用的程序数据

程序数据	说明
bool	布尔量
byte	整数数据 0~255
clock	计时数据
dionum	数字输入/输出信号
extjoint	外轴位置数据
intnum	中断标志符
jointtarget	关节位置数据
loaddata	负荷数据
orient	姿态数据
num	数值数据
pos	位置数据（只有 X, Y 和 Z）
pose	坐标转换
robjoint	机器人轴角度数据
robtarget	机器人与外轴的位置数据
speeddata	机器人与外轴的速度数据
string	字符串
tooldata	工具数据
trapdata	中断数据
wobjdata	工件数据
zonedata	TCP 转弯半径数据

4. 程序数据的存储类型

ABB 机器人程序数据存储类型：变量 VAR、可变量 PERS、常量 CONST。

（1）变量 VAR

变量型数据在程序执行的过程中和停止时，都会保持当前的值；但如果程序指针复位后，数值会恢复为声明变量时赋予的初始值。

举例说明：

> VAR num length：=0；名称为 length 的变量型数值数据。
> VAR string name：="John"；名称为 name 的变量型字符数据。
> VAR bool finished：=FALSE；名称为 finished 的变量型布尔量数据。

进行了数据声明后，在程序编辑窗口中的显示如图 3-1-4 所示。

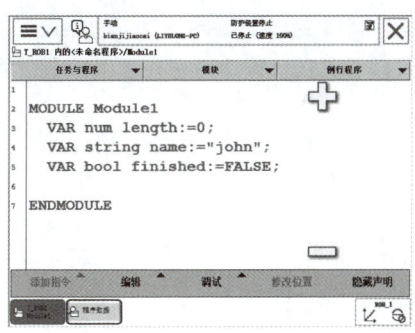

图 3-1-4　变量型数据声明显示

注意：在声明数据时，可以定义变量数据的初始值。如 length 的初始值为 0，name 的初始值为 john，finished 的初始值为 FALSE。

在工业机器人执行的 RAPID 程序中，也可以对变量存储类型程序数据进行赋值的操作，如图 3-1-6 所示。在程序中执行变量型程序数据的赋值，在指针复位后，将恢复为初始值。

（2）可变量 PERS

与变量型数据不同，可变量型数据最大的特点是无论程序的指针如何，可变量型数据都会保持最后赋予的值。

举例说明：

> PERS num nbr：=1；名称为 nbr 的数值数据。
> PERS string text：="Hello"；名称为 text 的字符数据。

进行了数据声明后，在程序编辑窗口中的显示如图 3-1-5 所示。

在工业机器人执行的 RAPID 程序中也可以对可变量存储类型程序数据进行赋值的操作，如图 3-1-6 所示。在程序执行后，赋值结果会一直保持，与程序指针的位置无关，直到对数据进行重新赋值，才会改变原来的值。

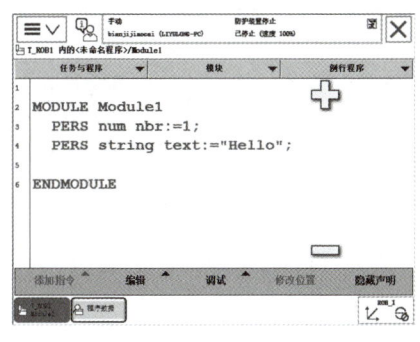 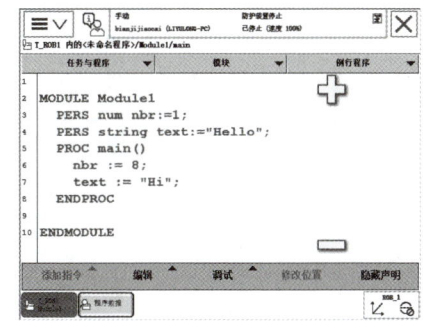

图 3-1-5　可变量型数据声明显示　　　　图 3-1-6　RAPID 程序对变量赋值

（3）常量 CONST

常量的特点是在定义时已赋予了数值，并不能在程序中进行修改，除非手动修改。

举例说明：

CONST num gravity：=9.81；名称为 gavity 的数值数据。

CONST string greating：="Hello"；名称为 greating 的字符数据。

当在程序中定义后，在程序编辑窗口的显示如图 3-1-7 所示，存储类型为常量的程序数据，不允许在程序中进行赋值操作。

5. 程序数据存储的范围

在 ABB 机器人中，程序数据存储范围可选择全局、本地及任务，如图 3-1-8 所示，其中全局表示数据可以应用在所有的模块中；本地表示定义的数据只可以应用于所在的模块中；任务则是表示定义的数据只能应用于所在的任务中。

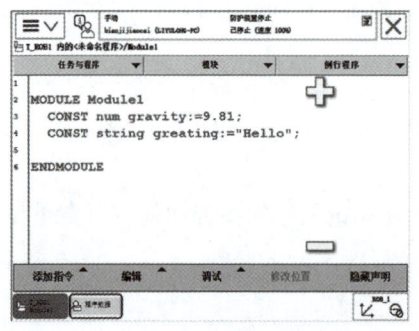

图 3-1-7　常量型数据声明显示

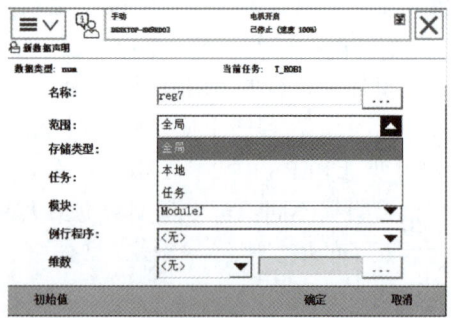

图 3-1-8　程序数据存储范围选择

任务实施

数字数据的创建如表 3-1-2 所示。

表 3-1-2 数字数据的创建

序号	操作步骤	图片说明
1	在示教器的主菜单界面上,单击"程序数据"选项	
2	单击右下角的"视图"按钮,勾选"全部数据类型"选项	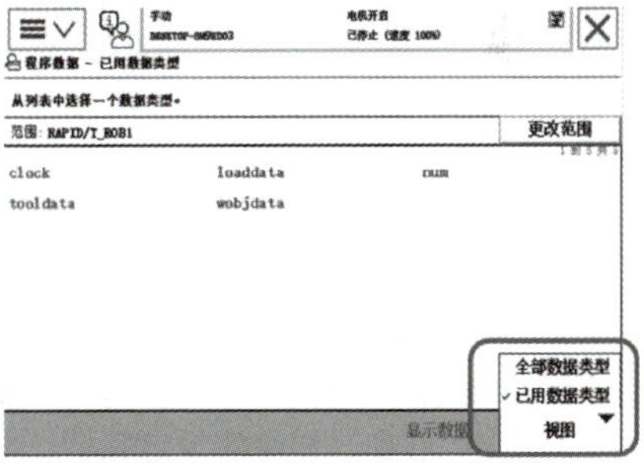
3	出现如右图所示的界面,全部的程序数据类型都被列举出来	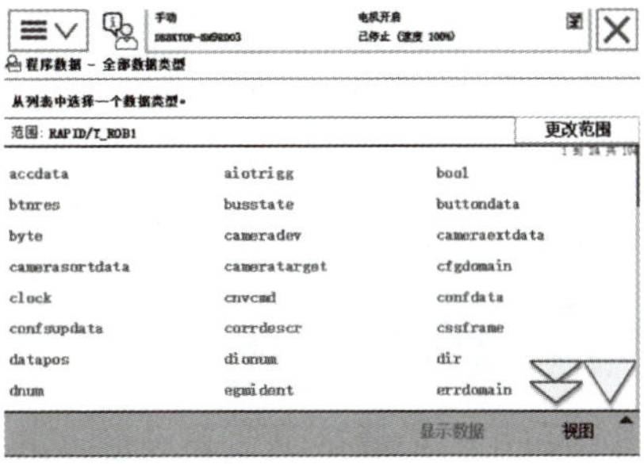
4	在如右图所示的全部数据类型中,选中"num"选项	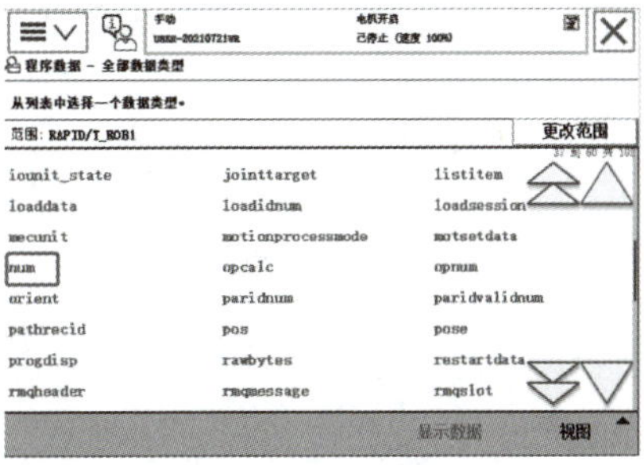

续表

序号	操作步骤	图片说明
5	单击"显示数据"按钮,出现如右图所示界面,然后单击"新建"按钮,进入数据参数设定的界面	
6	进入"新数据声明"界面,将"名称"修改为"length","范围"选择"本地","存储类型"选择"可变量",如右图所示,之后单击"初始值"按钮	
7	单击界面"初始值"按钮后,在对应的"值"的位置单击,输入"5",然后单击"确定"按钮,初始值设定完毕,即每次将程序复位或初始化后变量值为"5"。最后在新数据声明界面继续单击"确定"按钮,完成程序数据的建立	

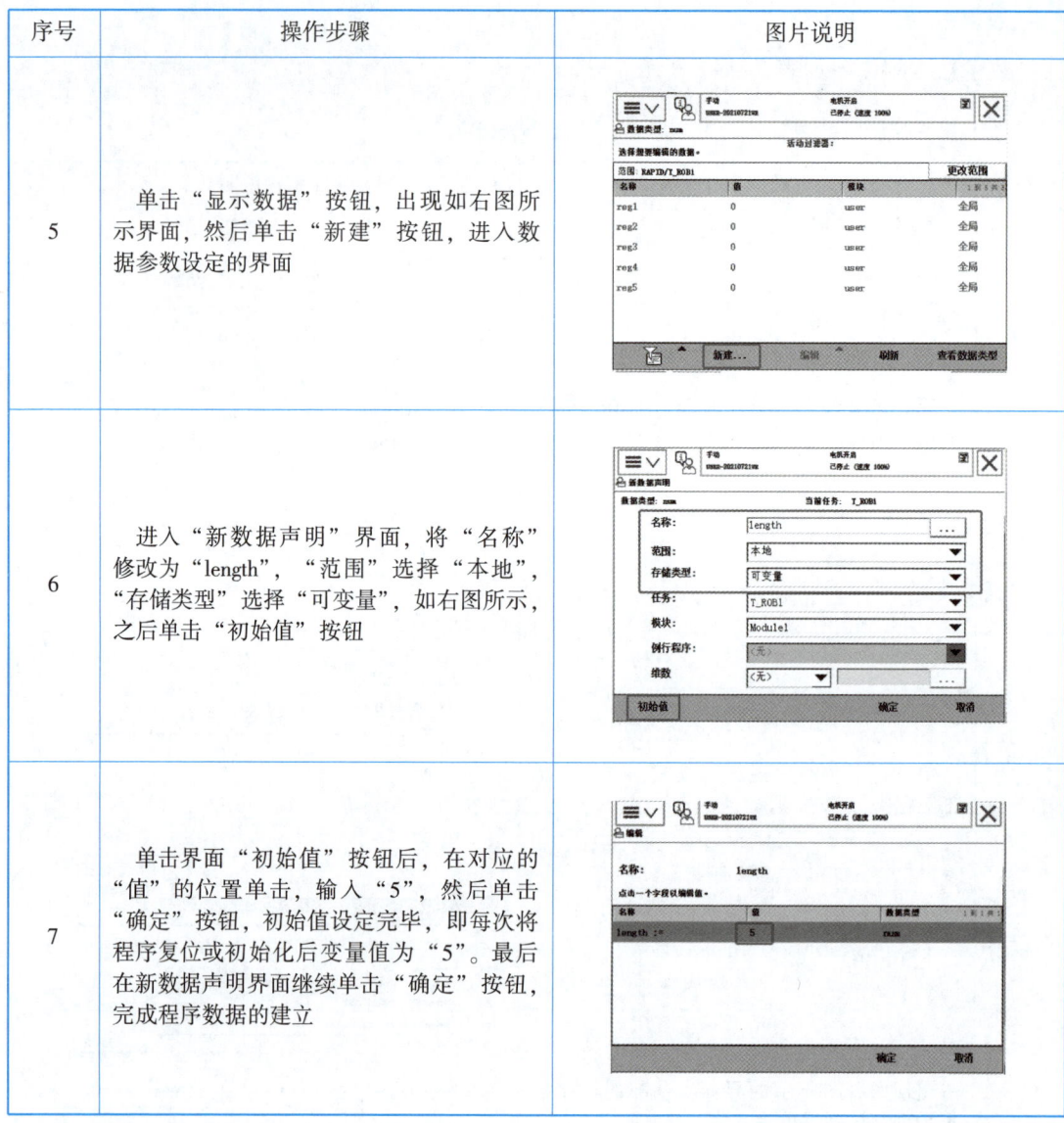

任务评价

自评和互评:请按照下表对自己的操作进行自评,并邀请同组成员进行互评。

操作员姓名				
主题	评分标准	分值	自评得分	互评得分
数字数据num的创建(90分)	新建数字数据并命名正确	20		
	正确设置数字数据范围	25		
	正确设置数字数据存储类型	25		
	正确修改初始值	20		

续表

主题	评分标准	分值	自评得分	互评得分
职业素养（10分）	遵守实训纪律，无安全事故	2		
	工位保持清洁，物品整齐	2		
	着装规范整洁，佩戴安全帽	2		
	操作规范，爱护设备	2		
	尊重实训老师，服从安排	2		
违规扣分项	不服从实训安排（每次扣5分）			
	机器人与工作台等周围设备发生碰撞（每次扣5分）			
	画笔工具掉落（每次扣5分）			
合计		100		
操作员签名	年　月　日	评分员签字	年　月　日	

子任务二　工具数据 tooldata 的设定

任务描述

采用 TCP 和 Z，X 法创建工具数据 tool1，工具的质量为 0.5 kg，重心为 (0, 0, 30)；坐标系切换到工具坐标系下，手动操纵机器人，完成以下两个动作。

1）使工业机器人的工具能沿着工具轴线方向进行移动，如图 3-1-9 所示；

2）工业机器人工具末端在空间位置不变的情况下，实现姿态的改变，如图 3-1-10 所示。

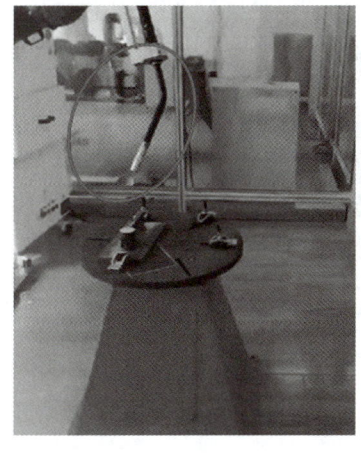

图 3-1-9　沿着工具轴线方向进行移动

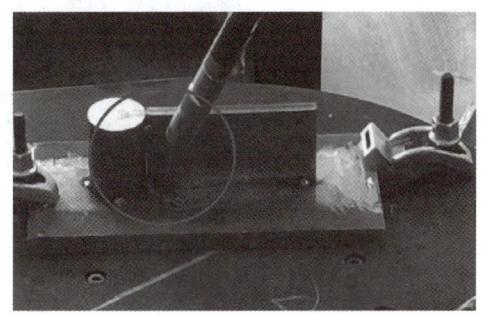

图 3-1-10　工具姿态改变案例

任务分析

在进行正式编程前,需要构建起必要的机器人编程环境,其中有三个必需的程序数据——工具数据 tooldata、工件坐标 wobjdata、负荷数据 loaddata 需要在编程前进行定义。

1. 工具数据的含义

工具数据 tooldata 是用于描述安装在机器人第 6 轴上的工具的 TCP、质量、重心等参数的数据。

不同的机器人应用配置不同的工具,如弧焊的工业机器人使用弧焊枪作为工具,而用于搬运板材的机器人使用吸盘式的夹具作为工具,如图 3-1-11 所示。

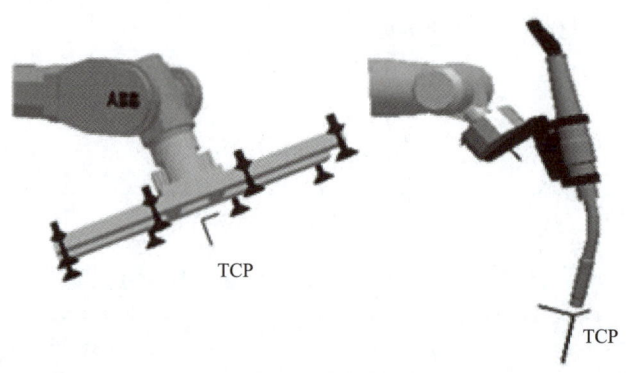

图 3-1-11 吸盘夹具和弧焊枪工具

2. 默认工具 tool0

机器人出厂时有一个默认工具 tool0,tool0 的工具中心点用 TCP 表示位于机器人安装法兰的中心。图 3-1-12 所示框架就是机器人默认工具坐标系用 TCPF 表示,A 点就是原始的 TCP 点。

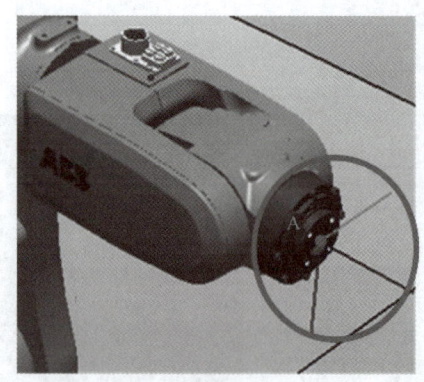

图 3-1-12 默认工具 tool0

工具数据 tooldata 的组成和含义

3. tooldata 的组成

tooldata 用于描述工具(如弧焊枪或夹具)的特征。此类特征包括 TCP 的位置和方位以及工具负载的物理特征。

tooldata 由三个部分组成，见表 3-1-3。

表 3-1-3　工具数据的组成

组件	描述
robhold	robot hold 数据类型：bool 1）TURE：工业机器人法兰安装工具； 2）FALSE：工业机器人法兰不安装工具，而工具固定在一个位置
tframe	tool frame 数据类型：pose 工具坐标系，即： 1）TCP 的位置（X，Y，Z），单位为 mm，相对于腕坐标系 tool0 2）工具坐标系的方向，相对于腕坐标系
tload	tool load 数据类型：loaddata 工业机器人夹持着工具 工具的负载，即： 1）工具的质量，单位为 kg； 2）工具负载的重心（X，Y，Z），单位为 mm，相对于腕坐标系； 3）工具力矩主惯性轴的方位，相对于腕坐标系； 4）围绕力矩惯性轴的惯性矩，单位为 kg·m^2。如果将所有惯性部件的惯性矩定义为 0，则将工具作为一个点质量来处理。 固定工具，用于描述夹持工件的夹具的负载 1）所移动夹具的质量，单位为 kg； 2）所移动夹具的重心（X，Y，Z），以 mm 计，相对于腕坐标系； 3）所移动夹具力矩主惯性轴的方位，相对于腕坐标系； 4）围绕力矩惯性轴的惯性矩，单位为 kg·m^2。如果将所有惯性部件的惯性矩定义为 0，则将工具作为一个点质量来处理

4. 工具数据 tooldata 示例

PERS tooldata gripper：=［TURE,［［97.4,0,223.1］,［0.924,0,0.383,0］］,［5,［23,0,75］,［1,0,0,0］,0,0,0］］；

工具数据 gripper 定义内容如下。

1）机械臂正夹持着工具。

2）TCP 所在点沿着工具坐标系 X 方向偏移为 97.4 mm，沿工具坐标系 Z 方向偏移为 223.1 mm。

3）工具的方向相对于腕坐标系来说偏移［0.924，0，0.383，0］，换算成欧拉角，即工具的 X 方向和 Z 方向相对于腕坐标系 Y 方向旋转 45°。

4）工具质量为 5 kg。

5）重心所在点沿着腕坐标系 X 方向偏移 23 mm，沿腕坐标系 Z 方向偏移 75 mm。

可将负载视为一个点质量，即不带转矩惯量。

5. 工具中心点的设定原理

1）在机器人工作范围找一个非常精确的固定点作参考点，如图 3-1-13 中 B 点。

2）在工具上找一个参考点（最好在工具工作部分中心）。

3）操纵工具上的参考点以 4 种不同的姿态尽可能接近固定参考。

4）机器人通过 4 组解的计算得出 TCP 坐标。

6. 设定工具坐标系的三种方法

设定工具坐标系的三种方法，分别是 TCP（默认方向），TCP 和 Z 以及 TCP 和 Z，X 法。

图 3-1-13　工具中心点设定示意图

1）TCP（默认方向）法只定义 TCP 的位置，坐标系的方向使用默认 tool0 的方向。如图 3-1-14 所示水龙头式机器人工具，工具所在轴线垂直于机器人第六轴，所以只需要将 TCP 从第六轴法兰盘原点平移至工具末端，方向不变即可。

2）TCP 和 Z 法，定义 TCP 的位置与 Z 轴方向，XY 使用默认，即 XY 方向和默认工具坐标系 tool0 的 XY 方向一致，如图 3-1-15 中所示电机轴式的机器人工具。

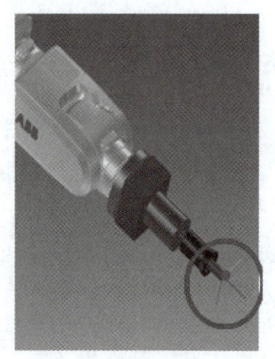
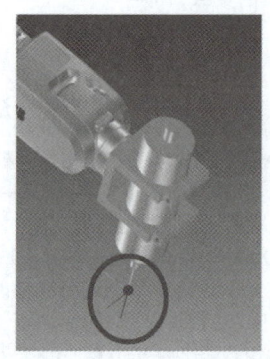

图 3-1-14　TCP（默认方向）法　　图 3-1-15　TCP 和 Z 法

3）TCP 和 Z，X 法，定义 TCP 的位置与各个轴的方向。定义的 Z 轴方向要沿着工具轴线方向，X、Y 两个轴根据实际需要确定方向，但整体上要符合右手定则。

这里三种方法均可以选择不同的点数，点数越多，新的工具坐标精度越高。

任务实施

1. 利用 TCP 和 Z, X 法完成 tooldata 数据的设定

利用 TCP 和 Z, X 法完成 tooldata 数据的设定如表 3-1-4 所示。

工具数据 tooldata 的设定方法

表 3-1-4 利用 TCP 和 Z, X 法完成 tooldata 数据的设定

序号	操作步骤	图片说明
1	单击左上角主菜单按钮,选择"手动操纵"选项	
2	选择"工具坐标:"选项	
3	单击"新建"按钮	

续表

序号	操作步骤	图片说明
4	对工具数据属性进行设定后，单击"确定"按钮	
5	选中tool1后，单击"编辑"菜单中的"定义"选项	
6	选择"TCP和Z，X"方法设定TCP	
7	选择合适的手动操纵模式，按下使能键，使用摇杆使工具参考点去靠上固定点，作为第一个点	

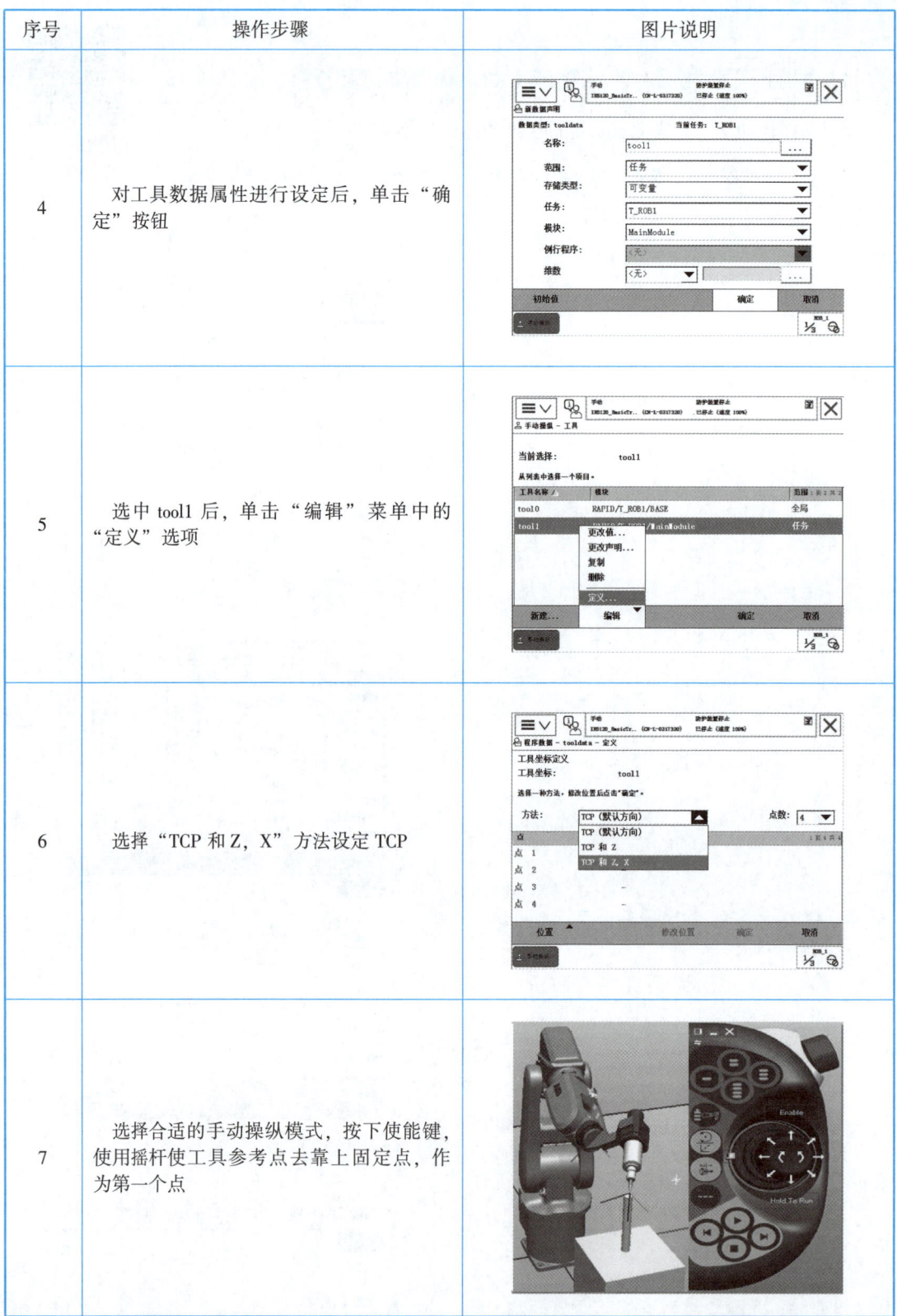

续表

序号	操作步骤	图片说明
8	选中点1，单击"修改位置"按钮，将点1的位置记录下来	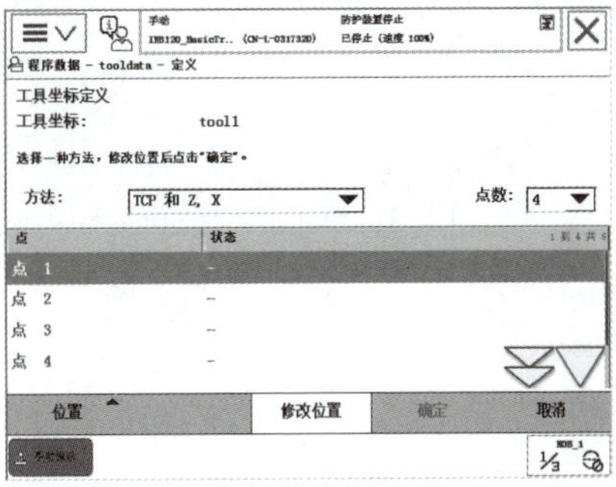
9	操控机器人变换另一个姿态使工具参考点靠近并接触上轨迹路线模块上的 TCP 参考点，把当前位置作为第二点（注意：机器人姿态变化越大，越有利于 TCP 点的标定）	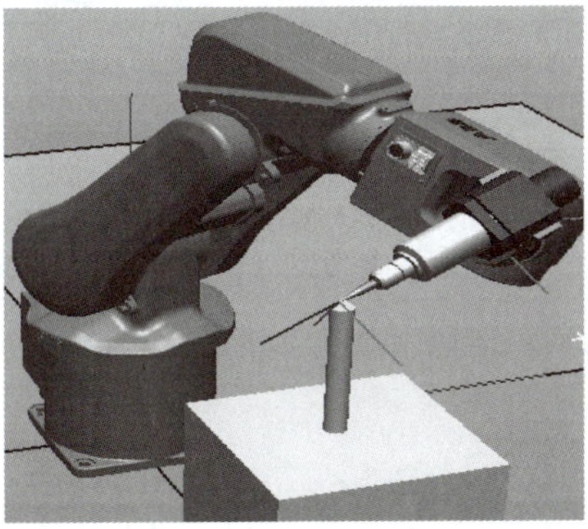
10	选中点2，单击"修改位置"按钮，将点2的位置记录下来	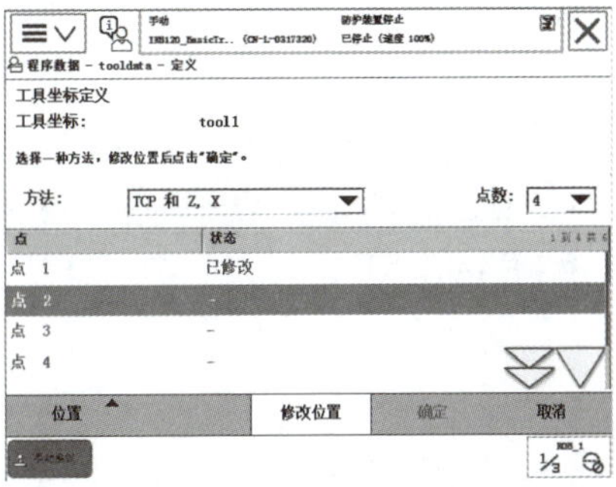
11	操控机器人变换另一个姿态使工具参考点靠近并接触上轨迹路线模块上的 TCP 参考点，如图所示，把当前位置作为第三点（注意：机器人姿态变化越大，则越有利于 TCP 点的标定）	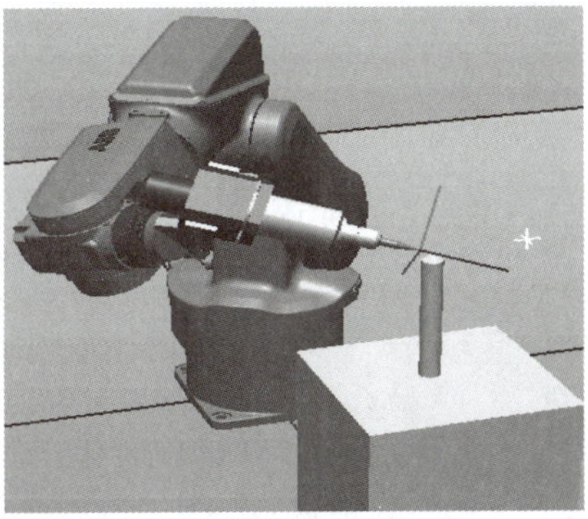

续表

序号	操作步骤	图片说明
12	选中点3，单击"修改位置"按钮，将点3位置记录下来	
13	操控机器人使工具的参考点接触上并垂直于固定参考点，如图所示，把当前位置作为第4点	
14	选中点4，单击"修改位置"按钮，将点4位置记录下来	
15	以点4为固定点，在线性模式下，操控机器人运动向前移动一定距离，作为$-X$方向	

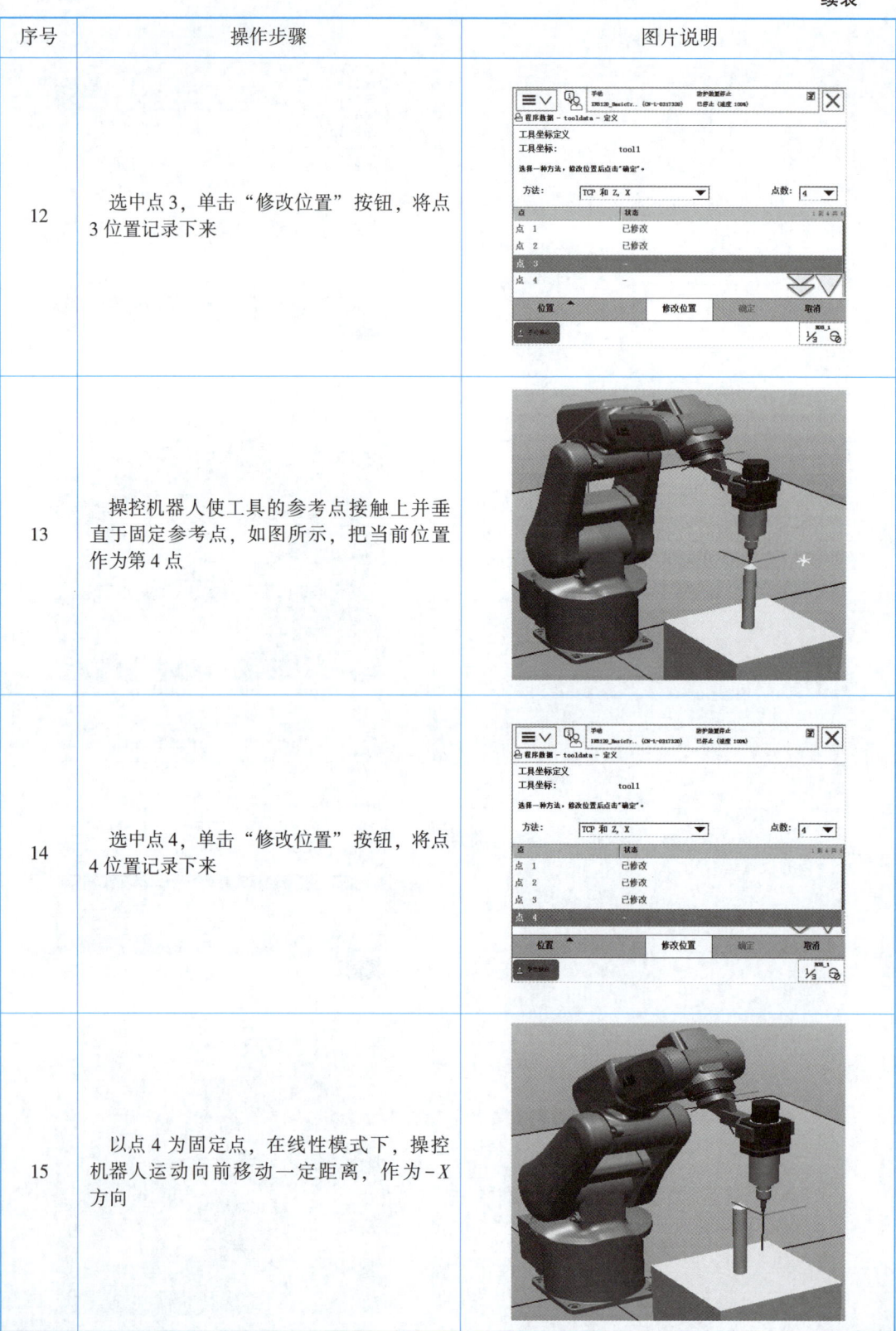

续表

序号	操作步骤	图片说明
16	选中延伸器点 X，单击"修改位置"按钮，将延伸器点 X 位置记录下来	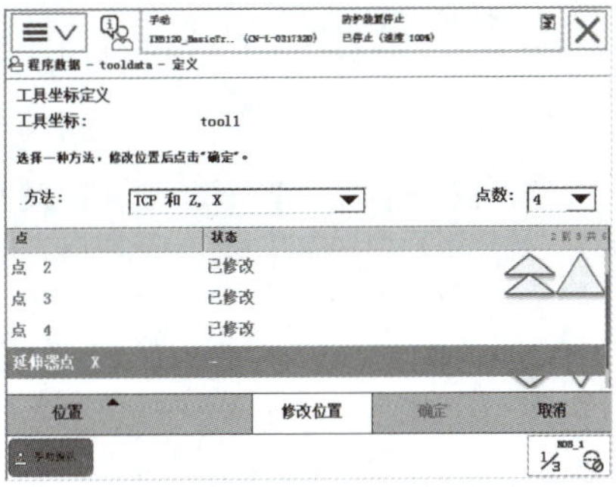
17	以点 4 为固定点，在线性模式下，操控机器人运动向上移动一定距离，作为 -Z 方向	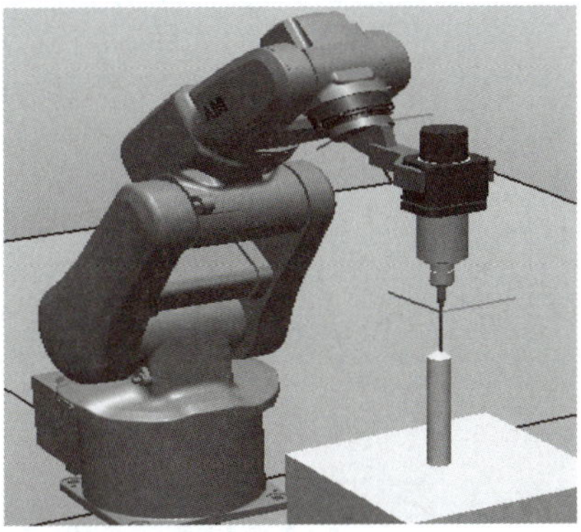
18	选中延伸器点 Z，单击"修改位置"按钮，将延伸器点 Z 位置记录下来	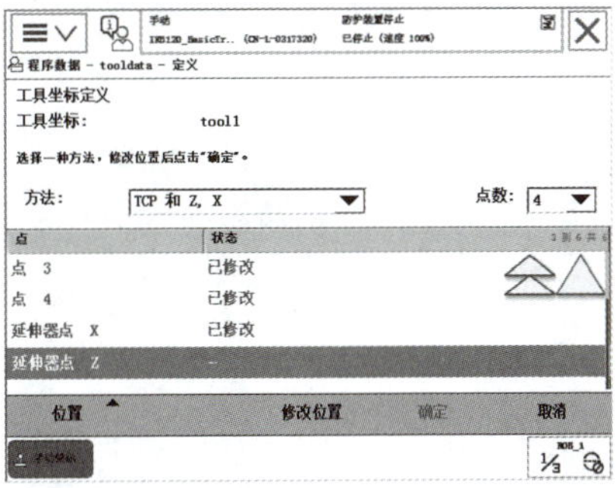
19	单击"确定"按钮，完成设定	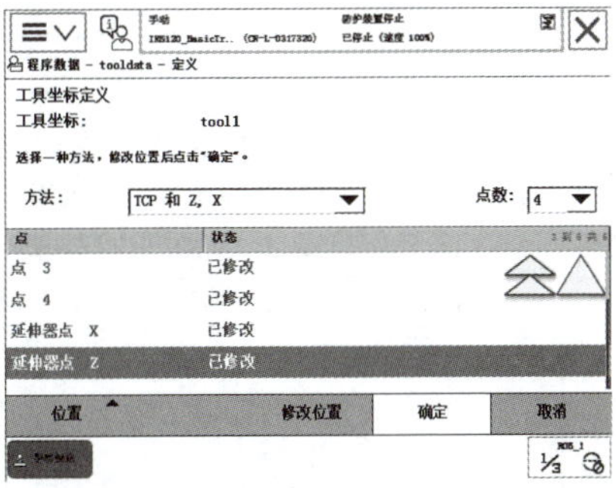

续表

序号	操作步骤	图片说明
20	机器人自动计算 TCP 的标定误差，最好是控制平均误差在 0.5 mm 以内。单击"确定"按钮	
21	接着设置 tool1 的质量和重心。选中 tool1，然后打开"编辑"菜单选择"更改值"选项	
22	此页面显示的内容就是 TCP 定义时生成的数据。单击箭头，向下翻页	
23	在此页面中，根据实际情况设定工具的质量（mass）（单位为 kg）和重心位置数据（此重心是基于 tool0 的偏移值，单位为 mm），然后单击"确定"按钮，返回工具坐标系界面	

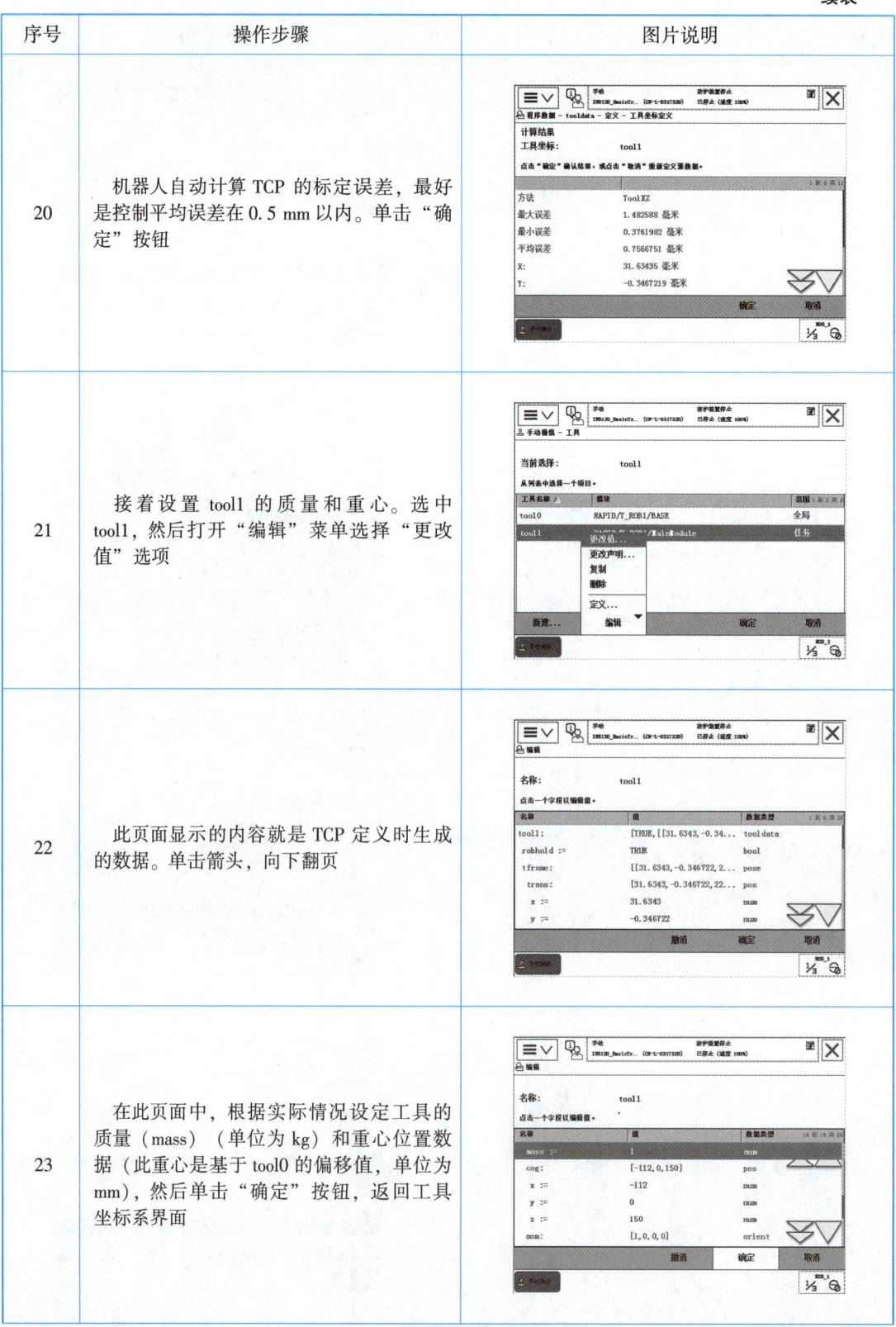

续表

序号	操作步骤	图片说明
24	单击"确定"按钮,就完成了 TCP 标定,并返回手动操作界面	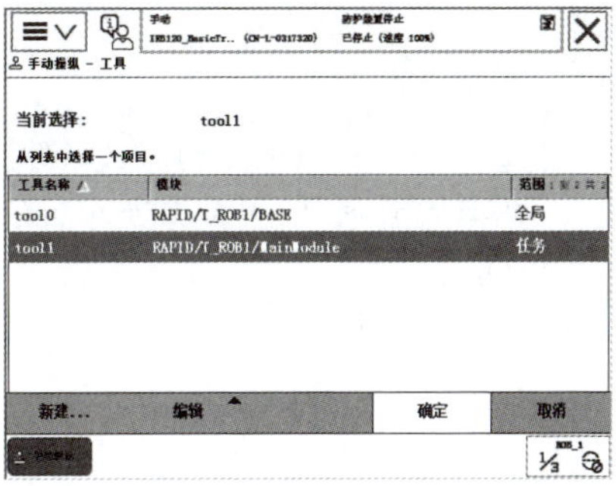

2. 验证工具坐标系

验证工具坐标系操作如表 3-1-5 所示。

表 3-1-5 验证工具坐标系

序号	操作步骤	图片说明
1	在手动操作界面,单击"动作模式:",进入下一步	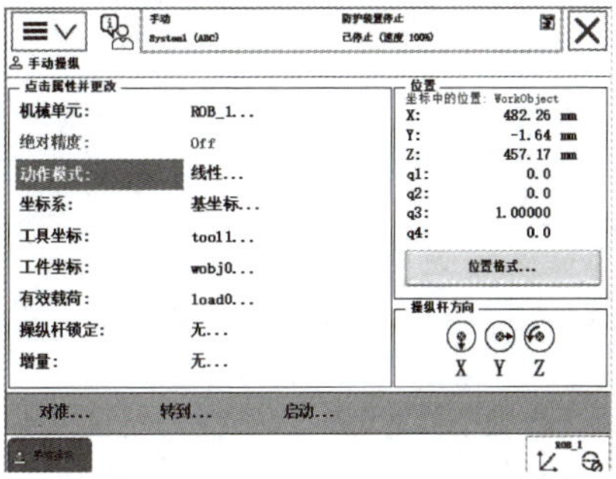
2	在"动作模式"中选择"重定位"选项,然后单击"确定"按钮返回	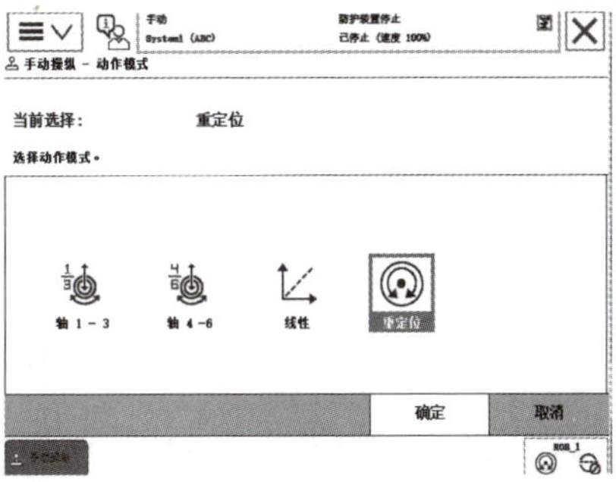

续表

序号	操作步骤	图片说明
3	单击"坐标系:"选项进入坐标系选择窗口	
4	在坐标系选项中单击"工具"选项,然后单击"确定"按钮返回	
5	按下使能器,用手拨动机器人手动操作摇杆,检测机器人是否围绕TCP点运动。如果机器人围绕TCP点运动,则TCP标定成功,如果没有围绕TCP点运动,则需要重新进行标定	

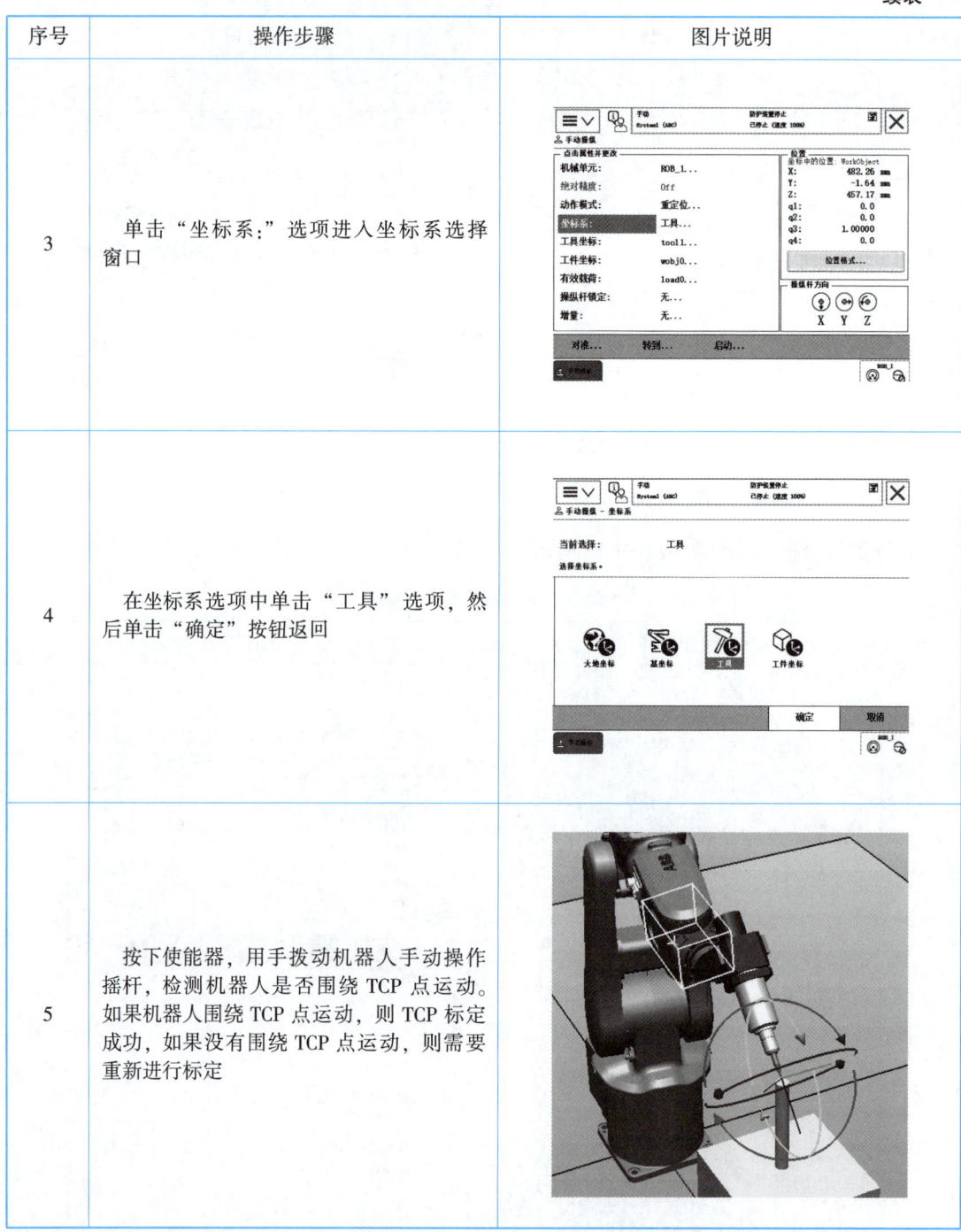

3. 工具沿着工具轴线方向运动

工具沿着工具轴线方向运动的操作如表3-1-6所示。

表 3-1-6　工具沿着工具轴线方向运动

序号	操作步骤	图片说明
1	在手动操作界面，单击"动作模式："选项，进入下一步	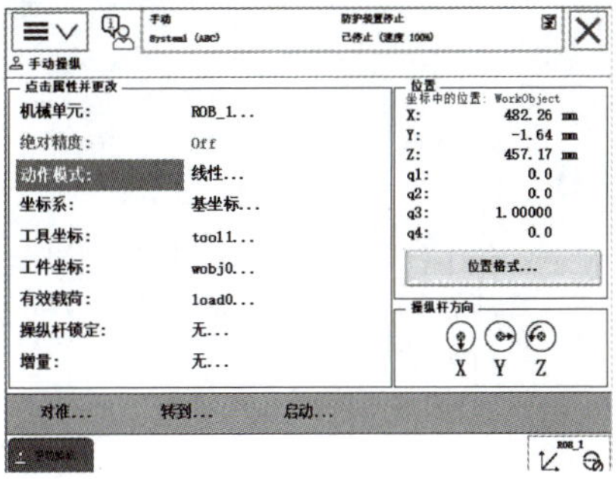
2	在"动作模式"中选择"线性"选项，然后单击"确定"按钮返回	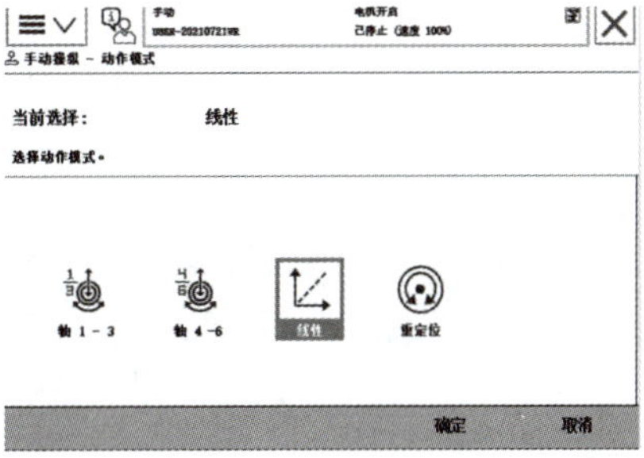
3	单击"坐标系："选项进入坐标系选择窗口	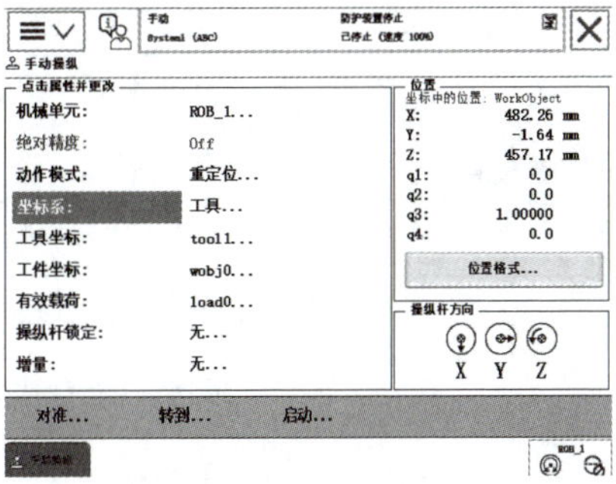
4	在"坐标系"选项中单击"工具"选项，然后单击"确定"按钮返回	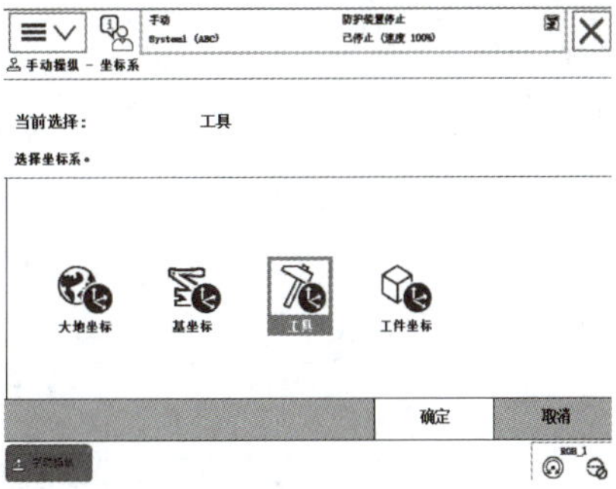

续表

序号	操作步骤	图片说明
5	按下使能器,顺时针或逆时针转到摇杆,检测机器人 Z 轴是否沿着工具的轴线方向进行运动	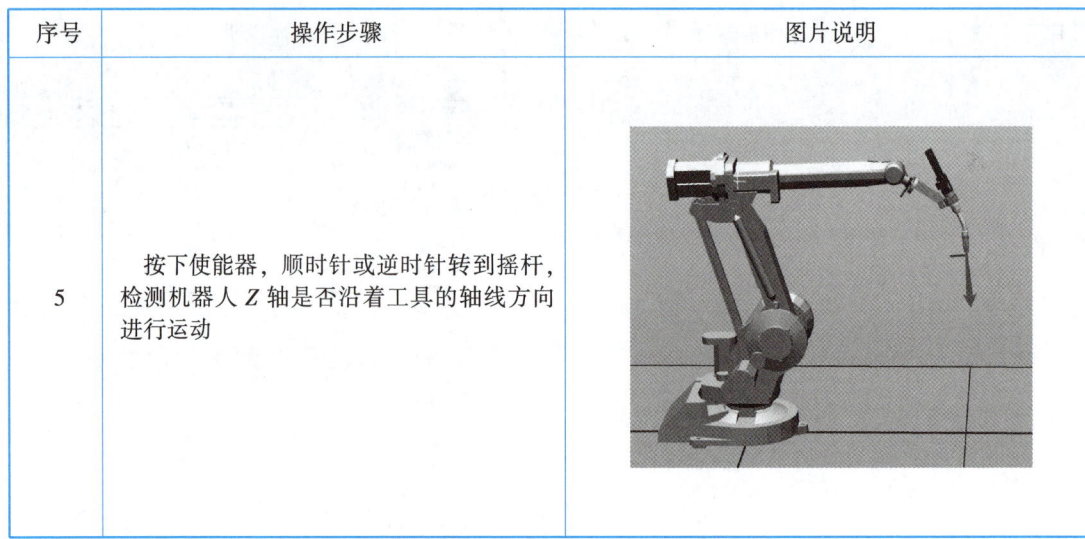

任务评价

自评和互评:请按照下表对自己的操作进行自评,并邀请同组成员进行互评。

主题	评分标准	分值	自评得分	互评得分
	操作员姓名			
工具数据的创建和验证(65分)	命名工具名称正确	5		
	采用 TCP 和 Z,X 法(点数 4)	5		
	工具质量符合要求	10		
	重心数据符合要求	10		
	Z 正方向为工具的向内延伸方向,其他方向不定	10		
	测量误差不得大于 0.5 mm	10		
	完成后围绕测量点进行重定位运动验证 当围绕测量点重定位运动验证时,如有不规范操作扣 2 分,如有机器人碰撞此项不得分	15		
工具沿着工具轴线方向运行(25分)	正确切换工具坐标系	5		
	正确切换线下运动	5		
	手动操纵使机器人工具沿着工具轴线方向运动	15		
职业素养(10分)	遵守实训纪律,无安全事故	2		
	工位保持清洁,物品整齐	2		
	着装规范整洁,佩戴安全帽	2		
	操作规范,爱护设备	2		
	尊重实训老师,服从安排	2		

续表

主题	评分标准	分值	自评得分	互评得分
违规扣分项	不服从实训安排（每次扣 5 分）			
	机器人与工作台等周围设备发生碰撞（每次扣 5 分）			
	画笔工具掉落（每次扣 5 分）			
合计		100		
操作员签名	年 月 日	评分员签字		年 月 日

子任务三　工件数据 wobjdata 的设定

任务描述

创建工件坐标数据 wobj1，坐标系切换到工件坐标系下，动作模式选择线性运动，向上或向下推动摇杆（X 方向），使机器人能沿着创建的工件坐标系的 X 方向直线移动；向左或向右推动摇杆（Y 方向），使机器人能沿着创建的工件坐标系的 Y 方向直线移动；逆时针转动摇杆（Z 方向），使机器人能沿着创建的工件坐标系的 Z 方向直线移动。

任务分析

1. 工件坐标数据 wobjdata 的定义

工件坐标系对应工件，它定义工件相对于大地坐标系（或其他坐标系）的位置。工业机器人可以拥有若干工件坐标系，或者表示工件，或者表示同一工件在不同位置的若干副本。

2. 工件坐标数据对编程的优势

对工业机器人进行编程就是在工件坐标系中创建目标和路径。这带来很多优点，如：

1）重新定位工作站中的工件时，只需更改工件坐标系的位置，所有路径将随之更新。

2）允许操作以外轴或传送导轨移动的工件，因为整个工件可连同其路径一起移动。

如图 3-1-16 所示，A 是工业机器人的大地坐标，为了编程方便，为第一个工件建立了一个工件坐标 B，并在这个工件坐标 B 中进行轨迹编程。如果台子上还有一个一样的工件需要走一样的轨迹，只需要建立一个工件坐标 C，将工件坐标 B 中的轨迹复制一份，然后将工件坐标从 B 更新为 C 即可。

如图 3-1-17 所示，在工件坐标 B 中对 A 对象进行了轨迹编程。如果工件坐标的位置变化成工件坐标 D 后，只需在机器人系统重新定义工件坐标 D，则机器人的轨迹就自动更新到 C，不需要再次轨迹编程了。因 A 相对于 B，C 相对于 D 的关系是一样的，并没有因为整体偏移而发生变化。

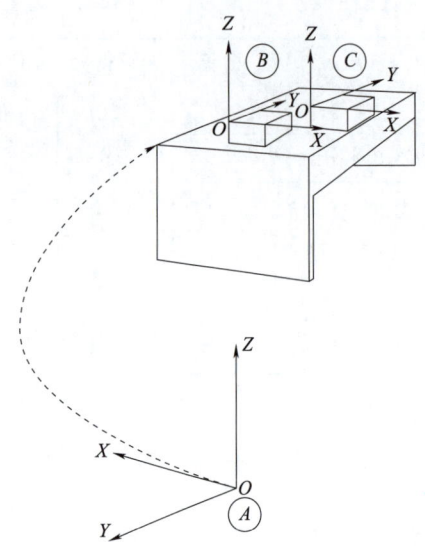

图 3-1-16 工件坐标系与大地坐标系

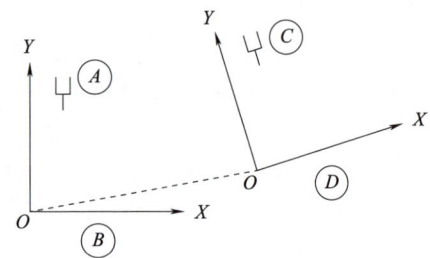

图 3-1-17 工件坐标系偏移示意图

3. 工件坐标数据 wobjdata 组成

工件坐标数据由 5 部分组成,见表 3-1-7。

表 3-1-7 wobjdata 组成

组件	描述
robhold	robot hold 数据类型:bool 定义工业机器人是否夹持工件: 1) TURE:工业机器人正夹持着工件,即使用了固定工具; 2) FALSE:工业机器人未夹持着工件,即工业机器人夹持工具
ufprog	user frame programmed 数据类型:bool 规定是否使用固定的用户坐标系: 1) TURE:固定的用户坐标系; 2) FALSE:可移动的用户坐标系,及使用协调外轴,也用于 MultiMove 系统的半协调或同步协调模式
ufmec	user frame mechanical unit 数据类型:string 与机械臂协调移动的机械单元,仅在可移动的用户坐标系中进行指定; 指定系统参数中所定义的机械单元名称,如 orbit_ a
uframe	user frame 数据类型:pose 用户坐标系,即当前工作面或固定装置的位置: 1) 坐标系原点的位置 (X, Y, Z),单位为 mm; 2) 坐标系的旋转,表示一个四元数 ($q1$, $q2$, $q3$, $q4$) 如果机械臂正夹持着工具,则在大地坐标系中定义用户坐标系(如果使用固定工具,则在腕坐标系中定义) 对于可移动的用户坐标系,由系统对用户坐标系进行持续定义

续表

组件	描述
oframe	object frame 数据类型：pose 目标坐标系即当前工件的位置，坐标系原点的位置（X，Y，Z）（单位为 mm）、坐标系的旋转，表示一个四元数（q1，q2，q3，q4）

4. 工件坐标数据 wobjdata 示例

PERS wobjdata wobj1:=[FALSE,TRUE,"",[[300,600,200],[1,0,0,0]],[[0,200,30],[1,0,0,0]]];

工件数据 wobj1 定义内容如下：

1）机械臂未夹持着工件；
2）使用固定的用户坐标系；
3）用户坐标系不旋转，且在大地坐标系中用户坐标系的原点为 $X=300$，$Y=600$ 和 $Z=200$ mm；
4）目标坐标系不旋转，且在用户坐标系中目标坐标系的原点为 $X=0$，$Y=200$ 和 $Z=30$ mm。

5. 工件坐标数据 wobjdatad 的设定方法

工件数据的设定

工件坐标系设定时，通常采用三点法。只需在对象表面位置或工件边缘角位置上定义三个点位置，来创建一个工件坐标系，其设定原理如图 3-1-18 所示。

1）手动操纵机器人在工件表面或边缘角的位置找到一点 X1，作为坐标系的原点；
2）沿工件表面或边缘找到一点 X2，X1、X2 确定 X 轴的正方向；
3）在 XY 平面上并且 Y 值为正的方向找到一点 Y1，确定坐标系 Y 轴正方向。

工件坐标系符合右手定则，如图 3-1-19 所示，可判断坐标系各轴正负方向。

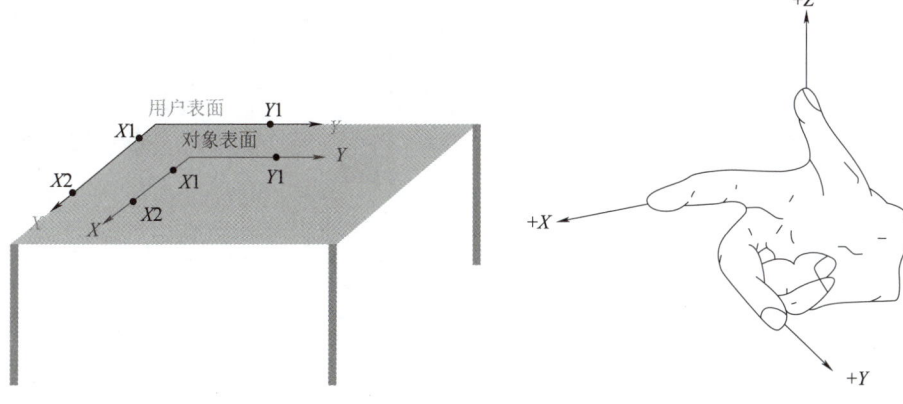

图 3-1-18　工件坐标系设定原理　　　　图 3-1-19　右手定则

任务实施

1. wobjdata 数据的设定

wobjdata 数据的设定如表 3-1-8 所示。

表 3-1-8　wobjdata 数据的设定

序号	操作步骤	图片说明
1	单击左上角主菜单按钮，选择"手动操纵"选项	
2	选择"工件坐标："选项	
3	单击"新建..."按钮	
4	对工件数据属性进行设定后，单击"确定"按钮	

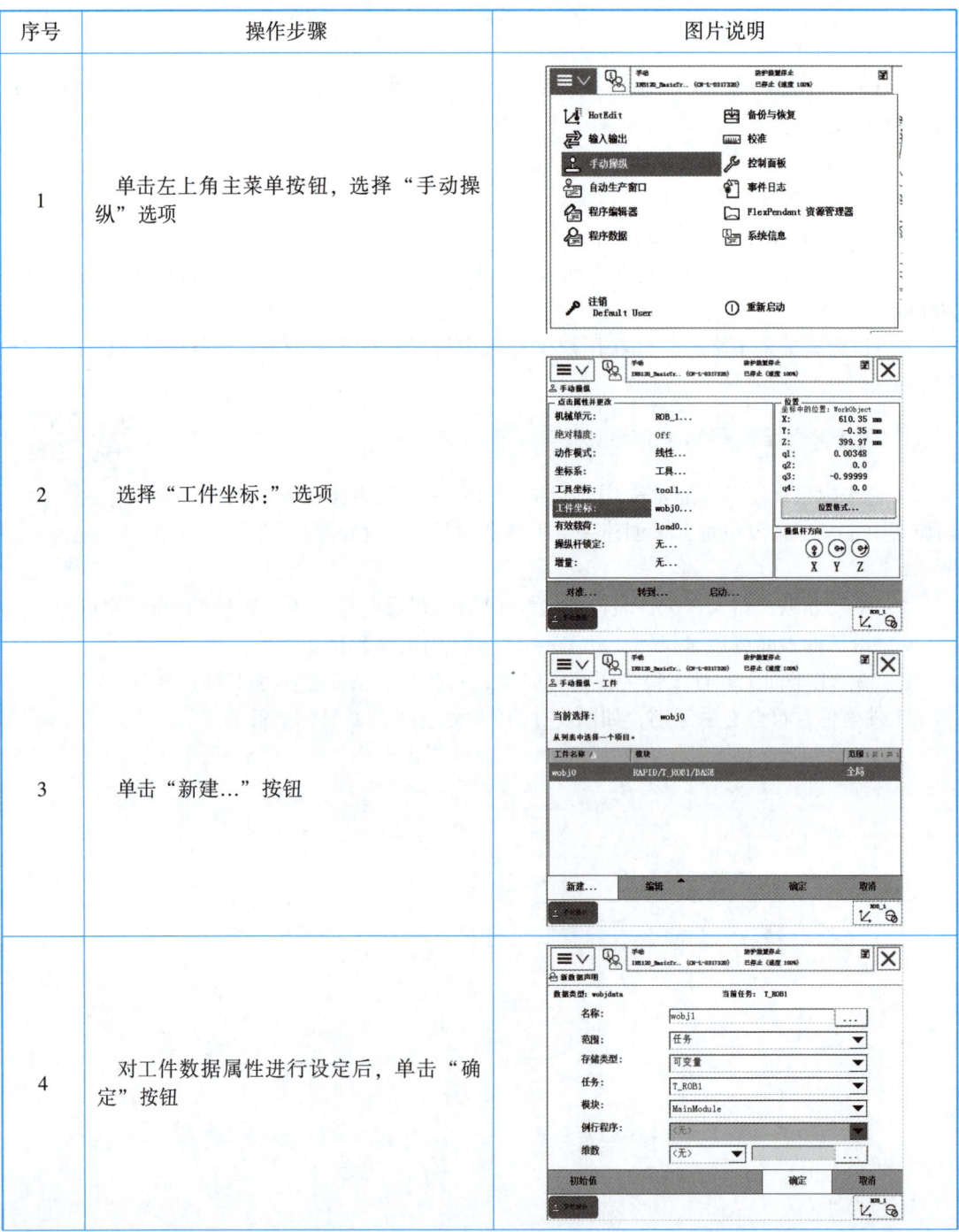

续表

序号	操作步骤	图片说明
5	选中 wobj1 后，单击"编辑"菜单中的"定义…"选项	
6	用户方法选择"3点"	
7	手动操作机器人的工具参考点靠近定义工件坐标系的 $X1$ 点	
8	选中"用户点 $X1$"，单击"修改位置"按钮，将点 $X1$ 的位置记录下来	

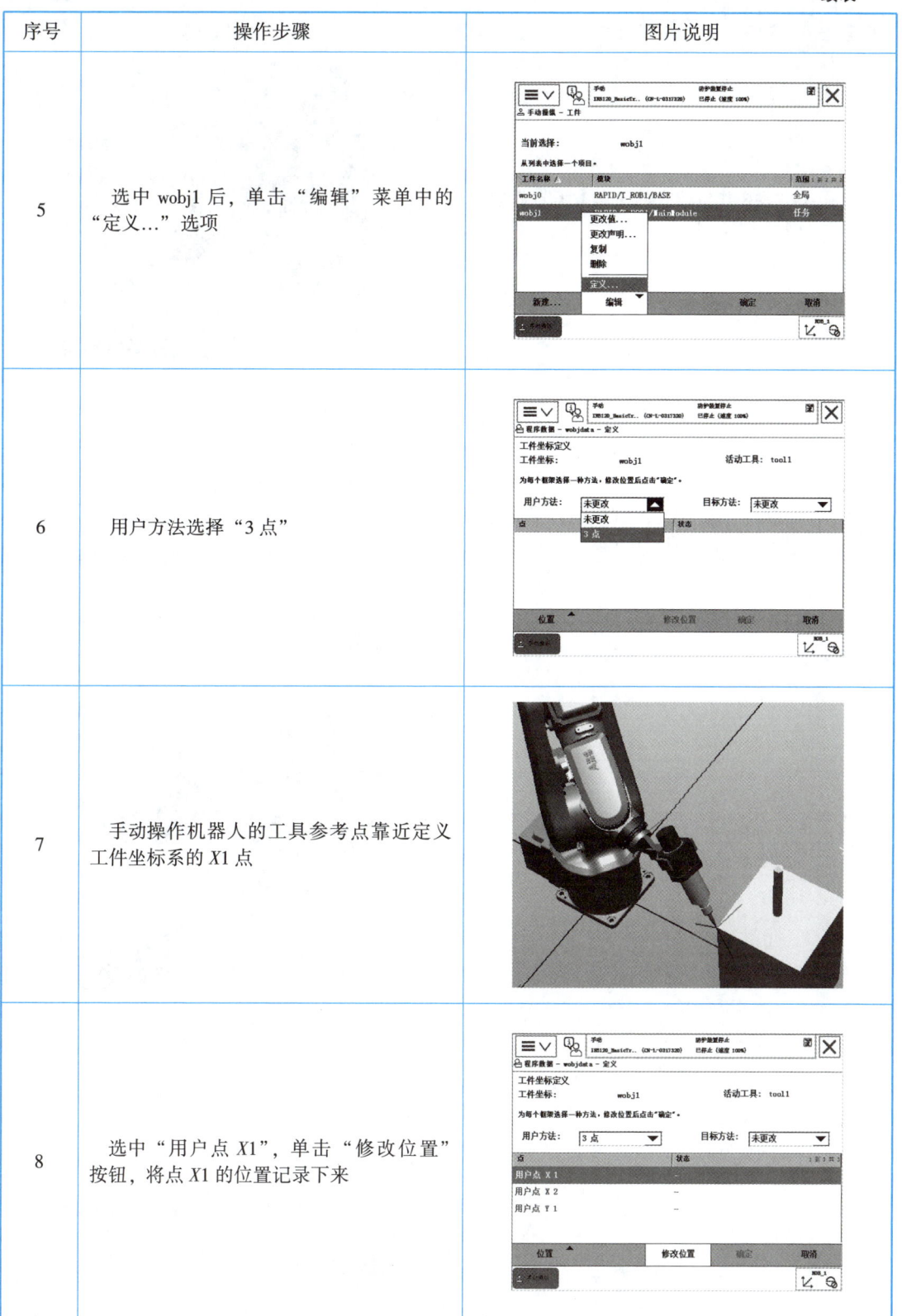

续表

序号	操作步骤	图片说明
9	手动操作机器人的工具参考点靠近定义工件坐标系的 $X2$ 点	
10	选中"用户点 $X2$",单击"修改位置"按钮,将点 $X2$ 的位置记录下来	
11	手动操作机器人的工具参考点靠近定义工件坐标系的 $Y1$ 点	
12	选中"用户点 $Y1$",单击"修改位置"按钮,将点 $Y1$ 的位置记录下来	

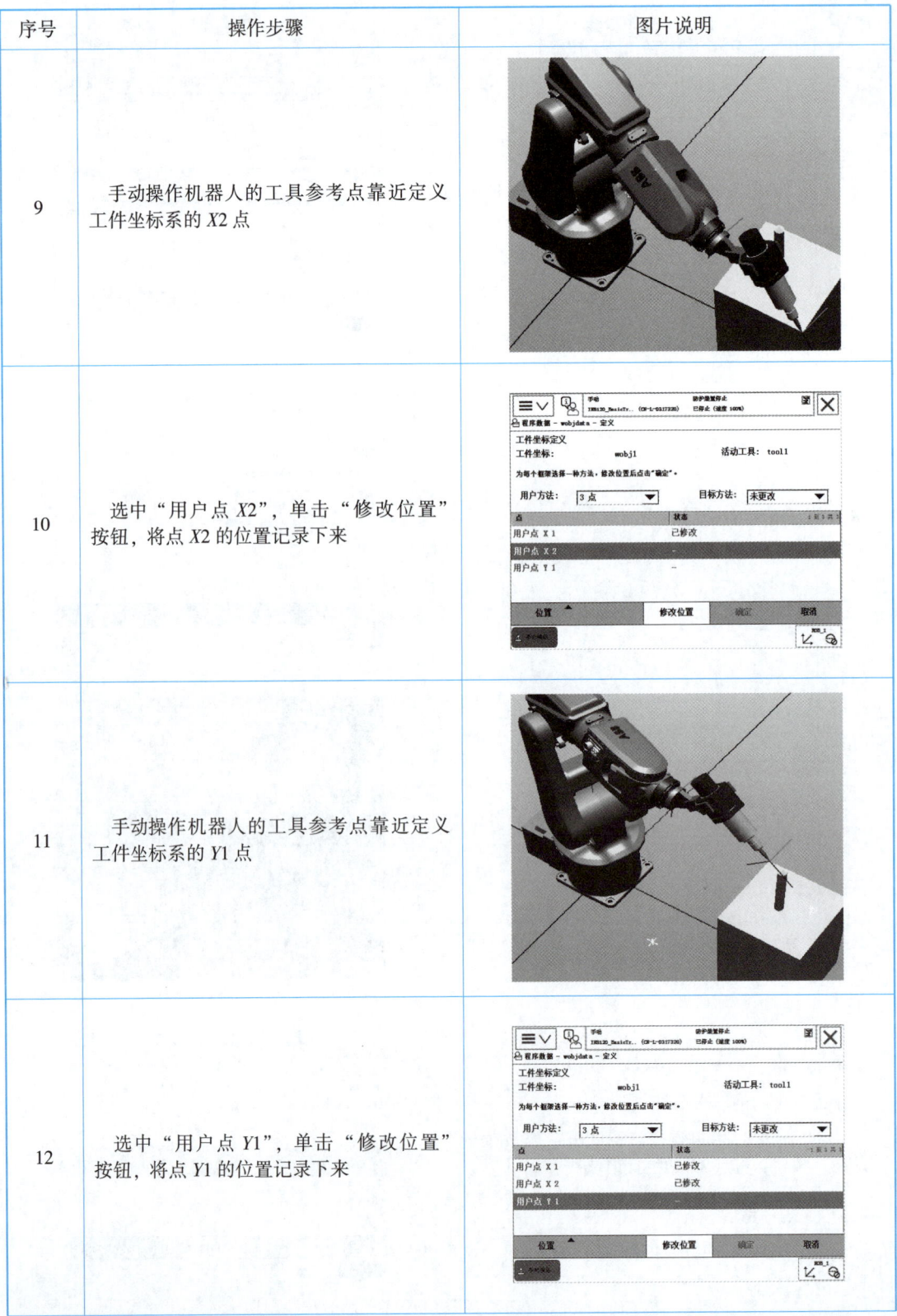

续表

序号	操作步骤	图片说明
13	单击"确定"按钮,完成设定	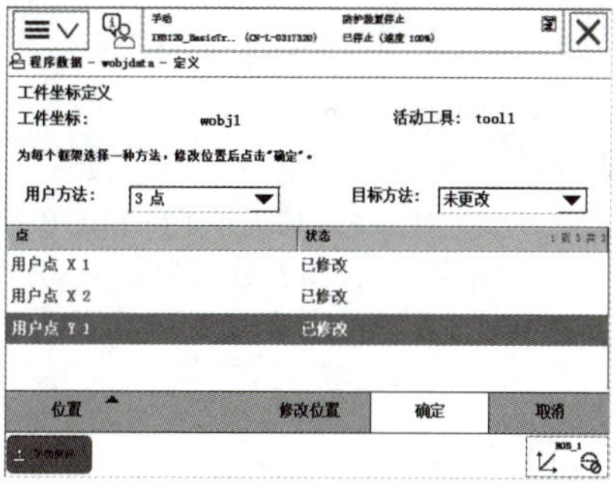
14	对自动生成的工件坐标数据进行确认后,单击"确定"按钮	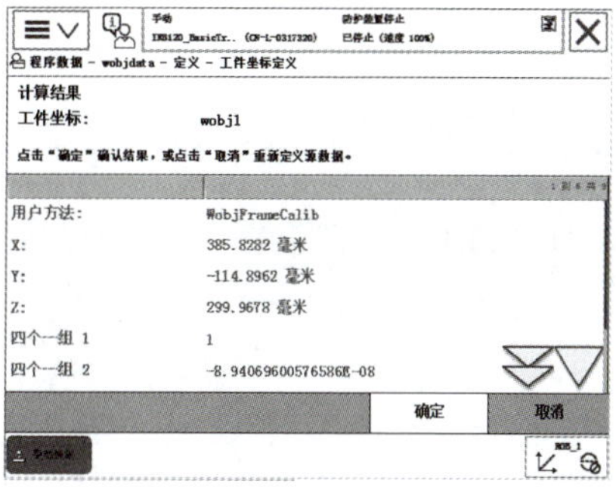

2. 工件坐标系验证

工件坐标系验证如表3-1-9所示。

表3-1-9　工件坐标系验证

序号	操作步骤	图片说明
1	动作模式选定为"线性"。坐标系选定为"工件坐标"。工件坐标选定为"wobj1"	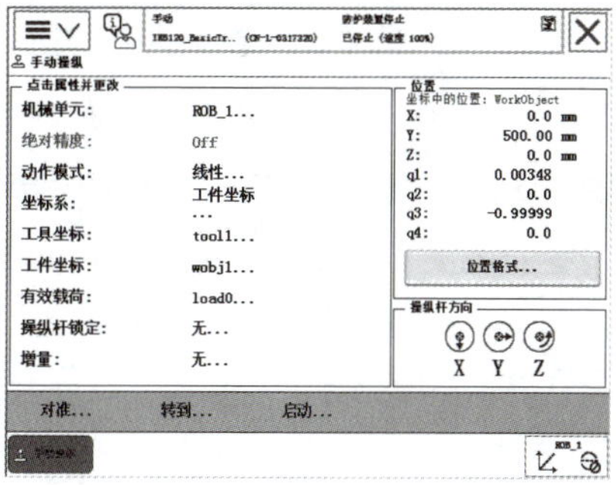

109

续表

序号	操作步骤	图片说明
2	设定手动操纵画面项目如图中所示，使用线性动作模式，分别沿着 X、Y 方向拨动摇杆，观察机器人是否沿着工件坐标系的 X、Y 方向进行直线移动	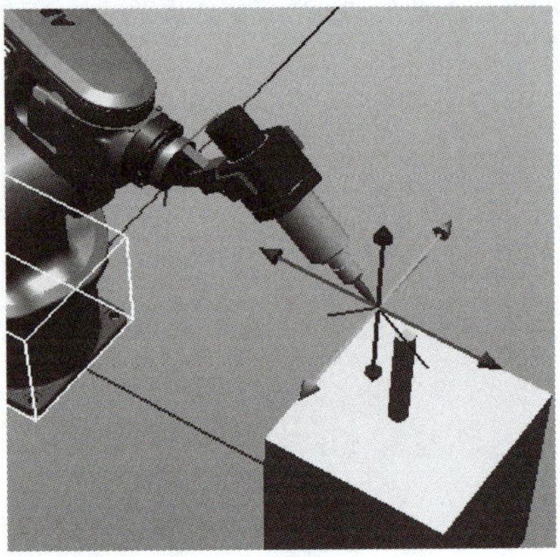

任务评价

自评和互评：请按照下表对自己的操作进行自评，并邀请同组成员进行互评。

主题	评分标准	分值	自评得分	互评得分
	操作员姓名			
工件数据的创建和验证（90分）	工件坐标系1名称正确	25		
	工件坐标系2名称正确	25		
	工件坐标系1验证正确	20		
	工件坐标系2验证正确	20		
职业素养（10分）	遵守实训纪律，无安全事故	2		
	工位保持清洁，物品整齐	2		
	着装规范整洁，佩戴安全帽	2		
	操作规范，爱护设备	2		
	尊重实训老师，服从安排	2		
违规扣分项	不服从实训安排（每次扣5分）			
	机器人与工作台等周围设备发生碰撞（每次扣5分）			
	画笔工具掉落（每次扣5分）			
合计		100		
操作员签名	年 月 日	评分员签字	年 月 日	

拓展训练

任务要求：某工具精度较高，在出厂时使用专门的仪器进行了工具数据的测定，工具数据为 [TURE, [[97.4, 0, 223.1], [0.924, 0, 0.383, 0]], [5, [23, 0, 75], [1, 0, 0, 0], 0, 0, 0]]，现在需要你将该工具数据的数值采用直接输入法进行输入，形成新的工具数据。

任务实施

工件坐标系数据 wobjdata 的设定操作如表 3-1-10 所示。

表 3-1-10　工件坐标系数据 wobjdata 的设定

序号	操作步骤	图片说明
1	单击左上角主菜单按钮，选择"手动操纵"选项	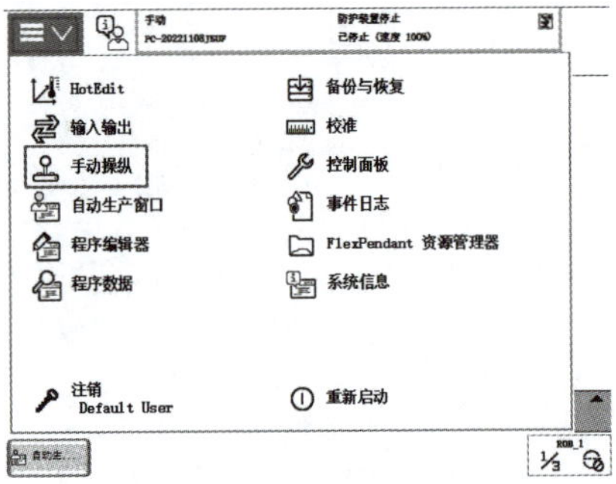
2	选择"工具坐标："选项	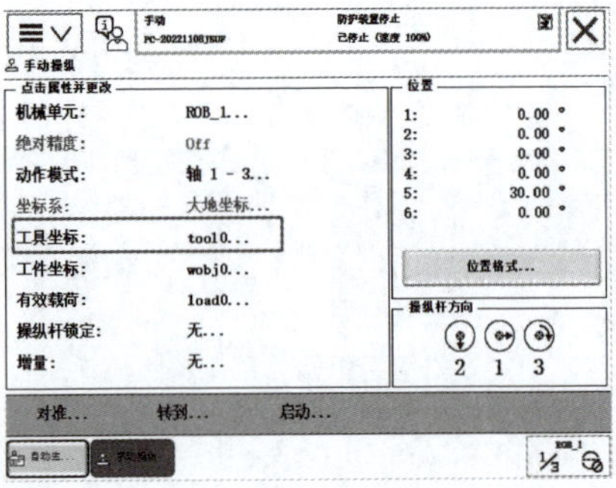
3	单击"新建"按钮	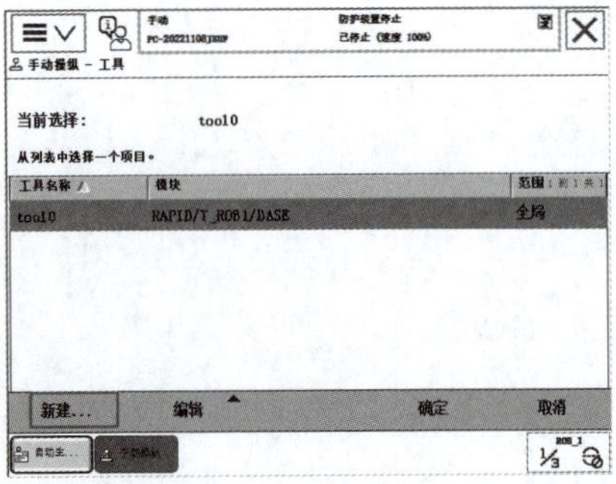

续表

序号	操作步骤	图片说明
4	对工具数据属性进行设定后，单击"确定"按钮	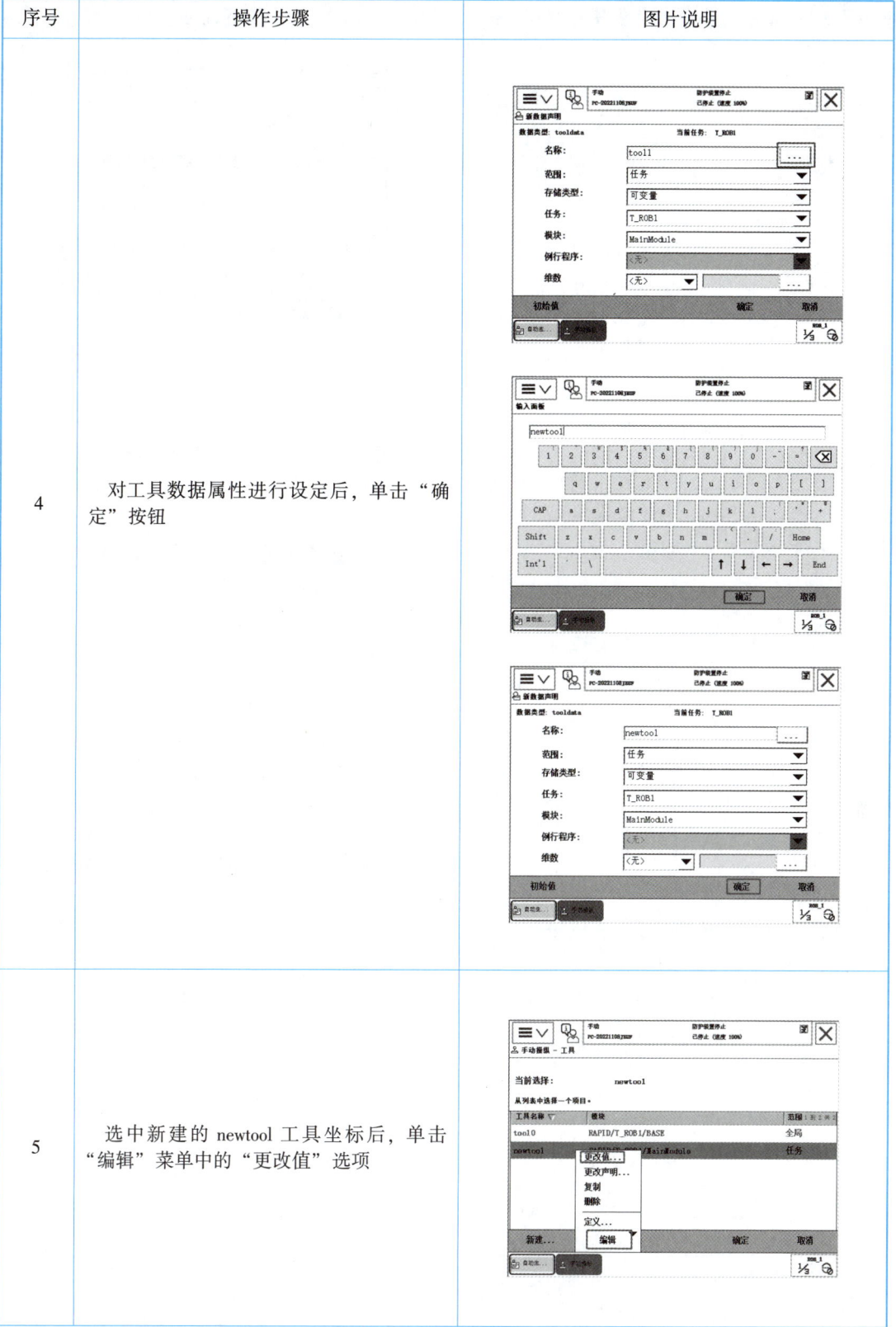
5	选中新建的 newtool 工具坐标后，单击"编辑"菜单中的"更改值"选项	

续表

序号	操作步骤	图片说明
6	按照给定的工具数据[TURE,[[97.4,0,223.1],[0.924,0,0.383,0]],[5,[23,0,75],[1,0,0,0],0,0,0]],将数值依次填入对应的tframe、tload各参数中,单击"确定"按钮即可	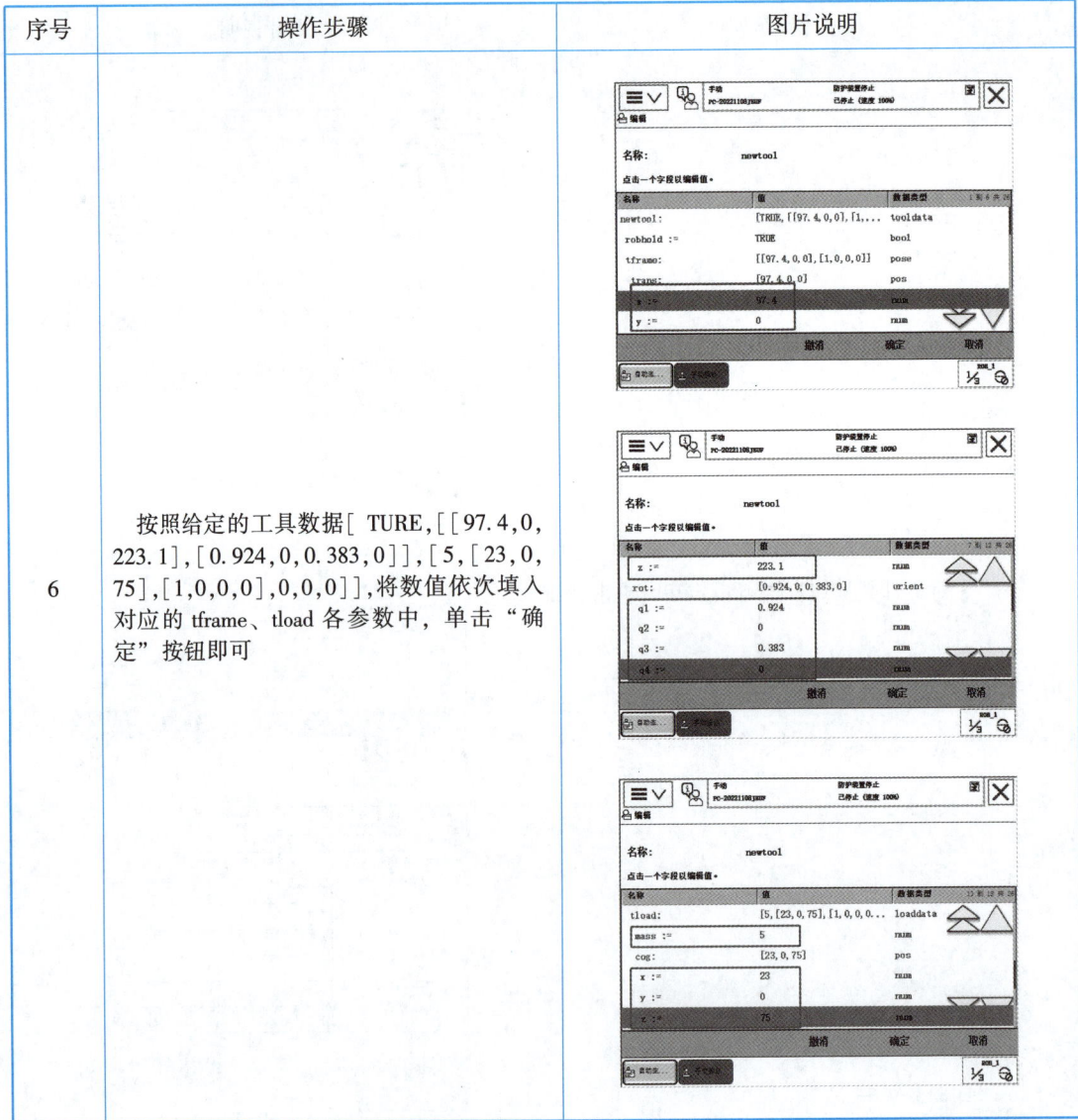

任务工单

1）在 ABB 机器人系统中新建一个一维数组，数组中元素为三个，命名为 putpoint，数据类型为机器人与外轴的位置数据 robtarget，存储范围为全局，存储类型为变量。将创建过程简要记录在下方。

_____
_____
_____
_____

2）在图 3-1-20 中标出分别用 TCP 法、TCP 和 Z 法、TCP 和 Z，X 法建立的工具坐标系 tool1、tool2、tool3，并简述三种方法的异同点。

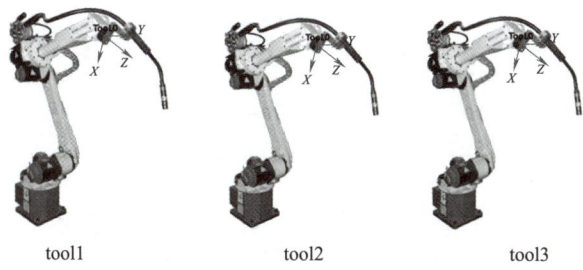

图 3-1-20　任务工单 2

_____
_____
_____
_____

3）机器人夹爪笔（图 3-1-21）工具中的夹爪工作时，建立工具数据应该用三种方法中的哪种？并简述理由。

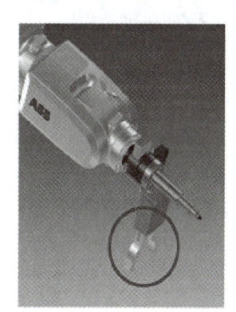

图 3-1-21　夹爪笔

_____
_____
_____

4）用 TCP 和 Z，X 法、TCP 法、TCP 和 Z 法建立工具数据 tool1、tool2、tool3，并记录误差和操作中遇到的问题及解决办法。

序号	项目	平均误差	分值	标准	备注	
1	TCP 和 Z，X 法建立工具数据 tool1			25	平均误差≤0.8 0.8<平均误差≤1 平均误差>1 未完成	25 分 20 分 10 分 0 分
2	TCP 法建立工具数据 tool2			15	平均误差≤0.8 0.8<平均误差≤1 平均误差>1 未完成	15 分 10 分 5 分 0 分
3	TCP 和 Z 法建立工具数据 tool3			20	平均误差≤0.8 0.8<平均误差≤1 平均误差>1 未完成	20 分 15 分 10 分 0 分

5）完成机器人在不同工具坐标系下的重定位运动、线性运动，记录任务中出现的问题并分析原因。

工具数据 运动	默认工具 tool0	tool1	tool2	tool3
线性移动 X：+、-				
线性移动 Y：+、-				
线性移动 Z：+、-				
重定位运动 X：+、-				
重定位运动 Y：+、-				
重定位运动 Z：+、-				

注意：完成一项打一个√。

6）用三点法建立工作站平台上两个三角形的工件坐标系 wobj1、wobj2，如图 3-1-22 所示，并验证所建立工件数据的正确性。

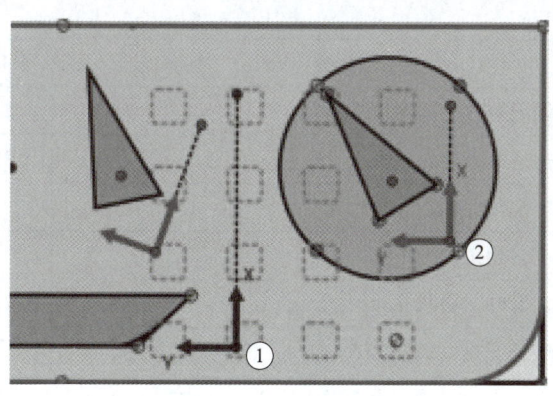

图 3-1-22　任务工单 6

7) 任务评价。

自评和互评：请按照下表对自己的操作进行自评，并邀请同组成员进行互评。

主题	操作员姓名			
	评分标准	分值	自评得分	互评得分
工具数据的创建和验证（60分）	命名工具名称正确（1个2分）	5		
	采用正确的方法建立相应工具数据	5		
	工具质量符合要求	10		
	重心数据符合要求	5		
	TCP 和 Z 法、TCP 和 Z, X 法中 Z 正方向为工具的向内延伸方向，其他方向不定	10		
	测量误差不得大于 0.5 mm	10		
	完成后围绕测量点进行重定位运动验证（围绕测量点重定位运动验证时如有不规范操作扣2分，如有机器人碰撞此项不得分）	15		
工件数据的创建和验证（30分）	工件坐标系 1 名称正确	5		
	工件坐标系 2 名称正确	5		
	工件坐标系 1 验证正确	10		
	工件坐标系 2 验证正确	10		

续表

主题	评分标准	分值	自评得分	互评得分
职业素养 （10分）	遵守实训纪律，无安全事故	2		
	工位保持清洁，物品整齐	2		
	着装规范整洁，佩戴安全帽	2		
	操作规范，爱护设备	2		
	尊重实训老师，服从安排	2		
违规扣分项	不服从实训安排（每次扣5分）			
	机器人与工作台等周围设备发生碰撞（每次扣5分）			
	画笔工具掉落（每次扣5分）			
合计		100		
操作员签名	年 月 日	评分员签字	年 月 日	

8）总结提升。

①本任务已经完成，写一写完成该任务的心得体会吧，并且请写出你对该任务的意见和建议。

②请回答下列问题巩固一下。

a. 工业机器人的运动实质是根据不同作业内容和轨迹的要求，在各种坐标系下的运动。当工业机器人配备多个不同类型的工作台来实现码垛等作业时，选用（　　）坐标系可以有效提高作业效率。

A. 基坐标系　　　　B. 工件坐标系　　　C. 工具坐标系　　D. 关节坐标系

b. 三点法创建工件坐标系，其原点位于（　　）。

A. $X1$ 点　　　　B. $Y1$ 点　　　　C. $Y1$ 在 $X1$、$X2$ 连线上的投影点

c. 下列（　　）的做法有助于提高机器人 TCP 的标定精度。

A. 固定参考设置在机器人极限边界处

B. TCP 标定点之间的姿态比较接近

C. 增加 TCP 标定参考点的数量

d. 标定工具坐标系时，若需要重新定义 TCP 及所有方向，则使用（　　）方法。

A. TCP（默认方向）　　B. TCP 和 Z　　　C. TCP 和 Z，X

e. 搬运类工具坐标系的设置，一般是沿着初始 tool0 的（　　）方向运行偏移。

A. X　　　　　　B. Y　　　　　　C. Z

f. 工件坐标系中的用户框架是相对于（　　）坐标系创建的。

A. 大地坐标系　　　B. 基坐标系　　　　C. 工件坐标系

项目三 工业机器人在激光切割中的模拟应用

任务二　工业机器人的 I/O 配置

学习目标

素质目标：
1）培养理论联系实际的能力；
2）培养举一反三的创新意识。

知识目标：
1）了解 ABB 工业机器人的通信种类；
2）了解几款常用 ABB 标准 I/O 板；
3）理解标准 I/O 板配置过程中各选型参数的含义；
4）掌握 DSQC 652 板的配置方法；
5）掌握可编程按键的配置方法和信号的强制、监控、仿真方法。

能力目标：
1）能够正确配置数字量/模拟量输入信号和输出信号；
2）能够完成 I/O 信号的强制、仿真和监控；
3）能够配置可编程按键实现信号的快速切换；
4）能够完成系统输入/输出信号与 I/O 信号的关联。

任务描述

在 ABB 机器人系统中，创建 DSQC 652 板的总线连接，完成数字量输入信号 di1、数字量输出信号 do2、组输入信号 gi1、组输出信号 gi2 的创建，同时能够基于 DSQC 651 板完成模拟量输出信号 ao1 的创建，创建完成相应信号后，能进行 I/O 信号的监控与强制、信号关联、可编程按键的配置等任务。

任务分析

1. ABB 机器人 I/O 通信的种类

I/O 是 Input/Output 的缩写，即输入/输出端口，工业机器人与其他设备通过并行 I/O 口进行连接，从而进行信息的交互与传递，例如：

1）数字量输入：各种开关信号反馈，如按钮开关、转换开关、接近开关等；传感器信号反馈，如光电传感器、光纤传感器；接触器、继电器触点信号反馈；还有触摸屏里的开关信号反馈。

2）数字量输出：控制各种继电器线圈，如接触器、继电器、电磁阀；控制各种指示类信号，如指示灯、蜂鸣器。

ABB 机器人通讯及 I/O 板卡介绍

ABB 机器人提供了丰富 I/O 通信接口，如 ABB 的标准通信，与 PLC 的现场总线通信，还有与 PC 机的数据通信，如图 3-2-1 所示，可以轻松地实现与周边设备的通信。

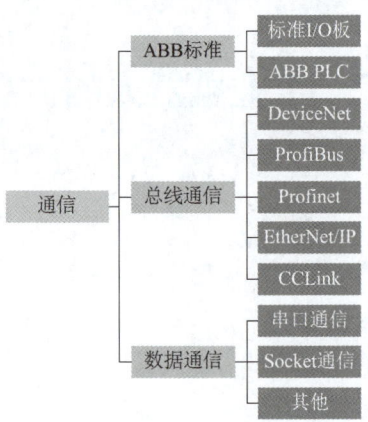

图 3-2-1　ABB 机器人通信方式

ABB 机器人常用的 I/O 通信主要分为两大类，如图 3-2-2 所示，其中一类能提供主站功能，另一类能提供从站功能。

I/O 通信			
主站功能 (Master)	DeviceNet	PCI插槽板卡	标配
	ProfiBus DP Master	PCI插槽板卡	选项
	Profinet I/O SW	基于LAN2、LAN3、WAN端口	选项
	EtherNet/IP	基于LAN2、LAN3、WAN端口	选项
从站功能 (Slave)	DeviceNet	Fiedbus adapter(Slave)	选项
	ProfiBus DP	Fiedbus adapter(Slave)	选项
	Profinet I/O	Fiedbus adapter(Slave)	选项
	EtherNet/IP	Fiedbus adapter(Slave)	选项
	CCLink	Fiedbus gateway(Slave)	选项

图 3-2-2　ABB 机器人常用的 I/O 通信

在主站功能中，ABB 提供了 DeviceNet、ProfiBus、Profinet、EtherNet/IP 4 种类型，其中 DeviceNet、ProfiBus 是插槽类型的板卡，Profinet 和 EtherNet/IP 是基于主计算机上面的局域网端口（LAN2）和广域网端口（WAN）。ABB 机器人标配的总线通信类型是 DeviceNet，其他类型均需要额外选取。

站功能 ABB 提供了 DeviceNet、ProfiBus、Profinet、EtherNet/IP 及 CC-link，其中前 4 种均是提供的总线适配器从站，CC-link 采用的是总线网关，这 5 种类型均需要额外进行选取。

1）ABB 标准 I/O 板提供的常用信号处理有数字量输入、数字量输出、组输入、组输出、模拟量输入、模拟量输出及输出链跟踪。

2）ABB 机器人可以选配标准 ABB 的 PLC，省去了与外部 PLC 进行通信设置的麻烦，并且可以在机器人示教器上实现与 PLC 相关的操作。

打开 ABB 机器人控制柜的柜门后，正面看到的是机器人的主计算机单元，如图 3-2-3 所示，在门后是 I/O 板卡和 24 V 电源，其中，内部提供的电源为 8 A，在此处可悬挂购买的网卡，如常用的 DSQC 651、DSQC 652、DSQC 355A 等。图 3-2-4 所示为控制柜的实物。

2. ABB 标准 I/O 板 DSQC 651

DSQC 651 板主要提供 8 个数字输入信号、8 个数字输出信号和 2 个模拟输出信号的处理。

（1）模块接口说明

DSQC 651 模板接口说明如图 3-2-5 所示。

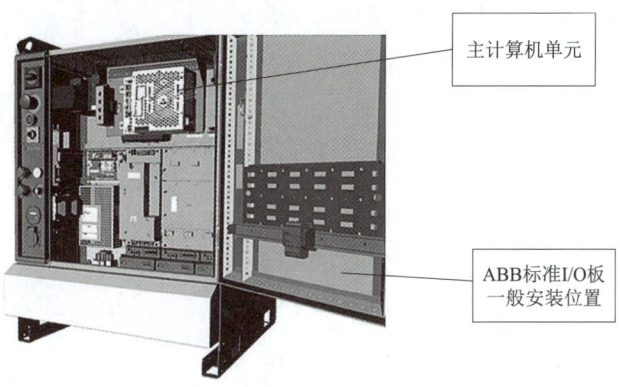

图 3-2-3　ABB 机器人控制柜

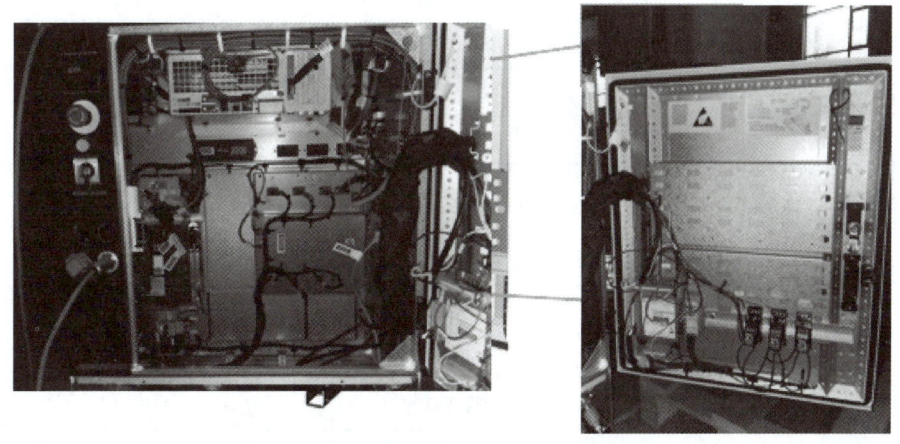

图 3-2-4　ABB 机器人控制柜实物

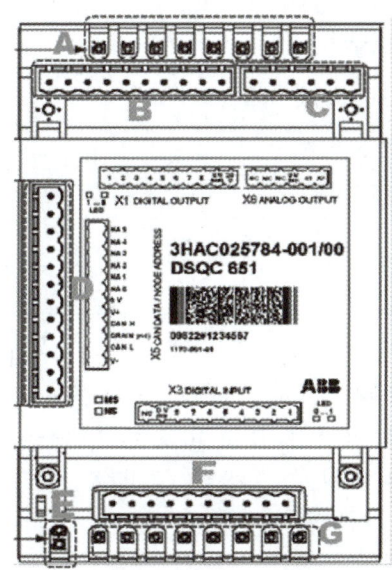

A：数字输出信号指示灯

B：X1 数字输出接口

C：X6 模拟输出接口

D：X5 DeviceNet 接口

E：模块状态指示灯

F：X3 数字输入接口

G：数字输入信号指示灯

图 3-2-5　DSQC 651 模板接口说明

（2）模块接口连接说明

1）X1 数字输出接口有 8 个端子，每个端子在系统中都分配有对应的地址，系统设定相应信号时会用到对应的地址，详见表 3-2-1。

表 3-2-1　X1 接口端子说明

X1 端子编号	使用定义	地址分配
1	OUTPUT CH1	32
2	OUTPUT CH2	33
3	OUTPUT CH3	34
4	OUTPUT CH4	35
5	OUTPUT CH5	36
6	OUTPUT CH6	37
7	OUTPUT CH7	38
8	OUTPUT CH8	39
9	0 V	—
10	24 V	—

2）X3 数字输入接口端子说明见表 3-2-2。

表 3-2-2　X3 接口端子说明

X3 端子编号	使用定义	地址分配
1	INPUT CH1	0
2	INPUT CH2	1
3	INPUT CH3	2
4	INPUT CH4	3
5	INPUT CH5	4
6	INPUT CH6	5
7	INPUT CH7	6
8	INPUT CH8	7
9	0 V	—
10	未使用	—

3）X5 端子是 DeviceNet 接口，用于和总线连接，详见表 3-2-3。ABB 标准 I/O 板都下挂在 DeviceNet 网络上，所以要设定模块在网络中的地址。端子 X5 的 6~12 的跳线就是用来决定模块的地址，0~9 系统预保留，所以 I/O 板地址从 10 开始，地址可用范围为 10~63。如图 3-2-6 所示，将第 8 脚和第 10 脚的跳线剪去，2+8＝10 就可以获得 10 的地址。

表 3-2-3　X5 接口端子说明

X5 端子编号	使用定义
1	0 V BLACK（黑色）
2	CAN 信号线 low BLUE（蓝色）
3	屏蔽线
4	CAN 信号线 high WHITE（白色）
5	24 V RED（红色）
6	GND 地址选择公共端
7	模块 ID bit 1（LSB）
8	模块 ID bit 1（LSB）
9	模块 ID bit 2（LSB）
10	模块 ID bit 3（LSB）
11	模块 ID bit 4（LSB）
12	模块 ID bit 5（LSB）

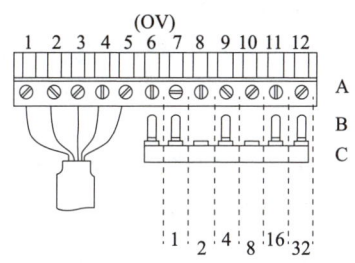

图 3-2-6　I/O 板地址 10

4）X6 端子是两个模拟输出，详见表 3-2-4，模拟输出 1 分配地址是 0~15，模拟输出 2 分配地址是 16~31，需要注意的是，模拟输出的范围是 0~10 V。

表 3-2-4　X5 接口端子说明

X6 端子编号	使用定义	地址分配
1	未使用	—
2	未使用	—
3	未使用	—
4	0 V	—
5	模拟输出 AO1	0~15
6	模拟输出 AO2	16~31

3. ABB 标准 I/O 板 DSQC 652

DSQC 652 板主要提供 16 个数字输入信号和 16 个数字输出信号的处理。

(1) 模块接口说明

DSQC 652 模块接口说明如图 3-2-7 所示。

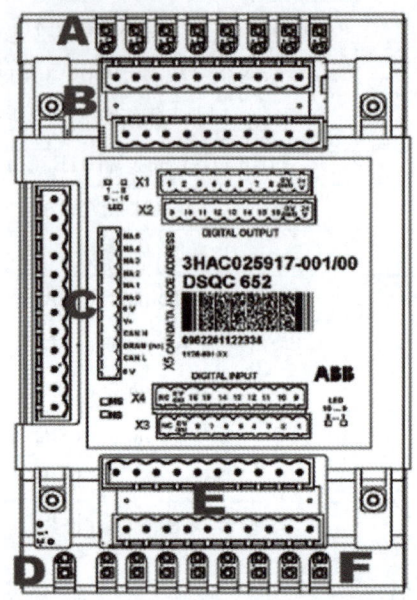

A：数字输出信号指示灯

B：X1、X2数字输出接口

C：X5 DeviceNet接口

D：模块状态指示灯

E：X3、X4数字输入接口

F：数字输入信号指示灯

图 3-2-7　DSQC 652 模块接口说明

(2) 模块接口连接说明

1) X1、X2 数字输出接口，各有 8 个端子，每个端子在系统中都分配有对应的地址，16 个端子在系统中对应地址为 0~15。X1 数字输出接口端子说明见表 3-2-5。

表 3-2-5　X1 接口端子说明

X1 端子编号	使用定义	地址分配
1	OUTPUT CH1	0
2	OUTPUT CH2	1
3	OUTPUT CH3	2
4	OUTPUT CH4	3
5	OUTPUT CH5	4
6	OUTPUT CH6	5
7	OUTPUT CH7	6
8	OUTPUT CH8	7
9	0 V	—
10	24 V	—

2) X2 数字输出接口端子说明见表 3-2-6。

表 3-2-6　X2 接口端子说明

X2 端子编号	使用定义	地址分配
1	OUTPUT CH9	8
2	OUTPUT CH10	9
3	OUTPUT CH11	10
4	OUTPUT CH12	11
5	OUTPUT CH13	12
6	OUTPUT CH14	13
7	OUTPUT CH15	14
8	OUTPUT CH16	15
9	0 V	—
10	24 V	—

3）X3、X4 数字输入接口，各有 8 个端子，每个端子在系统中都分配有对应的地址，16 个端子在系统中对应地址为 0~15。X3 数字输入接口端子说明见表 3-2-7。

表 3-2-7　X3 接口端子说明

X3 端子编号	使用定义	地址分配
1	INPUT CH1	0
2	INPUT CH2	1
3	INPUT CH3	2
4	INPUT CH4	3
5	INPUT CH5	4
6	INPUT CH6	5
7	INPUT CH7	6
8	INPUT CH8	7
9	0 V	—
10	未使用	—

4）X4 数字输入接口端子说明见表 3-2-8。

表 3-2-8　X4 接口端子说明

X4 端子编号	使用定义	地址分配
1	INPUT CH9	8
2	INPUT CH10	9

续表

X4 端子编号	使用定义	地址分配
3	INPUT CH11	10
4	INPUT CH12	11
5	INPUT CH13	12
6	INPUT CH14	13
7	INPUT CH15	14
8	INPUT CH16	15
9	0 V	—
10	未使用	—

5）X5 是 DeviceNet 接口，功能同 DSQC 651 I/O 板卡的 X5 接口，端子接口说明详见表 3-2-9。

表 3-2-9　X5 接口端子说明

X5 端子编号	使用定义
1	0 V BLACK（黑色）
2	CAN 信号线 low BLUE（蓝色）
3	屏蔽线
4	CAN 信号线 high WHITE（白色）
5	24 V RED（红色）
6	GND 地址选择公共端
7	模块 ID bit 1（LSB）
8	模块 ID bit 1（LSB）
9	模块 ID bit 2（LSB）
10	模块 ID bit 3（LSB）
11	模块 ID bit 4（LSB）
12	模块 ID bit 5（LSB）

4. ABB 标准 I/O 板 DSQC 653

DSQC 653 板主要提供 8 个数字输入信号和 8 个数字继电器输出信号的处理。
（1）模块接口说明
DSQC 653 模块接口说明如图 3-2-8 所示。

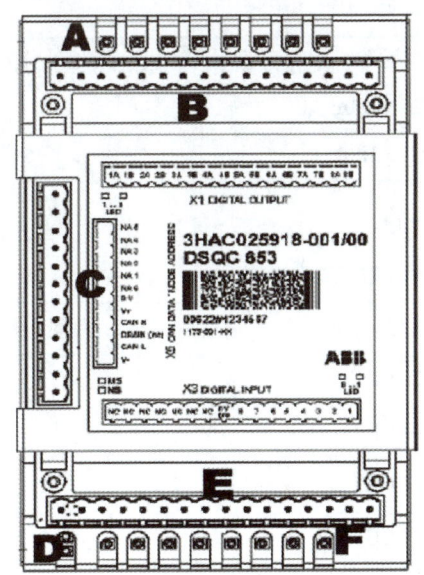

A：数字继电器输出信号指示灯
B：X1数字继电器输出信号接口
C：X5 DeviceNet接口
D：模块状态指示灯
E：X3数字输入信号接口
F：数字输入信号指示灯

图 3-2-8　DSQC 653 模块接口说明

(2) 模块接口连接说明

1) X1、X2 数字输出接口，各有 8 个端子，每个端子在系统中都分配有对应的地址，16 个端子在系统中对应地址为 0~15。X1 数字继电器输出信号接口端子说明见表 3-2-10。

表 3-2-10　X1 接口端子说明

X1 端子编号	使用定义	地址分配
1	OUTPUT CH1A	0
2	OUTPUT CH1B	
3	OUTPUT CH2A	1
4	OUTPUT CH2B	
5	OUTPUT CH3A	2
6	OUTPUT CH3B	
7	OUTPUT CH4A	3
8	OUTPUT CH4B	
9	OUTPUT CH5A	4
10	OUTPUT CH5B	
11	OUTPUT CH6A	5
12	OUTPUT CH6B	
13	OUTPUT CH7A	6
14	OUTPUT CH7B	

续表

X1 端子编号	使用定义	地址分配
15	OUTPUT CH8A	7
16	OUTPUT CH8B	

2）X3 数字输入接口端子说明见表 3-2-11。

表 3-2-11　X3 接口端子说明

X3 端子编号	使用定义	地址分配
1	INPUT CH1	0
2	INPUT CH2	1
3	INPUT CH3	2
4	INPUT CH4	3
5	INPUT CH5	4
6	INPUT CH6	5
7	INPUT CH7	6
8	INPUT CH8	7
9	0 V	—
10~16	未使用	—

3）X5 是 DeviceNet 接口，功能同 DSQC 651 I/O 板卡的 X5 接口，端子接口说明详见表 3-2-12。

表 3-2-12　X5 接口端子说明

X5 端子编号	使用定义
1	0 V BLACK（黑色）
2	CAN 信号线 low BLUE（蓝色）
3	屏蔽线
4	CAN 信号线 high WHITE（白色）
5	24 V RED（红色）
6	GND 地址选择公共端
7	模块 ID bit 1（LSB）
8	模块 ID bit 1（LSB）
9	模块 ID bit 2（LSB）
10	模块 ID bit 3（LSB）

续表

X5 端子编号	使用定义
11	模块 ID bit 4（LSB）
12	模块 ID bit 5（LSB）

5. ABB 标准 I/O 板 DSQC 355A

DSQC 355A 板主要提供 4 个模拟输入信号和 4 个模拟输出信号的处理。

（1）模块接口说明

DSQC 355A 模块接口说明如图 3-2-9 所示。

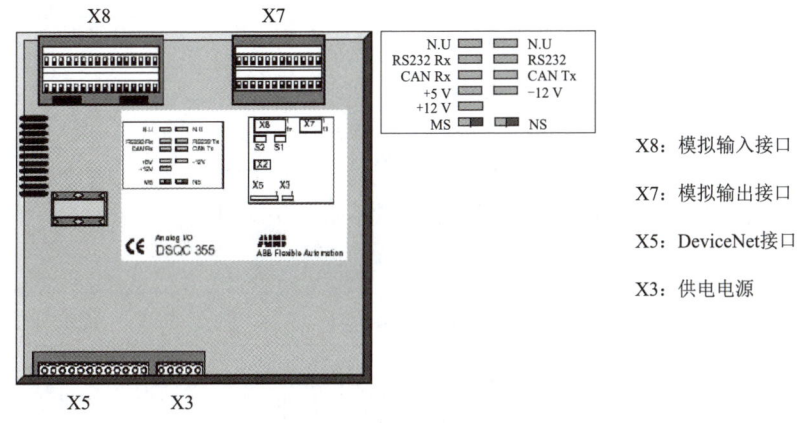

图 3-2-9　DSQC 355A 模块接口说明

（2）模块接口连接说明

1）X3 供电电源接口端子说明见表 3-2-13。

表 3-2-13　X3 接口端子说明

X3 端子编号	使用定义
1	0 V
2	未使用
3	接地
4	未使用
5	+24 V

2）X5 端子是 DeviceNet 接口，同 DSQC 651 I/O 板卡的 X5 接口，端子说明详见表 3-2-9。

3）X7 模拟输出接口中端子 1 表示模拟输出_1，模拟输出范围是 -10～+10 V，分配地址为 0～15。端子 2、3、4 同理，每一路模拟输出端子在系统中分配 16 位地址，端子说明详见表 3-2-14。

表 3-2-14 X7 接口端子说明

X7 端子编号	使用定义	地址分配
1	模拟输出_1 −10 V/+10 V	0~15
2	模拟输出_2 −10 V/+10 V	16~31
3	模拟输出_3 −10 V/+10 V	32~47
4	模拟输出_4 4~20 mA	48~63
5~18	未使用	—
19	模拟输出_1 0 V	—
20	模拟输出_2 0 V	—
21	模拟输出_3 0 V	—
22	模拟输出_4 0 V	—
23~24	未使用	—

4)X8 模拟输入端口各端子功能和地址分配详见表 3-2-15。

表 3-2-15 X8 接口端子说明

X8 端子编号	使用定义	地址分配
1	模拟输入_1 −10 V/+10 V	0~15
2	模拟输入_2 −10 V/+10 V	16~31
3	模拟输入_3 −10 V/+10 V	32~47
4	模拟输入_4 −10 V/+10 V	48~63
5~16	未使用	—
17~24	+24 V	—
25	模拟输入_1 0 V	—
26	模拟输入_2 0 V	—
27	模拟输入_3 0 V	—
28	模拟输入_4 0 V	—
29~30	0 V	—

6. ABB 标准 I/O 板 DSQC 377A

DSQC 377A 板主要提供机器人输送链跟踪功能所需的编码器与同步开关信号的处理。
(1) 模块接口说明
DSQC 377A 模块接口说明如图 3-2-10 所示。

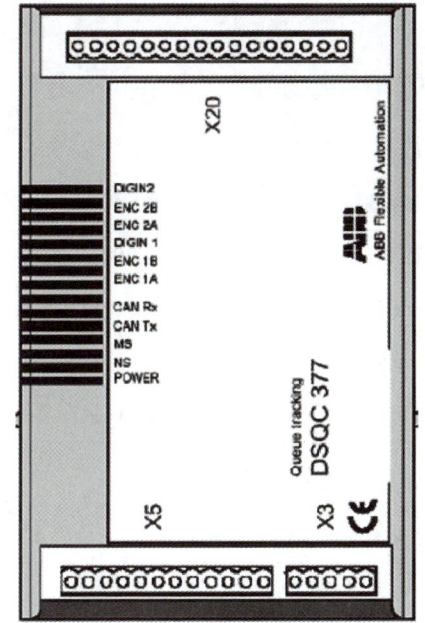

X20：编码器与同步开关的接口

X5：DeviceNet接口

X3：供电电源

图 3-2-10　DSQC 377A 模块接口说明

（2）模块接口连接说明

1）X20 编码器与同步开关的接口端子说明见表 3-2-16。

表 3-2-16　X20 接口端子说明

X20 端子编号	使用定义
1	24 V
2	0 V
3	编码器 124 V
4	编码器 10 V
5	编码器 1A 相
6	编码器 1B 相
7	数字输入信号 124 V
8	数字输入信号 10 V
9	数字输入信号 1 信号
10～16	未使用

2）X5 端子是 DeviceNet 接口，同 DSQC 651 I/O 板卡的 X5 接口，端子说明详见表 3-2-9。

3）X3 供电电源接口端子说明见表 3-2-13。

任务实施

1. 定义 DSQC 652 板的总线连接的相关参数

定义 DSQC 652 板的总线连接的相关参数见表 3-2-17。

表 3-2-17　定义 DSQC 652 板的总线连接的相关参数

参数名称	设定值	说明
Name	board10	设定 I/O 板在系统中的名字
Network	DeviceNet	I/O 板连接的总线
Address	10	设定 I/O 板在总线中的地址

在系统中定义 DSQC 652 板的操作步骤如表 3-2-18 所示。

表 3-2-18　在系统中定义 DSQC 652 板的操作步骤

序号	操作步骤	图片说明
1	单击左上角主菜单按钮，选择"控制面板"选项	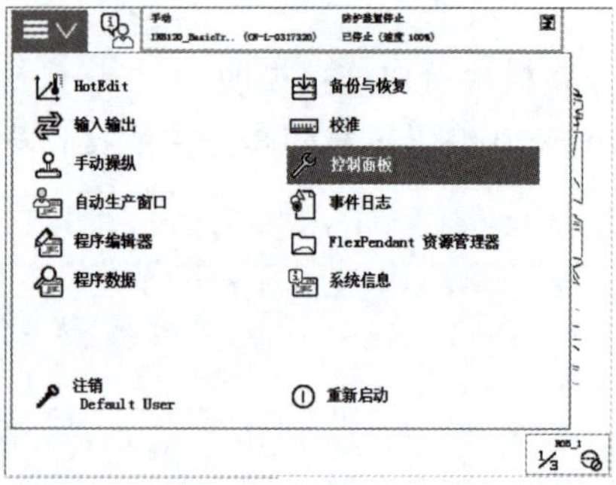
2	选择"配置"选项	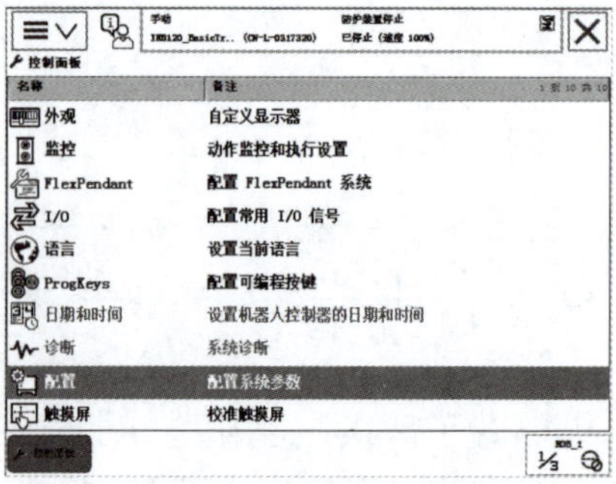

续表

序号	操作步骤	图片说明
3	选择"DeviceNet Device"选项	
4	单击"添加"按钮	
5	单击"使用来自模板的值"对应的下拉箭头，在下拉菜单中选择"DSQC 652 24 VDC I/O Device"	
6	双击"Name"进行 DSQC 652 板在系统中名字的设定（如果不修改，则名字是默认的"d652"）	

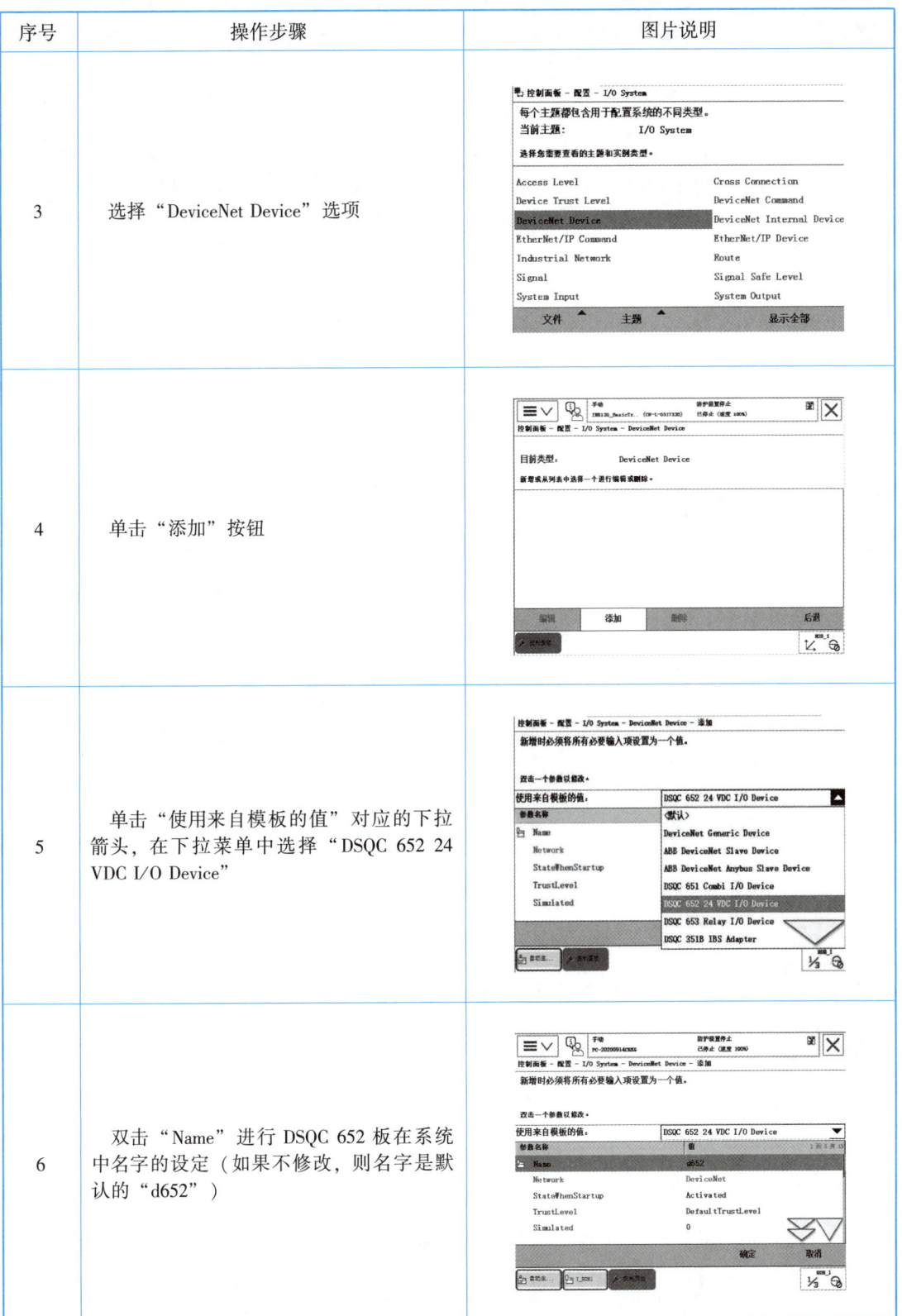

续表

序号	操作步骤	图片说明
7	在系统中将 DSQC 652 板的名字设定为"board10"（10 代表此模块在 DeviceNet 总线中的地址，方便识别），然后单击"确定"按钮	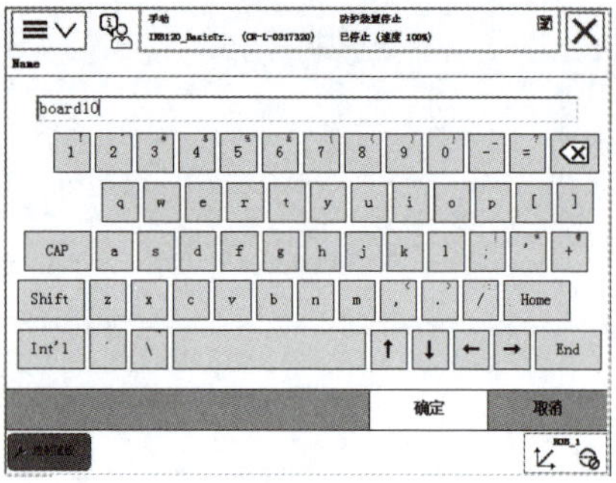
8	向下翻页，将"Address"设定为"10"，然后单击"确定"按钮	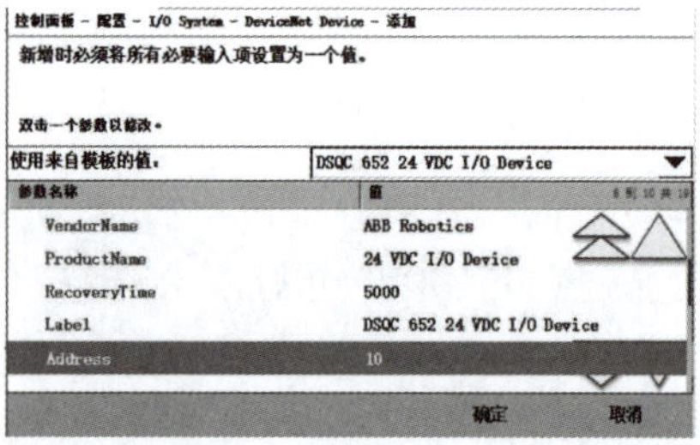
9	若继续创建信号，则单击"否"按钮，等待新建信号，否则单击"是"按钮等待系统重启	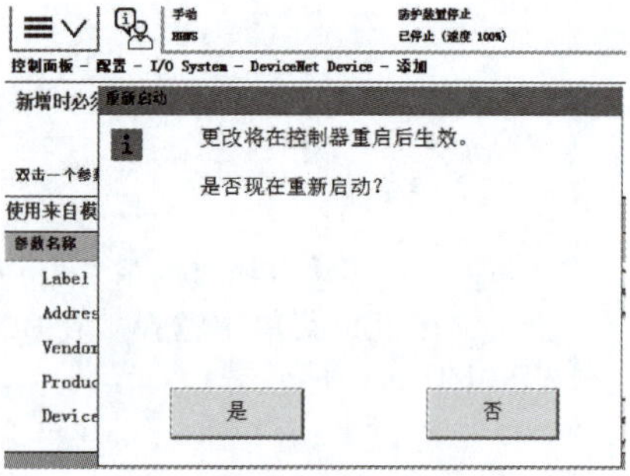

数字输入输出信号的配置（基于 DSQC 652）

2. 定义数字输入信号 di1

数字输入信号设定见表 3-2-19。

表 3-2-19　数字输入信号设定

参数名称	设定值	说明
Name	di1	设定数字输入信号的名字
Type of Signal	Digital Input	设定信号的类型
Assigned to Device	board10	设定信号所在的 I/O 模块
Device Mapping	0	设定信号所占用的地址

在系统中定义数字输入信号 di1 的操作步骤如表 3-2-20 所示。

表 3-2-20　在系统中定义数字输入信号 di1 的操作步骤

序号	操作步骤	图片说明
1	单击左上角主菜单按钮，选择"控制面板"选项	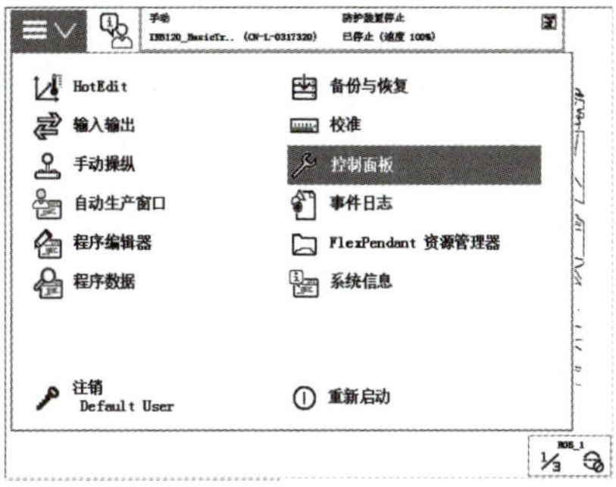
2	选择"配置"选项	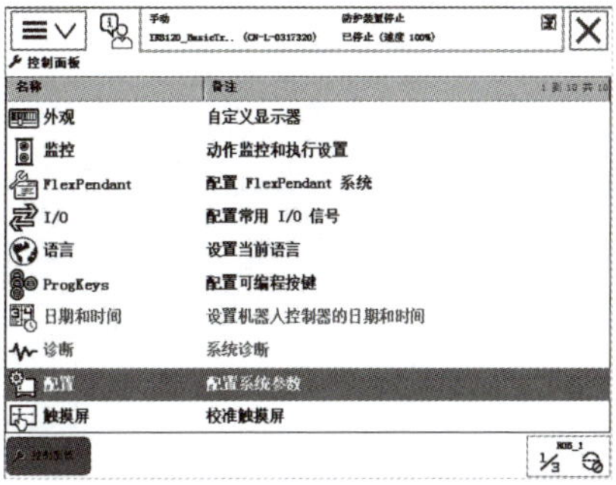
3	双击"Signal"选项	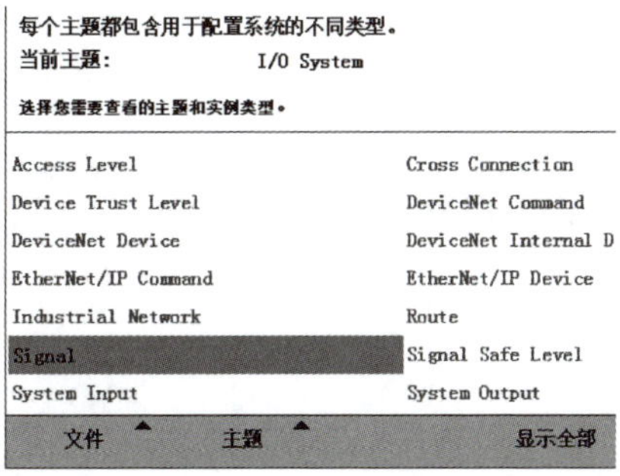
4	单击"添加"按钮	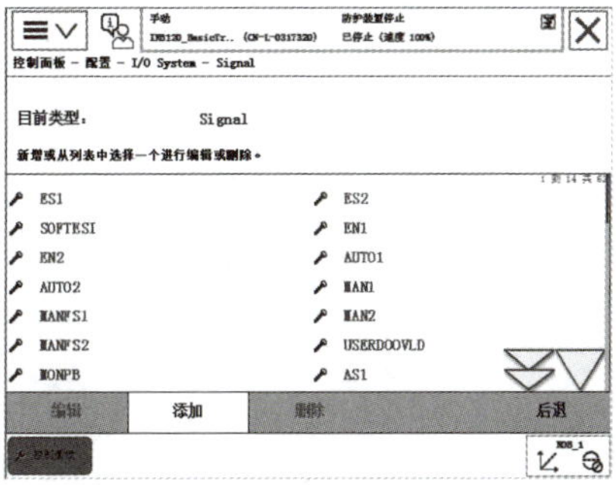

续表

序号	操作步骤	图片说明
5	双击"Name"	
6	输入"di1",然后单击"确定"按钮	
7	双击"Type of Signal",选择"Digital Input"选项	
8	双击"Assigned to Device",选择"board10"选项	

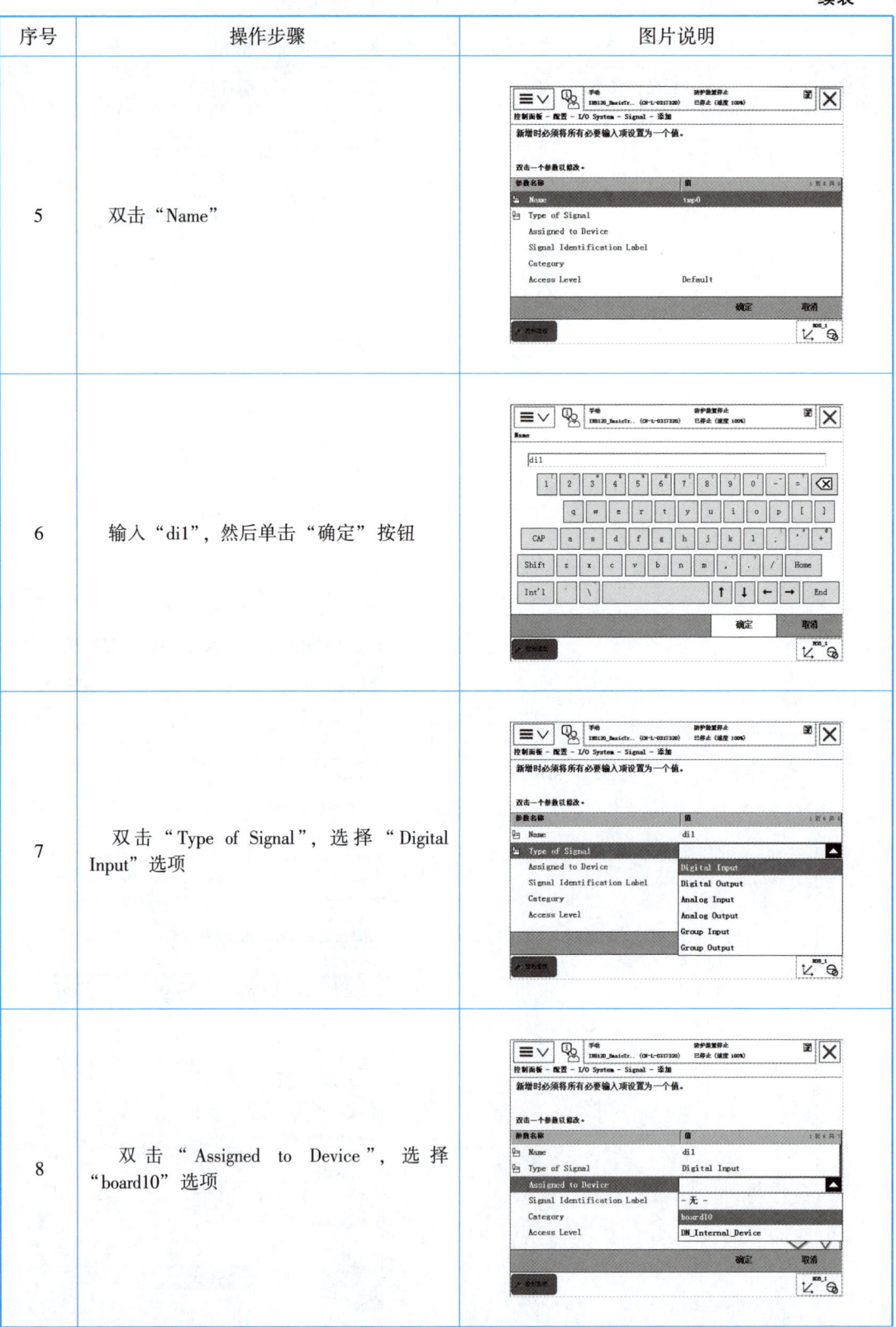

续表

序号	操作步骤	图片说明
9	双击"Device Mapping"	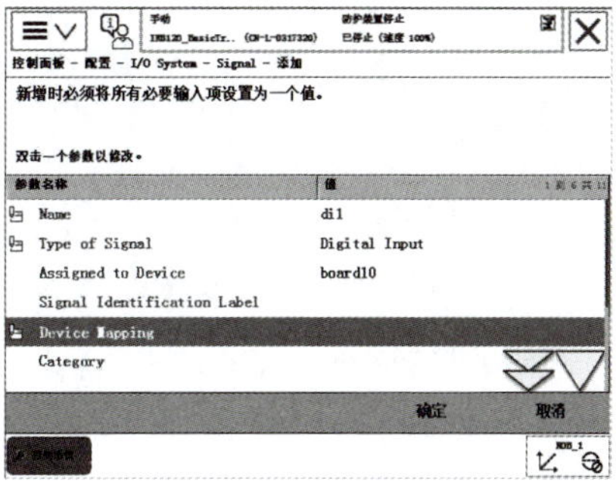
10	输入"0",然后单击"确定"按钮	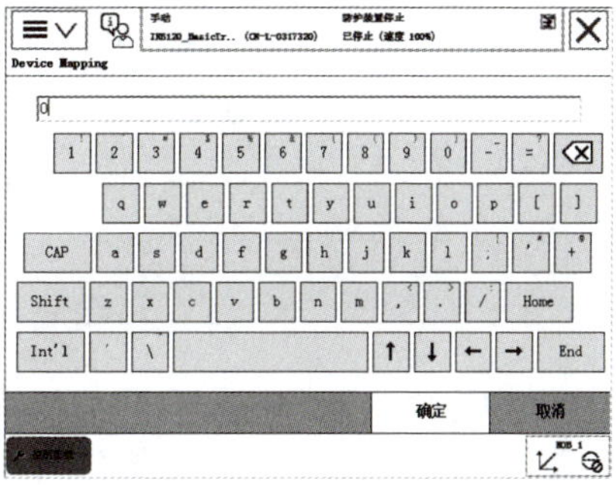
11	单击"确定"按钮	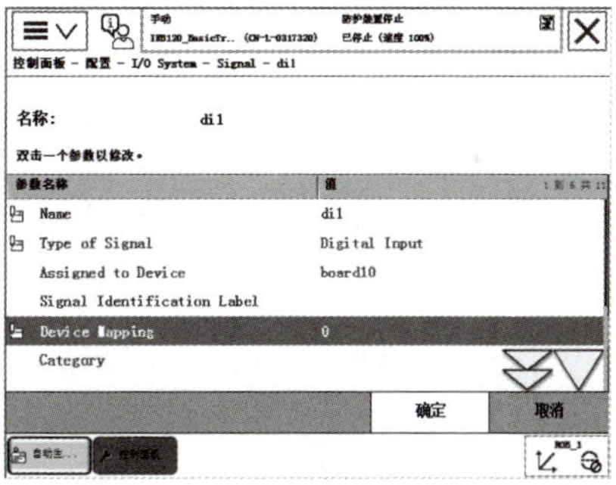
12	单击"是"按钮,重新启动后生效。若继续配置其他信号,可单击"否"按钮,继续进行信号配置	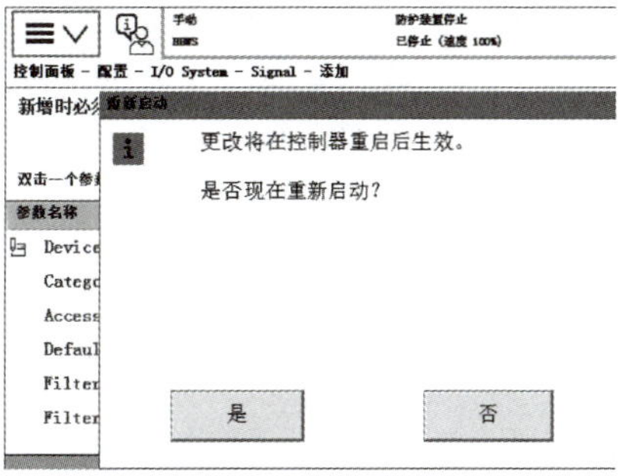

3. 定义数字输出信号 do2

数字输出信号设定值见表 3-2-21。

表 3-2-21　数字输出信号设定值

参数名称	设定值	说明
Name	do2	设定数字输出信号的名字
Type of Signal	Digital Output	设定信号的类型
Assigned to Device	board10	设定信号所在的 I/O 模块
Device Mapping	2	设定信号所占用的地址

在系统中定义数字输出信号 do2 的操作步骤如表 3-2-22 所示。

表 3-2-22　在系统中定义数字输出信号 do2 的操作步骤

序号	操作步骤	图片说明
1	单击"添加"按钮	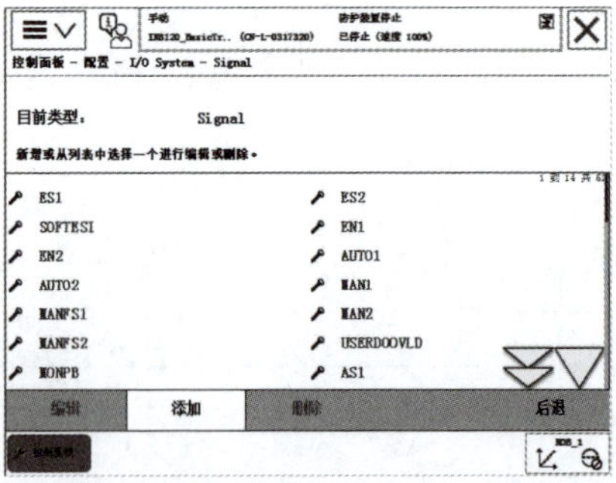
2	双击"Name"	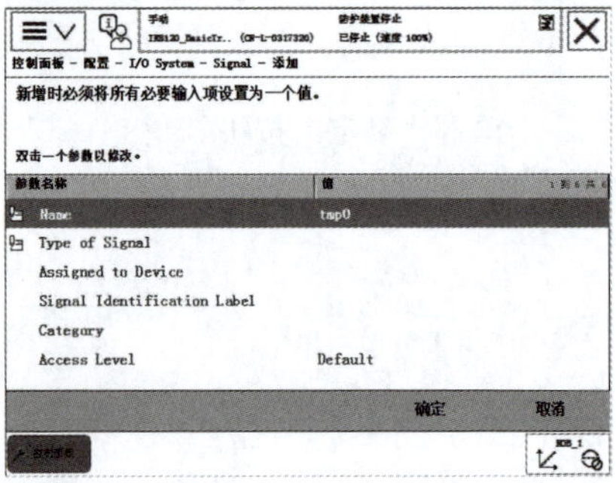
3	输入"do2"，然后单击"确定"按钮	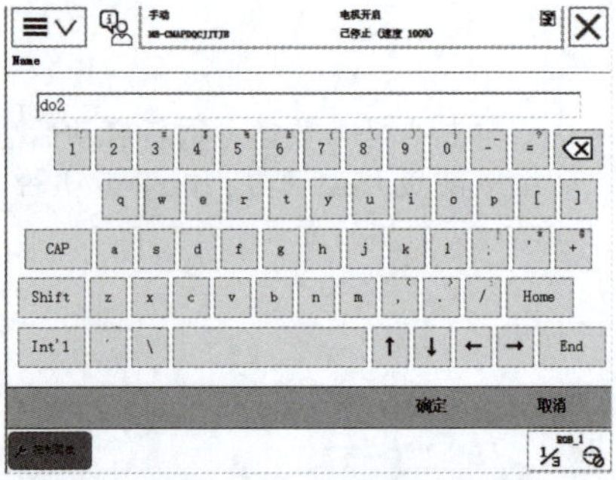

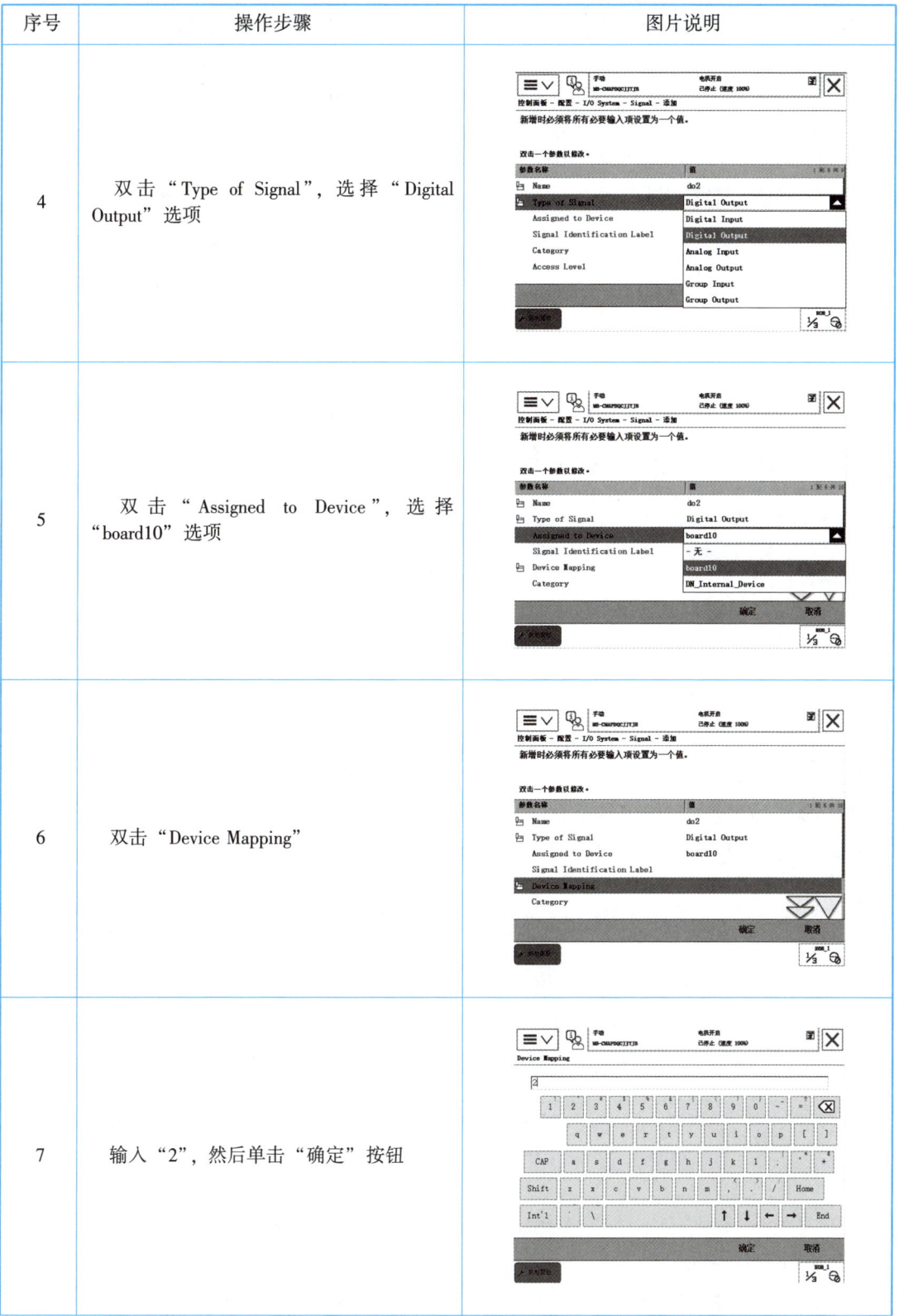

续表

序号	操作步骤	图片说明
8	单击"确定"按钮	
9	单击"是"按钮,重新启动后生效。若继续配置其他信号,可单击"否"按钮,继续进行信号配置	

4. 定义模拟输出信号 ao1

模拟输出信号的配置(基于DSQC 651)

模拟信号是指用连续变化的物理量表示的信息,其信号的幅度,或频率,或相位随时间作连续变化,或在一段连续的时间间隔内,其代表信息的特征量可以在任意瞬间呈现为任意数值的信号。

注意:DSQC 651 板主要提供 8 个数字输入信号、8 个数字输出信号和 2 个模拟输出信号的处理,故在 DSQC 651 板上创建焊接电源电压输出与机器人输出电压的如图 3-2-11 所示的线性关系为例,定义模拟输出信号 ao1,相关参数见表 3-2-23。

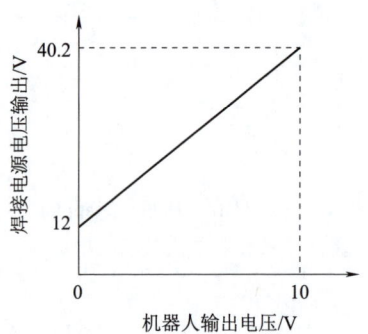

图 3-2-11 焊接电源电压输出示意图

表 3-2-23 模拟信号参数

参数名称	设定值	说明
Name	ao1	设定模拟输出信号的名字
Type of Signal	Analog Output	设定信号的类型
Assigned to Device	board10	设定信号所在的 I/O 模块
Device Mapping	0~15	设定信号所占用的地址

续表

参数名称	设定值	说明
Default Value	12	默认值，不得小于最小逻辑值
Analog Encoding Type	Unsigned	Two complement 数值范围-32 768~+32 767；Unsigned 数值范围从 0 开始，无负数
Maximum Logical Value	40.2	最大逻辑值，焊机最大输出电压为 40.2 V
Maximum Physical Value	10	最大物理值，焊机最大输出电压时所对应 I/O 板卡最大输出电压值
Maximum Physical Value Limit	10	最大物理限值，I/O 板卡端口最大输出电压值
Maximum Bit Value	65535	最大逻辑位值，16 位
Minimum Logical Value	12	最小逻辑值，焊机最小输出电压 12 V
Minimum Physical Value	0	最小物理值，焊机最小输出电压时所对应 I/O 板卡最小输出电压值
Minimum Physical Value Limit	0	最小物理限值，I/O 板卡端口最小输出电压
Minimum Bit Value	0	最小逻辑位值

在系统中定义模拟量输出信号 ao1 的操作步骤如表 3-2-24 所示。

表 3-2-24 在系统中定义模拟量输出信号 ao1 的操作步骤

序号	操作步骤	图片说明
1	单击左上角主菜单按钮，选择"控制面板"选项	
2	选择"配置"选项	

续表

序号	操作步骤	图片说明
3	双击"Signal"	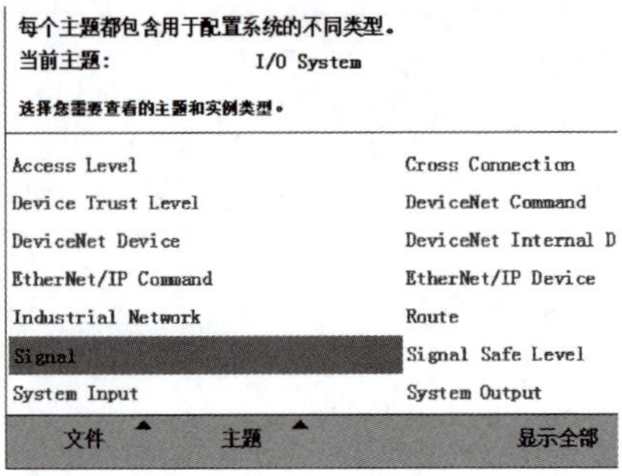
4	单击"添加"按钮	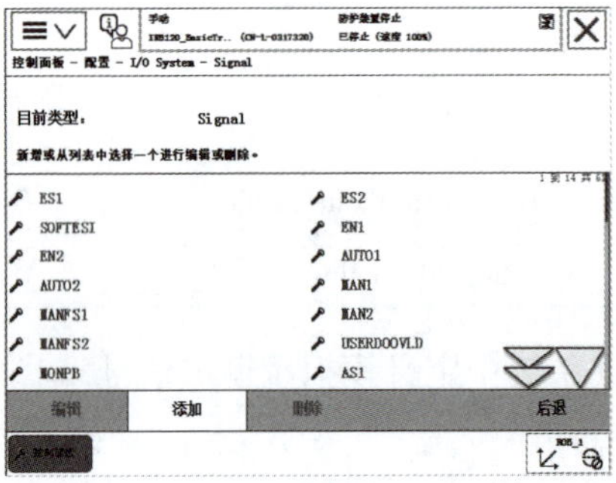
5	双击"Name"	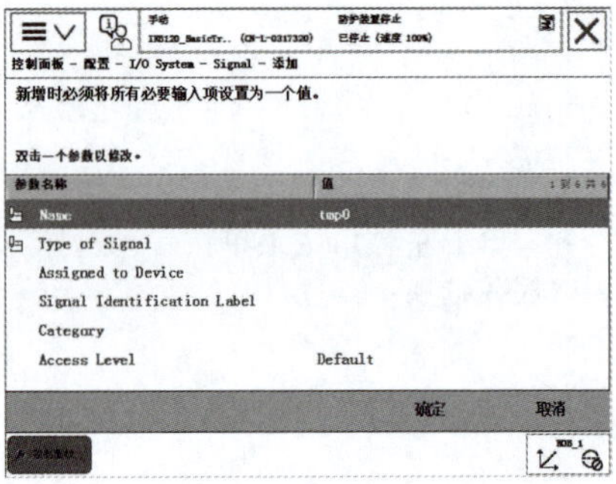
6	输入"ao1",然后单击"确定"按钮	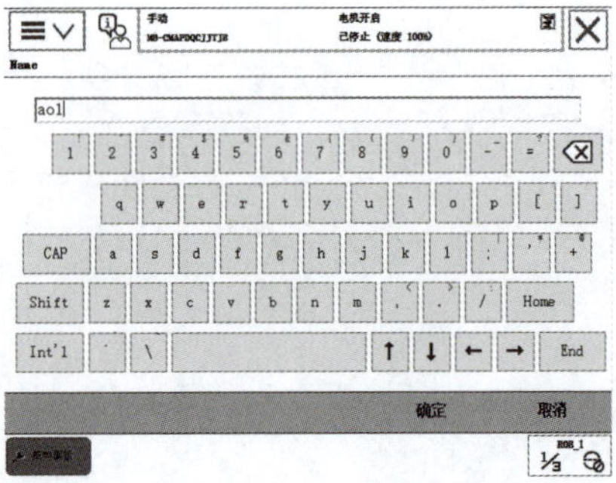

续表

序号	操作步骤	图片说明
7	双击"Type of Signal",选择"Analog Output"选项	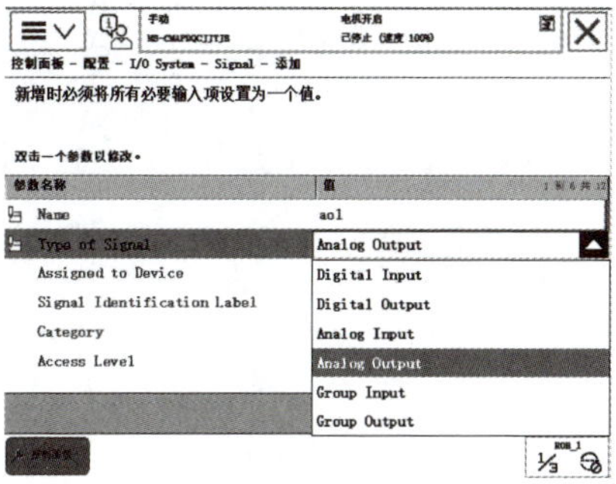
8	双击"Assigned to Device",选择"board10"选项	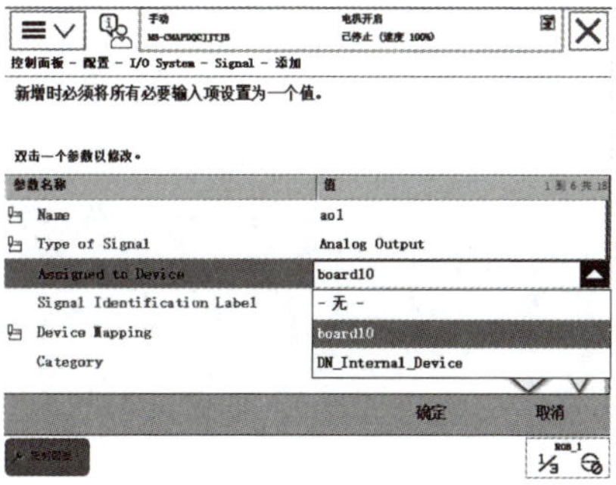
9	双击"Device Mapping"	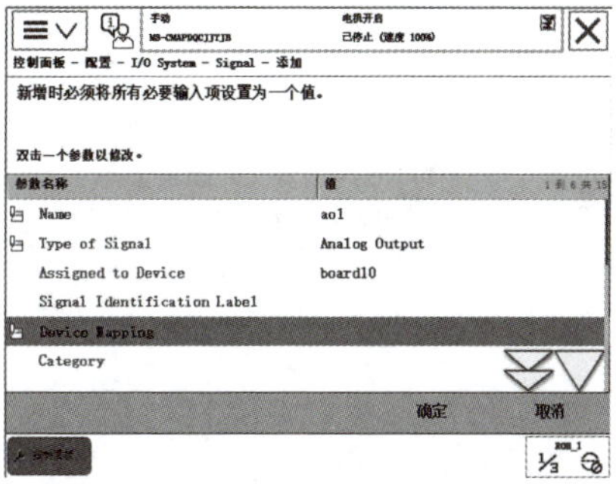
10	输入"0-15",然后单击"确定"按钮	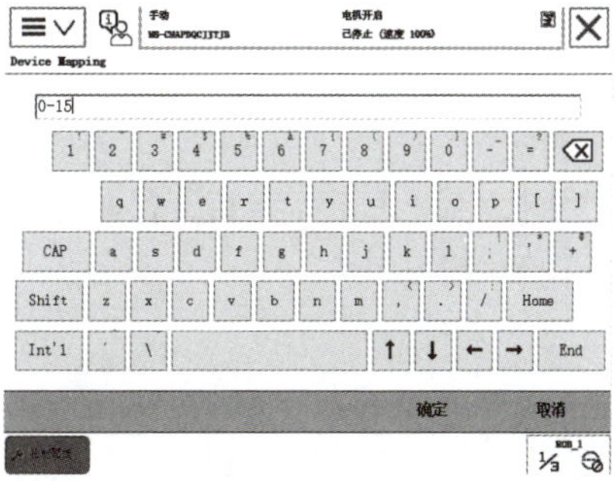

续表

序号	操作步骤	图片说明
11	双击"Default Value",然后输入"12"	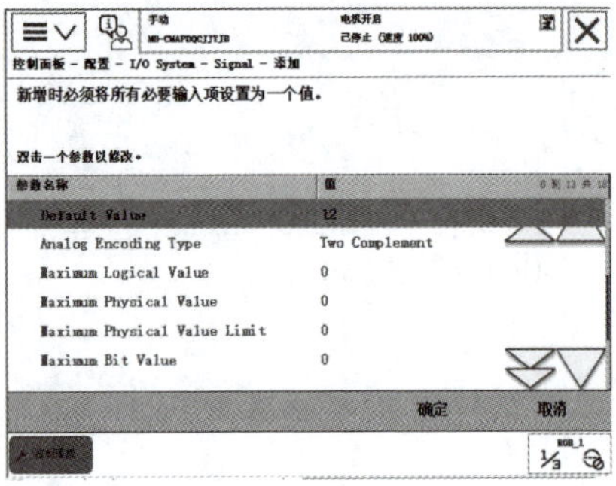
12	双击"Analog Encoding Type"然后选择"Unsigned"选项	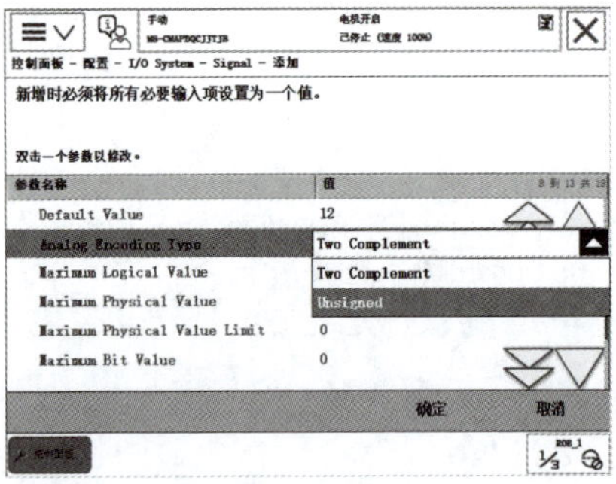
13	双击"Maximum Logical Value",然后输入"40.2"	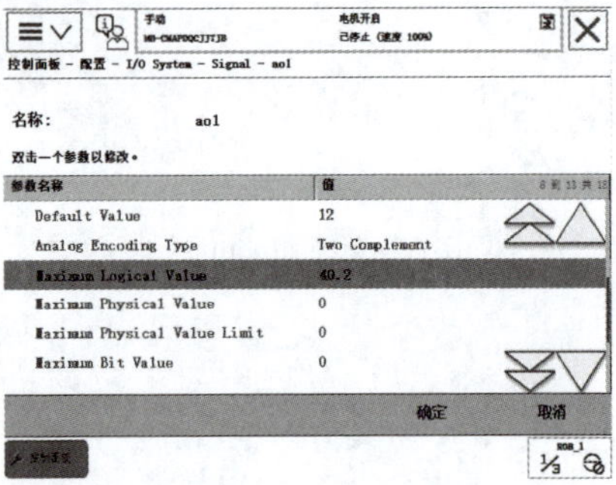
14	双击"Maximum Physical Value",然后输入"10"	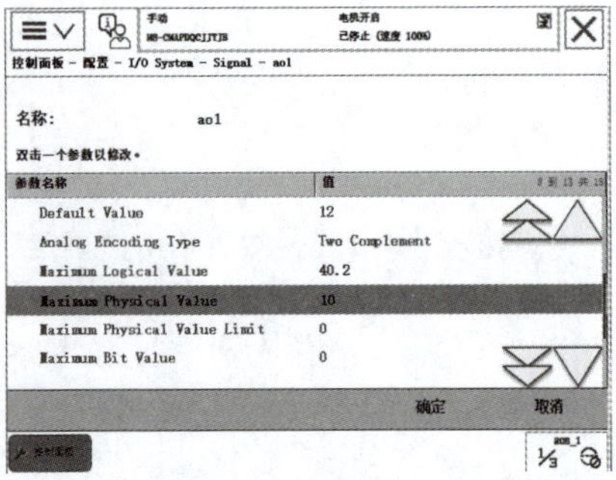

续表

序号	操作步骤	图片说明
15	双击"Maximum Physical Value Limit",然后输入"10"	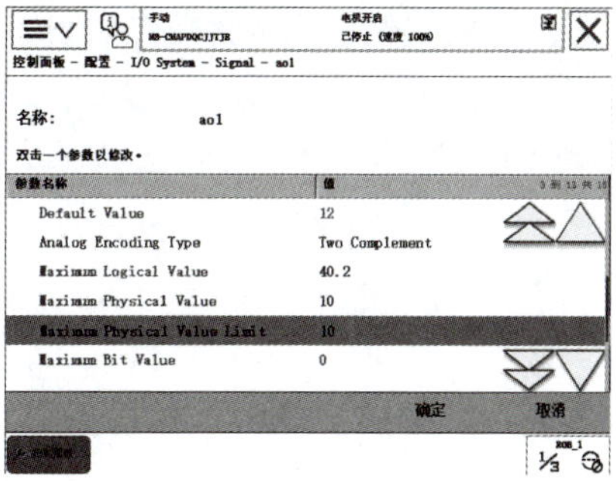
16	双击"Maximum Bit Value",然后输入"65535"	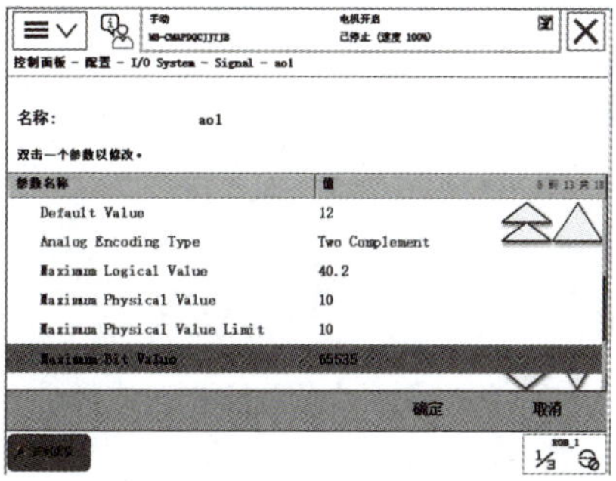
17	双击"Minimum Logical Value",然后输入"12"	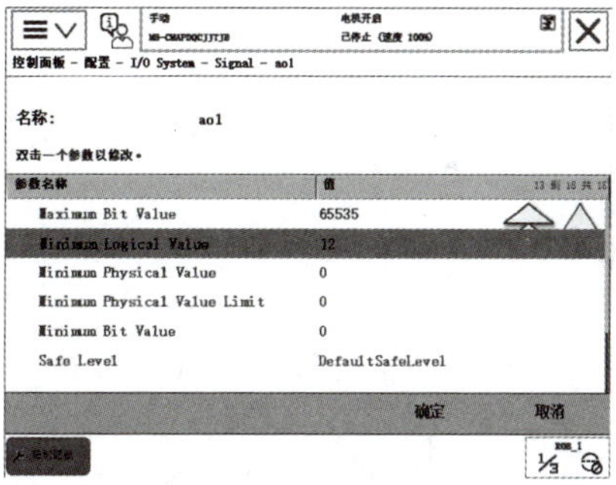
18	单击"是"按钮,重新启动后生效。若继续配置其他信号,可单击"否"按钮,继续进行信号配置	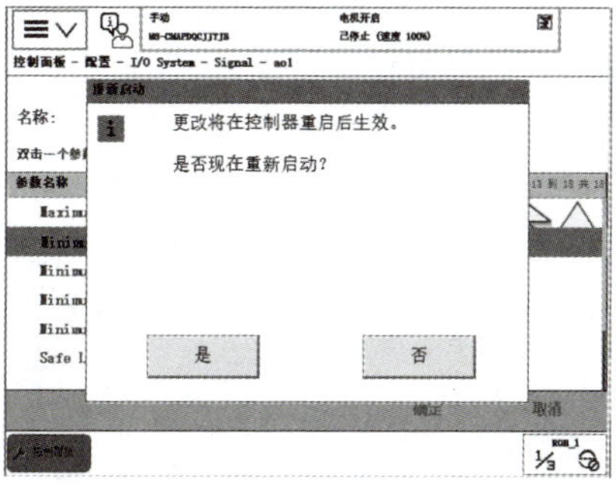

5. 信号的查看与强制

（1）打开"输入输出"界面

打开"输入输出"界面操作如表 3-2-25 所示。

表 3-2-25　打开"输入输出"界面

序号	操作步骤	图片说明
1	单击主菜单，单击进入"输入输出"选项	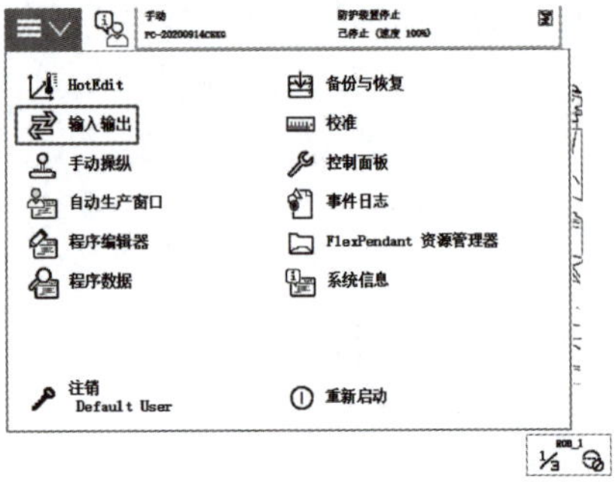
2	单击右下角"视图"，选择"IO 设备"选项	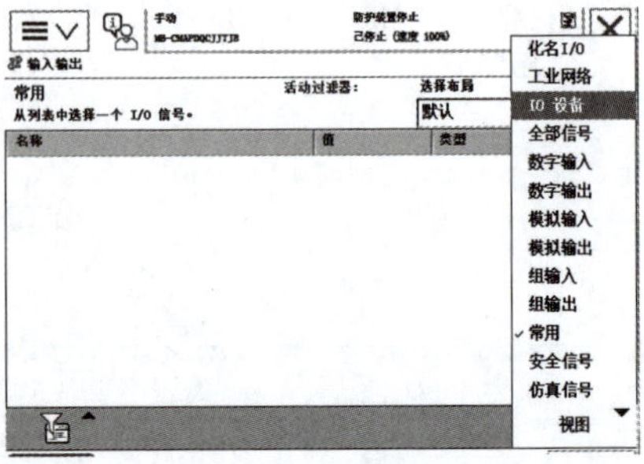
3	选择"board10"，单击"信号"按钮	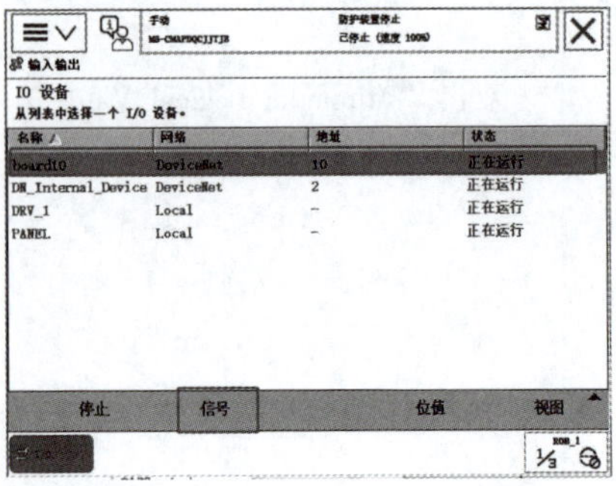
4	在这个画面，可以看到前面任务中定义的各种信号，接着就可以对信号进行监控、仿真和强制的操作	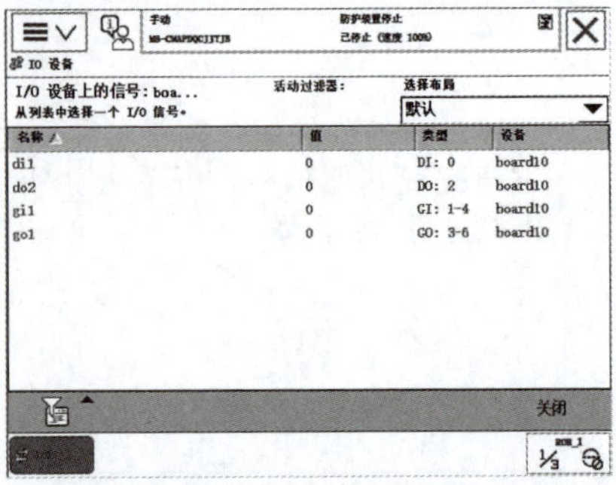

(2)对 di1 进行仿真操作

对 di1 进行仿真操作如表 3-2-26 所示。

表 3-2-26　对 di1 进行仿真操作

序号	操作步骤	图片说明
1	选中"di1",单击"仿真"按钮	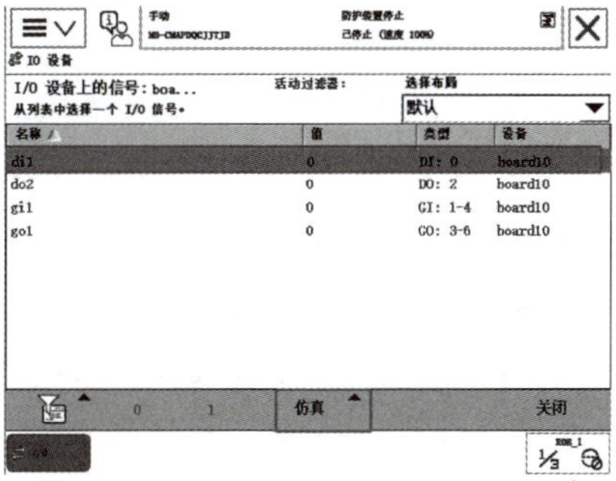
2	单击"1"选项,将 di1 的状态仿真为"1"	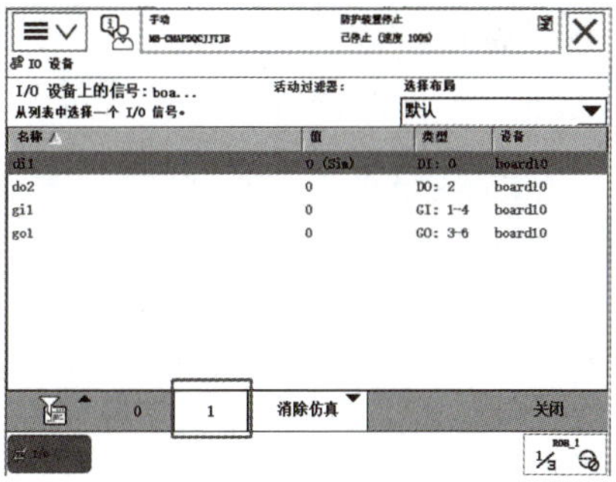
3	仿真结束后,单击"消除仿真"按钮	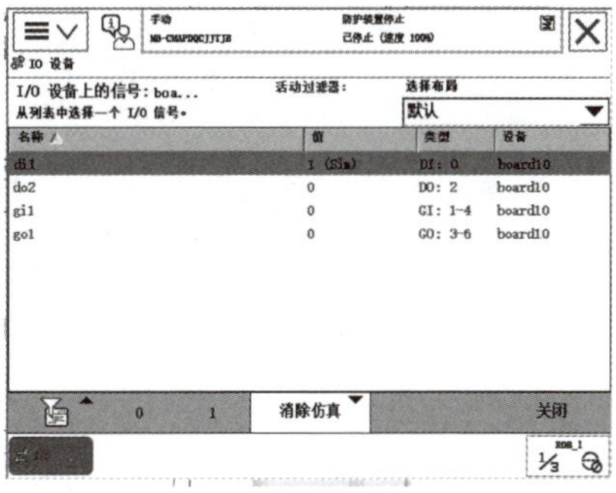

(3)对 do2 进行仿真操作

对 do2 进行仿真操作如表 3-2-27 所示。

表 3-2-27 对 do2 进行仿真操作

操作步骤	图片说明
选中"do2",单击"0"和"1",对 do2 的状态进行强制	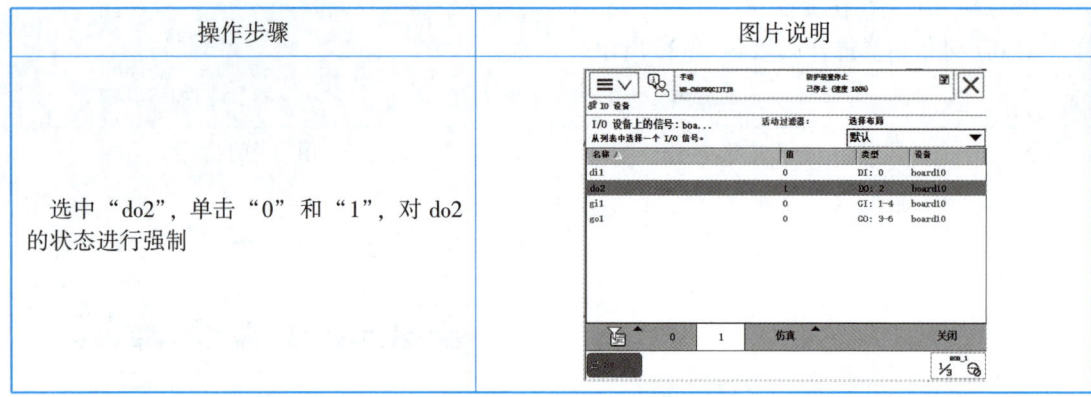

(4) 对 gi1 进行仿真操作

对 gi1 进行仿真操作如表 3-2-28 所示。

表 3-2-28 对 gi1 进行仿真操作

序号	操作步骤	图片说明
1	选中"gi1",单击"仿真"按钮	
2	单击"123…"按钮	
3	输入需要的数值,然后单击"确定"按钮	

148

续表

序号	操作步骤	图片说明
4	仿真结束后，单击"消除仿真"按钮	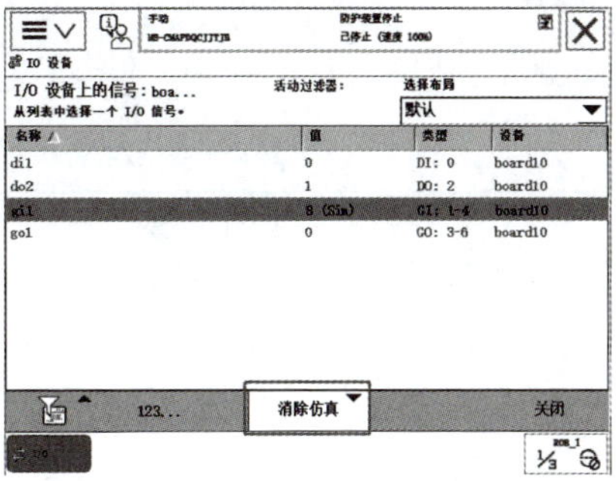

（5）对 go1 进行仿真操作

对 go1 进行仿真操作如表 3-2-29 所示。

表 3-2-29　对 go1 进行仿真操作

序号	操作步骤	图片说明
1	选中"go1"，单击"123…"按钮	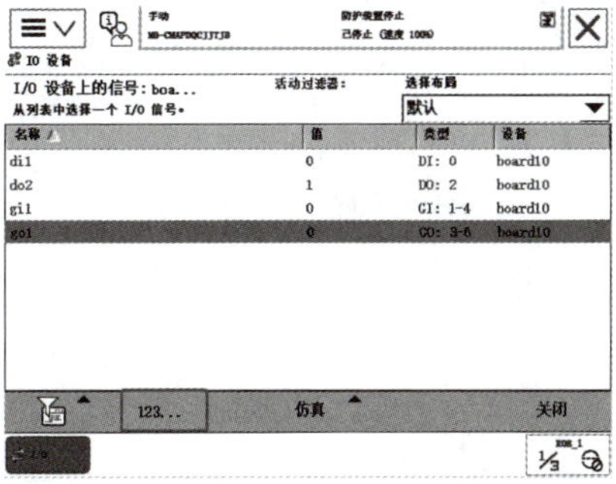
2	输入需要的数值，然后单击"确定"按钮	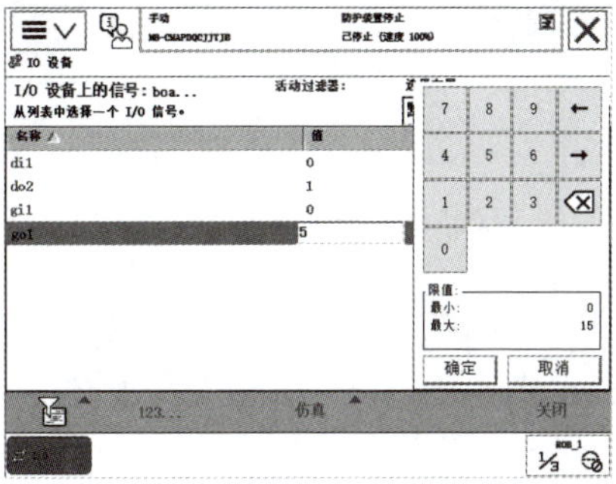
3	画面中为 go1 的强制输出值	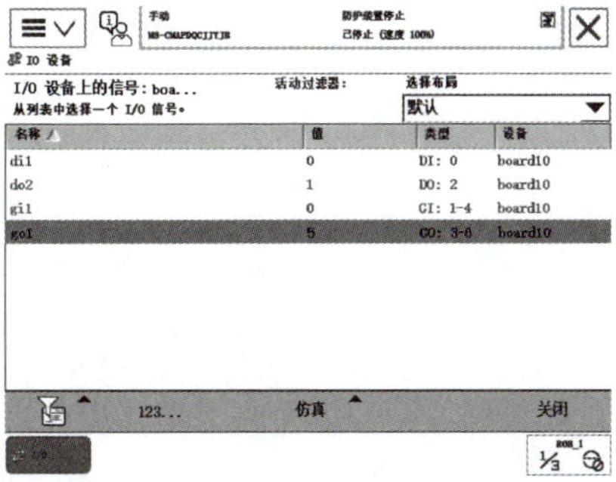

系统输入输出与 I/O 信号的关联

6. 建立系统输入"电机开启"与数字输入信号 di1 的关联

建立系统输入"电机开启"与数字输入信号 di1 的关联如表 3-2-30 所示。

表 3-2-30　建立系统输入"电机开启"与数字输入信号 di1 的关联

序号	操作步骤	图片说明
1	单击左上角主菜单按钮,选择"控制面板"选项	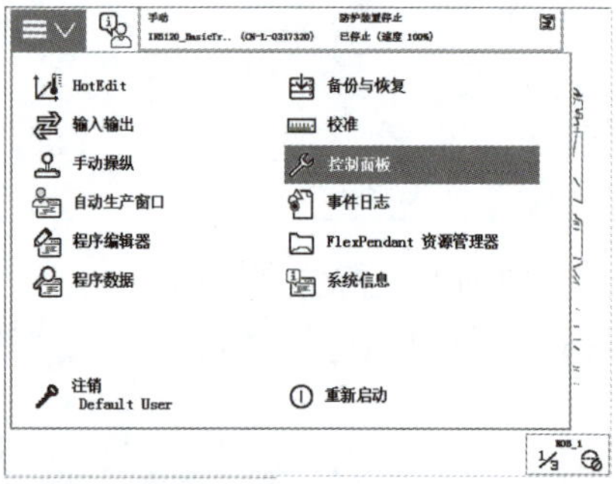
2	选择"配置"选项	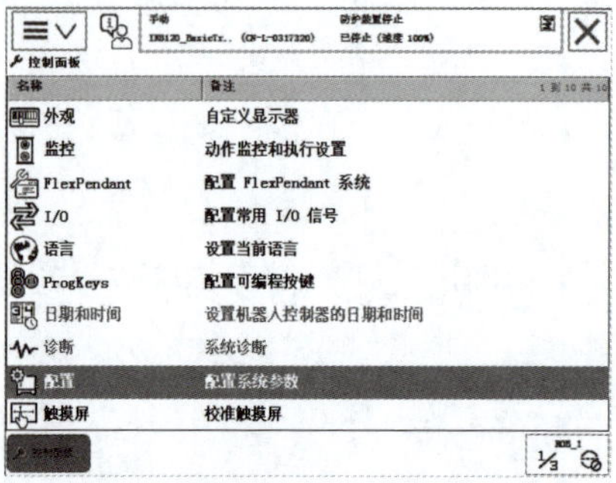
3	双击"System Input"	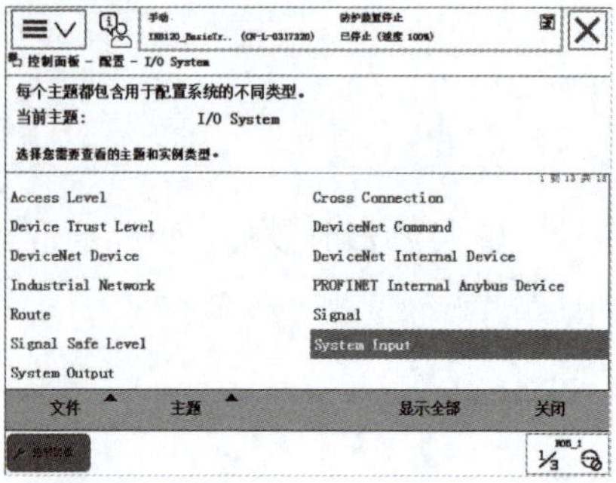
4	单击"添加"按钮	

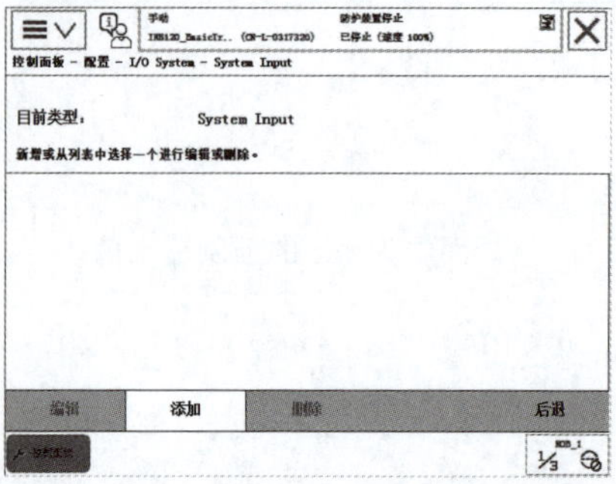

150

续表

序号	操作步骤	图片说明
5	双击"Signal Name"	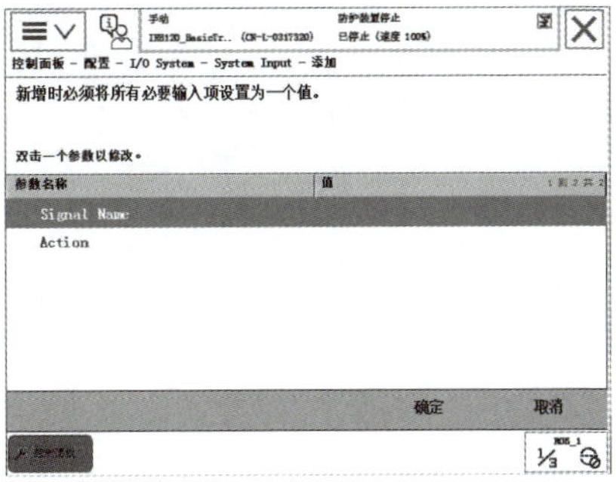
6	选择"di1",单击"确定"按钮	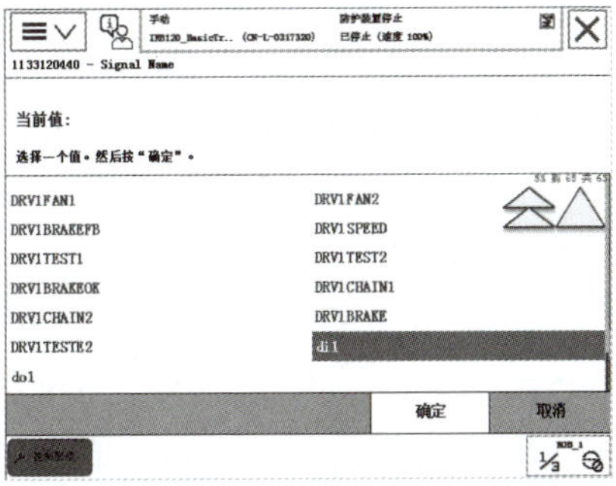
7	双击"Action"	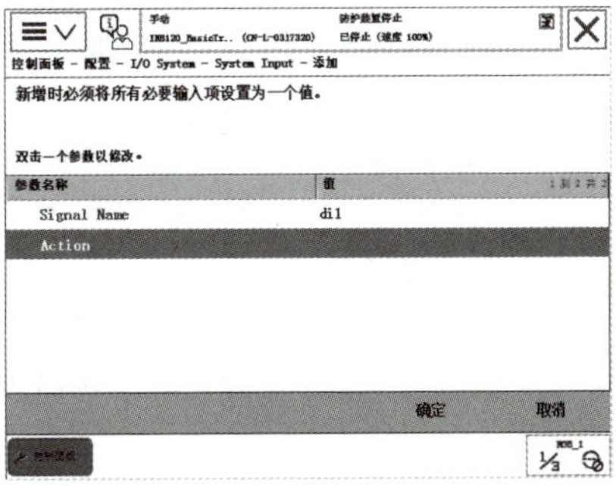
8	选择"Motors On"选项,单击"确定"按钮	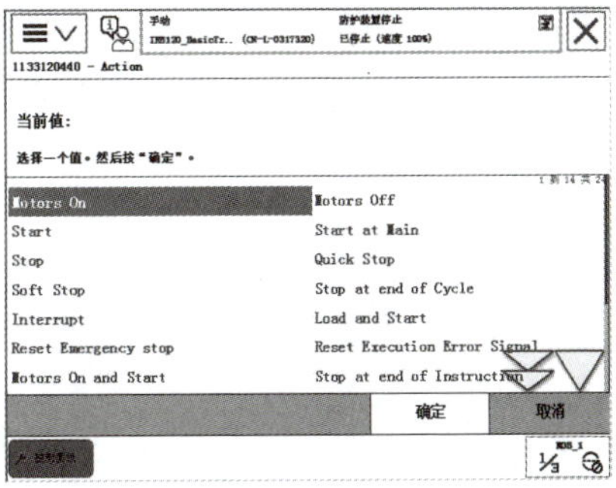

续表

序号	操作步骤	图片说明
9	单击"确定"按钮	
10	单击"是"按钮，完成设定，等待系统重启。若还继续配置其他信号，则单击"否"按钮继续进行配置	

7. 建立系统输出"电机开启状态"与数字输出信号 do2 的关联

建立系统输出"电机开启状态"与数字输出信号 do2 的关联如表 3-2-31 所示。

表 3-2-31　建立系统输出"电机开启状态"与数字输出信号 do2 的关联

序号	操作步骤	图片说明
1	单击左上角主菜单按钮，选择"控制面板"选项	
2	选择"配置"选项	

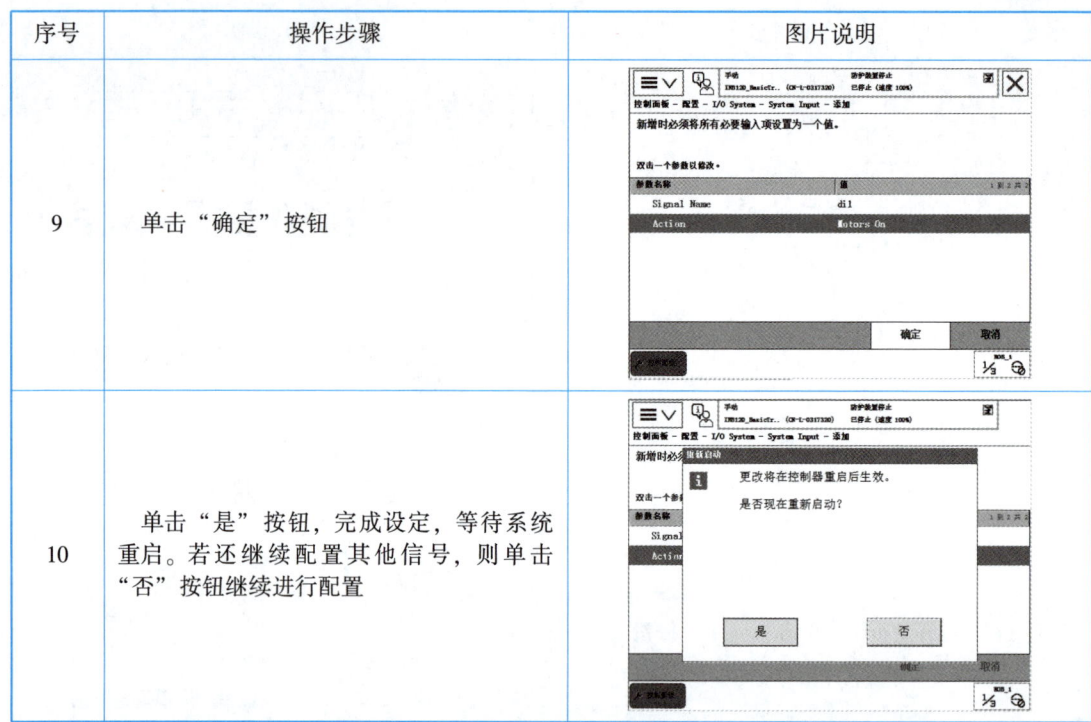

续表

序号	操作步骤	图片说明
3	双击"System Output"	
4	单击"添加"按钮	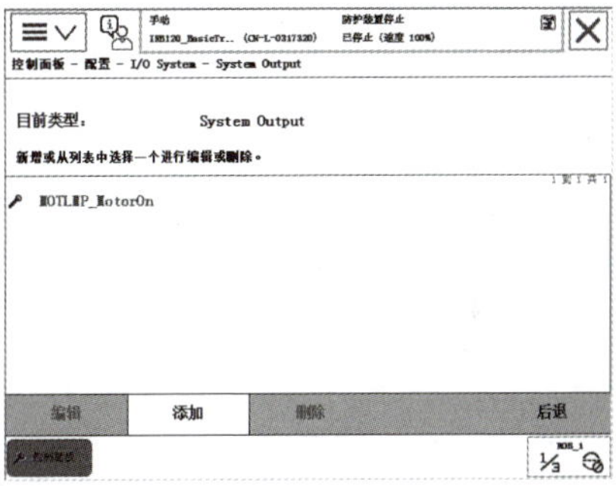
5	双击"Signal Name"	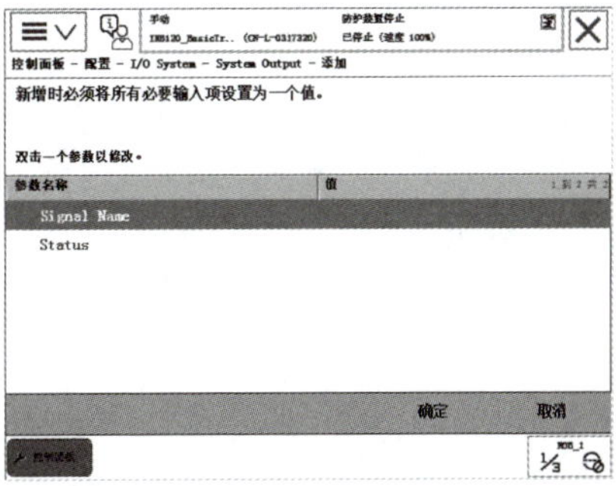
6	选择"do2",单击"确定"按钮	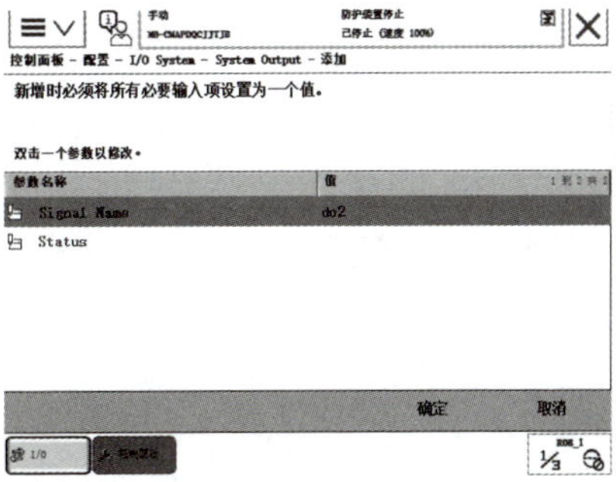

续表

序号	操作步骤	图片说明
7	双击"Status"	
8	选择"Motors On State",单击"确定"按钮	
9	单击"确定"按钮	
10	单击"是"按钮,完成设定,等待系统重启。若还继续配置其他信号,则单击"否"按钮继续进行配置	

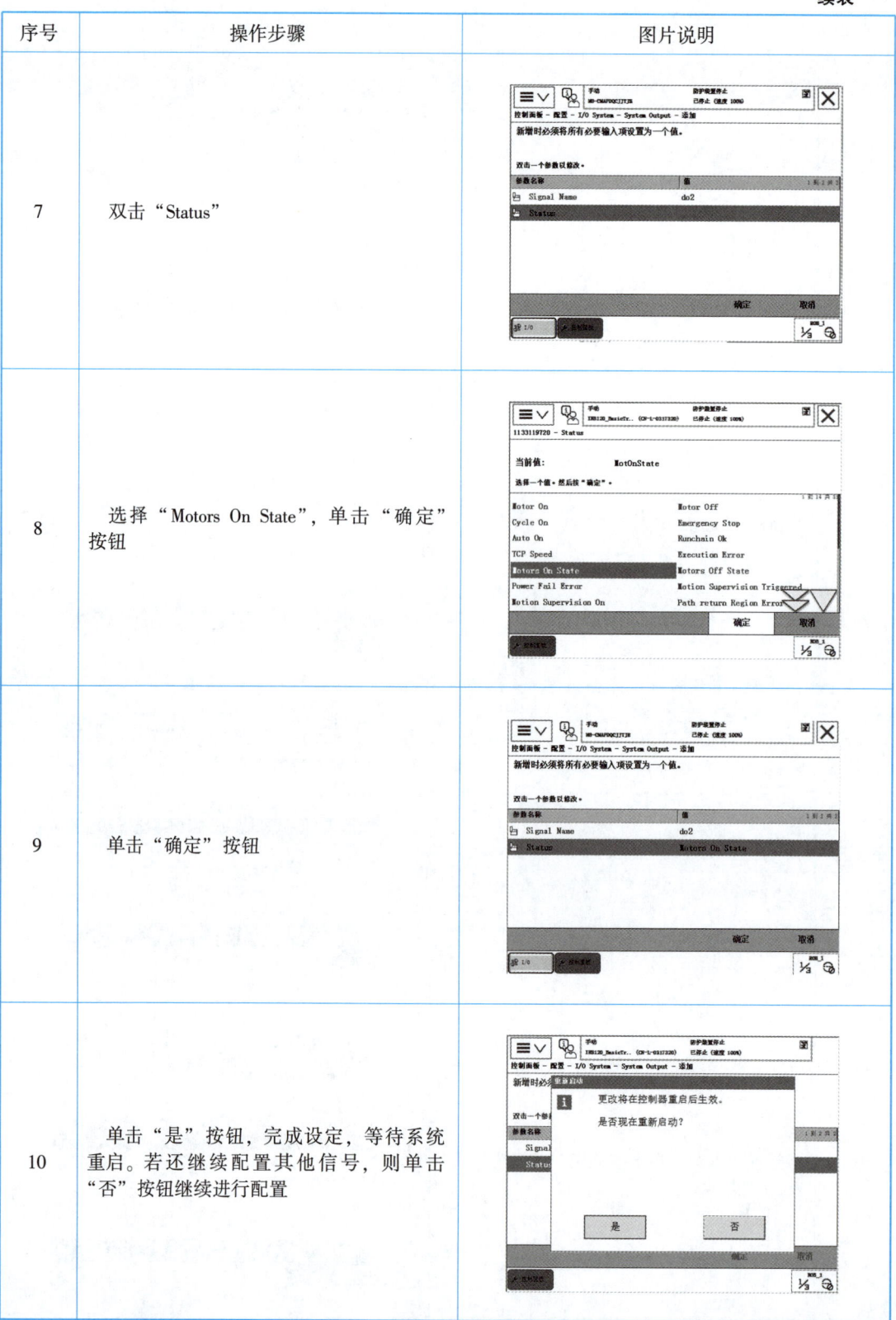

8. 配置可编程按键

配置可编程按键如表 3-2-32 所示。

表 3-2-32　配置可编程按键

序号	操作步骤	图片说明
1	单击左上角主菜单按钮，选择"控制面板"选项	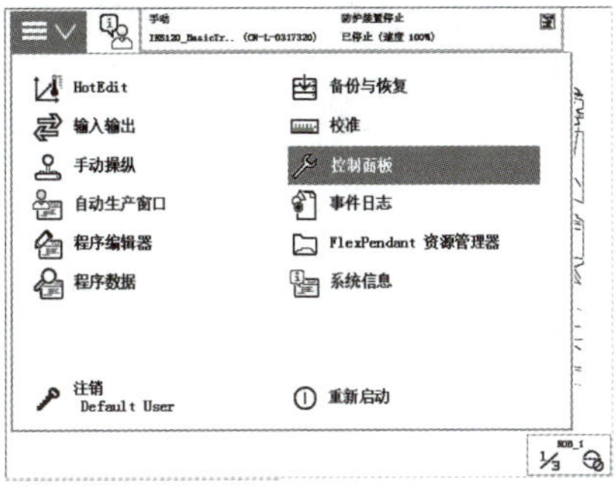
2	选择"配置可编程按键"选项	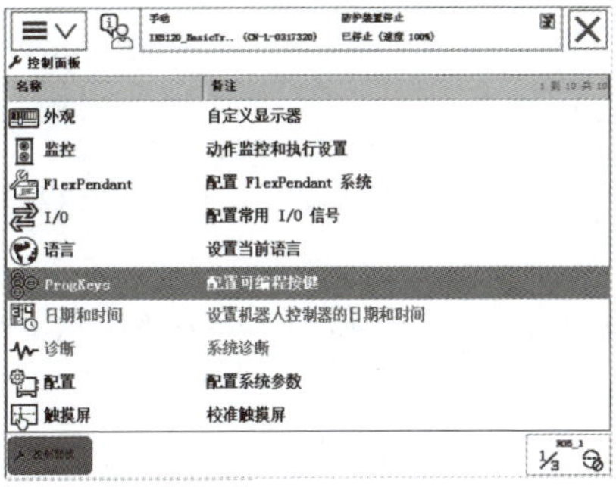
3	配置按键 1，在"类型"中，选择"输出"选项	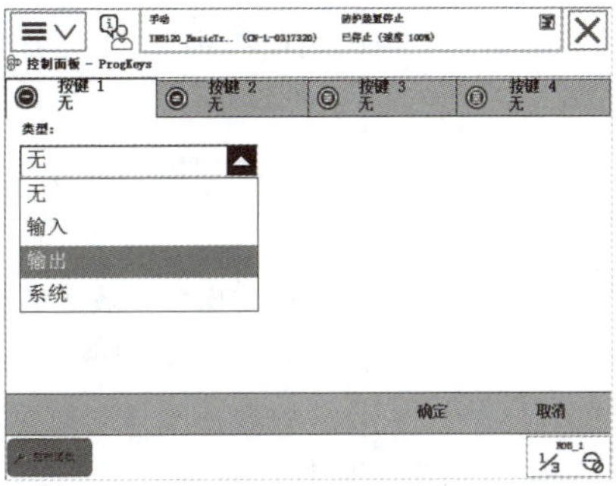
4	选中"do2"，在"按下按键"中选择"按下/松开"选项。也可以根据实际需要选择按键的动作特性	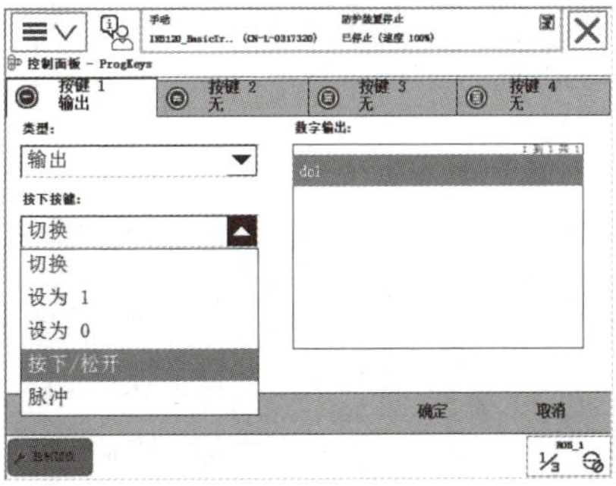

续表

序号	操作步骤	图片说明
5	单击"确定"按钮，完成设定	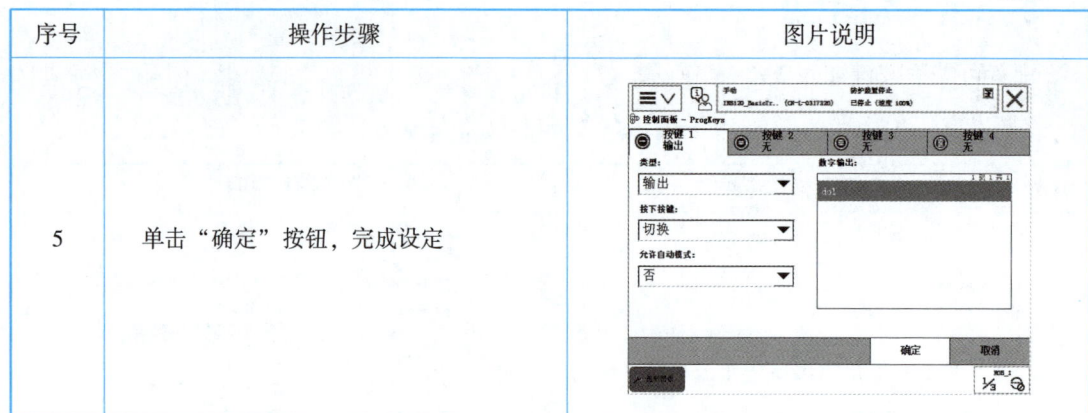

任 务 评 价

自评和互评：请按照下表对自己的操作进行自评，并邀请同组成员进行互评。

操作员姓名					
主题	评分标准	分值	自评得分	互评得分	
配置 ABB 标准 I/O 板（20分）	正确完成 DSQC 652 板总线配置，名称为 board10，地址为 10，其中名称正确 5 分，地址正确 5 分	10			
	正确完成 DSQC 651 板总线配置，名称为 board10，地址为 10，其中名称正确 5 分，地址正确 5 分	10			
配置 I/O 信号及验证（50分）	正确配置数字输入信号 di1、地址 0，其中名称正确 2.5 分，地址正确 2.5 分	10			
	正确配置数字输入信号 do2、地址 2，其中名称正确 2.5 分，地址正确 2.5 分	10			
	正确配置模拟输出信号 ao1、地址 0～15，其中名称正确 2.5 分，地址正确 2.5 分	10			
	验证：拨动操作面板上的"拨钮开关"，观察"输入输出"中两个 di 信号值的变化。	10			
	验证：强制数字输出信号，观察操作面板上的"指示灯"变化	10			
关联系统信号（20分）	一个输入信号正确与 Motors On 关联	10			
	一个输出信号（地址非 8）正确与 Motors On State 关联	10			
职业素养（10分）	遵守场地纪律，无安全事故	2			
	工位保持清洁，物品整齐	2			
	着装规范整洁，佩戴安全帽	2			
	操作规范，爱护设备	2			
	尊重实训老师，服从安排	2			

续表

主题	评分标准	分值	自评得分	互评得分
违规扣分项	不服从实训安排（每次扣 5 分）			
	机器人与工作台等周围设备发生碰撞（每次扣 5 分）			
	画笔工具掉落（每次扣 5 分）			
合计		100		
操作员签名	年　月　日	评分员签字		年　月　日

拓展训练

任务要求：

（1）配置 ABB 标准 I/O 板 DSQC 652

1）板块配置名称为 board10；

2）DSQC 652 总线地址为 10。

（2）配置数字 I/O 信号与可编程按键并验证

1）配置数字输出信号：do_Grip，地址为 8；

2）配置可编程按键"一"，控制信号为"do_Grip"，不允许自动模式下使用，动作为"切换"；

3）验证：控制可编程按键"一"，对应夹爪能够"张开"和"闭合"；

4）再配置两个数字输出信号，名字：姓名首字母+DO+信号地址，地址 0～15 任意无重复；

5）验证：在"输入输出"中强制信号数字输出信号，观察操作面板上的绿灯亮灭；

6）配置三个数字输入信号，名字：姓名首字母+DO+信号地址，地址 0～15 任意无重复；

7）验证：拨动操作面板上的"拨钮开关"，观察"输入输出"中三个 di 信号值的变化。

（3）数字输入输出信号与系统信号的关联

1）将一个数字量输入信号与 Motors On 关联并验证；

2）将一个数字量输出信号（地址 8 的除外）与 Motors On State 关联并验证。

任务工单

1) 在表 3-2-33 中写出常用的 ABB 标准 I/O 板的规格。

表 3-2-33 任务工单 3-1

序号	型号	规格（个数）				备注
1	DSQC 651	DI-	DO-	AI-	AO-	—
2	DSQC 652	DI-	DO-	AI-	AO-	—
3	DSQC 653	DI-	DO-	AI-	AO-	—
4	DSQC 355A	DI-	DO-	AI-	AO-	—
5	DSQC 377A	DI-	DO-	AI-	AO-	—

2) 在空白处写出 DSQC 651 板（图 3-2-12）各部分组成。

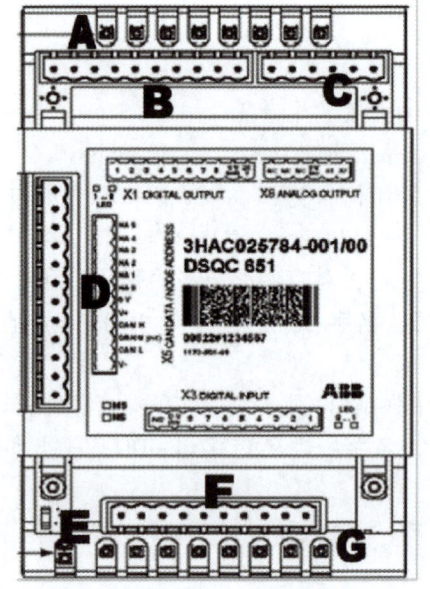

A:

B:

C:

D:

E:

F:

G:

图 3-2-12 任务工单 3-2

3) 分析基础工作站 I/O 板通信信号接线图（图 3-2-13），指出夹爪信号的地址。

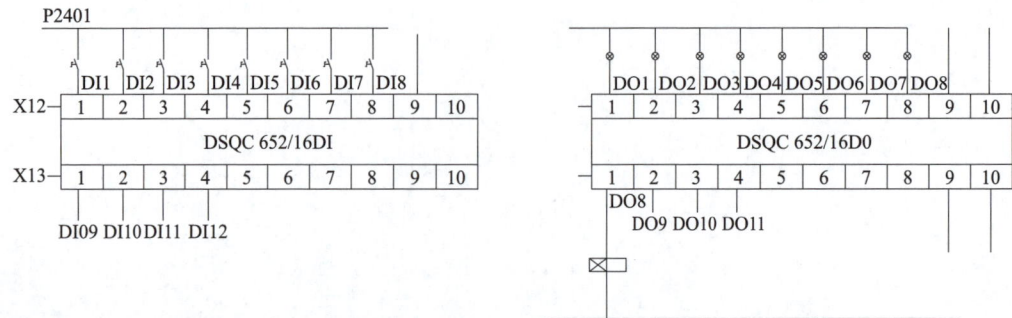

图 3-2-13 任务工单 3-3

4）配置 DSQC 652 I/O 板，将出现的问题记录在表 3-2-34 中。

表 3-2-34　任务工单 3-4

参数名称	设定值	说明
DeviceNet Device		设定 I/O 板的类型
Name		设定 I/O 板在系统中的名字
Address		设定 I/O 板在总线中的地址

5）定义数字输入/输出信号（名字姓名首字母+DI/DO+信号地址，地址 0~15 任意无重复，输出信号必须定义一个地址为 8 的），填在表 3-2-35 和表 3-2-36 中。

表 3-2-35　任务工单 3-5-1

参数名称	设定值	说明
Name		设定数字量输入信号的名字
Type of Signal		设定信号的类型
Assigned to Device		设定信号所在的 I/O 模块
Device Mapping		设定信号所占用的地址

表 3-2-36　任务工单 3-5-2

参数名称	设定值	说明
Name		设定数字量输出信号的名字
Type of Signal		设定信号的类型
Assigned to Device		设定信号所在的 I/O 模块
Device Mapping		设定信号所占用的地址

简述如何验证：

6）按表 3-2-37 完成可编程按键的关联，使快捷键能够控制夹爪开合信号，记录问题。

表 3-2-37　任务工单 3-6

预定义键	按下按键动作方式	数字输出
1	切换	—
2	设为 1	—
3	设为 0	—
4	脉冲、按下/松开	—

7）将自己配置的任意输入信号与 Motors On 关联并验证，将问题记录在下方。

8）将自己配置的任意输出信号（地址 8 的除外）与 Motors On State 关联并验证，将问题记录在下方。

9）任务评价。

自评和互评：请按照下表对自己的操作进行自评，并邀请同组成员进行互评。

主题	评分标准	分值	自评得分	互评得分
操作员姓名				
配置 ABB 标准 I/O 板（20 分）	板块配置名称为 board10	10		
	DSQC 652 总线地址为 10	10		
配置 I/O 信号及验证（50 分）	数字输出信号 do_Grip 地址为 8	10		
	验证：控制可编程按键"—"，对应夹爪能够"张开"和"闭合"	10		
	数字输出信号 do2，地址非 8	5		
	验证：在"输入输出"中强制信号"do2"，观察操作面板上的绿灯亮灭	5		
	配置数字输入信号：di1，di2，信号地址不重复	10		
	验证：拨动操作面板上的"拨钮开关"，观察"输入输出"中两个 di 信号值的变化	10		
关联系统信号（20 分）	一个输入信号正确与 Motors On 关联	10		
	一个输出信号（地址非 8）正确与 Motors On State 关联	10		
职业素养（10 分）	遵守实训纪律，无安全事故	2		
	工位保持清洁，物品整齐	2		
	着装规范整洁，佩戴安全帽	2		
	操作规范，爱护设备	2		
	尊重实训老师，服从安排	2		
违规扣分项	不服从实训安排（每次扣 5 分）			
	机器人与工作台等周围设备发生碰撞（每次扣 5 分）			
	画笔工具掉落（每次扣 5 分）			
合计		100		
操作员签名	年 月 日	评分员签字		年 月 日

10）总结提升。

①本任务已经完成，写一写完成该任务的心得体会，并且请写出你对该任务的意见和建议。

②请回答下列问题巩固一下。

a) ABB 机器人标配的工业总线为（　　）。
A. ProfiBus DP　　　　B. CC-link　　　　C. DeviceNet

b) 标准 I/O 板卡总线端子上，剪断 8、10、11 针脚产生的地址为（　　）。
A. 11　　　　B. 26　　　　C. 29

c) 标准 I/O 板卡 DSQC 652 的数字量输入输出起始地址分别是（　　）。
A. 输入起始地址 0 和输出起始地址 0
B. 输入起始地址 0 和输出起始地址 32
C. 输入起始地址 1 和输出起始地址 32
D. 输入起始地址 1 和输出起始地址 1

d) DSQC 652 板上数字输入输出信号的地址范围分别是_____、_____。

e) 一般焊接应用，机器人常使用（　　）类型的标准 I/O 板卡。
A. DSQC 651　　　　B. DSQC 652　　　　C. DSQC 653

任务三　工业机器人平面及曲面轨迹编程

学习目标

素质目标：

1) 具有较高的专业认同感；
2) 具备精益求精的工匠精神；
3) 具有踏实肯干的劳动精神；
4) 具有一定的专业英语素养。

知识目标：

1) 理解 RAPID 程序架构、RAPID 语言及其数据、指令和函数；
2) 理解轨迹规划的重要性和一般步骤；
3) 掌握运动指令：绝对位置运动指令（MoveAbsJ）、关节运动指令（MoveJ）、线性运动指令（MoveL）、圆弧运动指令（MoveC）的用法和参数含义；
4) 掌握手动运行模式程序调试的方法；
5) 掌握 Offs 位置偏移函数的使用方法和作用；
6) 掌握移动设备导出和导入程序模块的方法；
7) 掌握自动运行模式程序调试的方法；
8) 掌握利用工件坐标系实现两个相同轨迹简化编程和示教的方法，并理解其原理。

能力目标：

1) 能进行程序模块的创建、编辑等操作；
2) 能新建例行程序、复制例行程序；
3) 能对机器人进行轨迹规划，设置起始点（Home 点）、安全点等；
4) 能合理选用 MoveL、MoveJ、MoveAbsJ、MoveC 等指令完成三角形轨迹的编程和调试；
5) 能够使用 Offs 偏移函数实现安全点的设置；
6) 能够使用 ProcCall 指令调用例行程序；
7) 能够在自动运行模式下执行程序；
8) 能利用工件坐标系实现三角形轨迹的编程和优化；
9) 能够利用移动设备通过 USB 接口导入和导出程序模块。

子任务一　平面轮廓的模拟激光切割

任务描述

利用 ABB 工业机器人创建程序模块，名称为 LaserCuttingModule；编写工业机器人程序，实现图 3-3-1 所示 3D 轨迹板中一个三角形轨迹的模拟涂胶。要求：程序完整并设定初始位置和缓冲点；机器人运行时，空运行轨迹速度为 200 mm/s，真实轨迹运行速度为 50 mm/s；画笔与画板 Z 方向高度偏移 1~3 mm，笔尖不与画板实际接触；以手动操作模式验证程序。

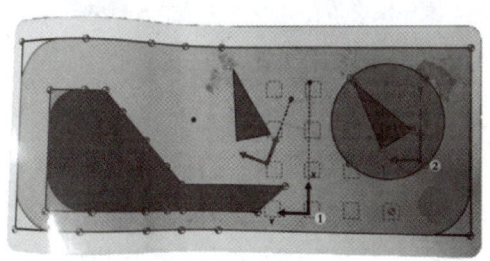

图 3-3-1　3D 轨迹板

任务分析

1. 轨迹规划的一般思路

在编制程序之前，需要对机器人的运动轨迹进行规划，思路如图 3-3-2 所示，在远离工件的空间位置设置 Home 点，其作用是为了给更换工件和工具预留足够的空间，一般可以设置在工件上方 500 mm 空间内。机器人末端工具不能直接由 Home 点运行到轨迹起始点，否则工具与工件有可能发生碰撞。需要设置接近点，接近点一般设置在轨迹起始点正上方 100 mm 的位置。机器人开始运行时，先由 Home 点运行至起始接近点，再由接近点运行至轨迹起始点走轨迹；经过多个轨迹中间点，到达轨迹终止点后，再经由上方的终止接近点，返回 Home 点。

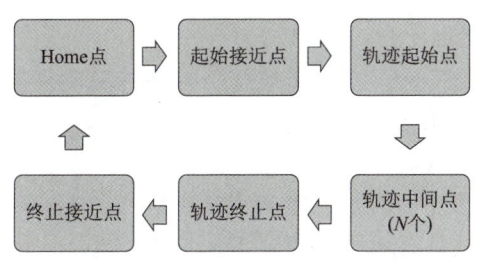

图 3-3-2　轨迹规划中的关键点

2. ABB 机器人的 RAPID 编程语言

RAPID 是一种基于计算机的高级编程语言，易学易用，灵活性强，支持二次开发，支持中断、错误处理、多任务处理等高级功能。所包含的指令可以移动机器人、设置输出、读取输入，还能实现决策、重复其他指令、构造程序与系统操作员交流等功能。工业机器人的应用程序就是使用 RAPID 编程语言的特定词汇和语法编写而成的。

3. ABB 机器人的任务、程序模块和例行程序（创建模块和例行程序）

ABB 机器人程序的组成如表 3-3-1 所示。

表 3-3-1 ABB 机器人程序的组成

RAPID 程序（任务）			
程序模块 1	程序模块 2	程序模块 3	系统模块
程序数据	程序数据	……	程序数据
主程序 Main	例行程序	……	例行程序
例行程序	中断程序	……	中断程序
中断程序	功能	……	功能
功能	—	……	—

RAPID 程序的创建与管理

1) 可以根据不同的用途创建多个程序模块，如专门用于主控制的程序模块，用于位置计算的程序模块，用于存放数据的程序模块，这样的目的在于方便归类管理不同用途的例行程序与数据。

2) 每一个程序模块包含了程序数据、例行程序、中断程序和功能 4 种对象，但不一定在一个模块都有这 4 种对象的存在，程序模块之间的数据、例行程序、中断程序和功能是可以互相调用的。

3) 在 RAPID 程序中，只有一个主程序 Main，并且存在于任意一个程序模块中，并且是作为整个 RAPID 程序执行的起点。

4) 一个 RAPID 程序称为一个任务，一个任务是由一系列的模块组成的，由程序模块与系统模块组成。一般地，我们只通过新建程序模块来构建机器人的程序，而系统模块多用于系统方面的控制之用。

4. ABB 机器人的运动指令

ABB 机器人在空间中进行运动主要有 4 种方式，即关节运动 MoveJ、线性运动 MoveL、圆弧运动 MoveC 和绝对位置运动 MoveAbsJ。

注意：在添加或修改机器人的运动指令之前一定要确认所使用的工具坐标与工件坐标。

（1）绝对位置运动指令 MoveAbsJ

运动指令 MoveAbsJ 的应用

绝对位置运动指令是机器人的运动使用 6 个轴和外轴的角度值来定义目标位置数据。其具有以下特点：①机器人以单轴运行的方式运动至目标点；②绝对不存在死点，运动状态完全不可控；③避免在正常生产中使用此指令；④常用于机器人 6 个轴回到机械零点（0°）的位置或固定的位置姿态。其指令中各参数含义如图 3-3-3 所示。

jpos10 是目标点位置数据，定义当前机器人 TCP 在工件坐标系中的位置，可通过"编辑"—"查看值"进行修改，也可通过单击"修改位置"进行修改。

图 3-3-3 MoveAbsJ 指令参数

v1000 是运行速度数据，单位是 mm/s，v1000 表示机器人以当前指令运行时的速度是 1 000 mm/s。注意如果没有特殊定义，只能选择系统中已有速度值。

z50 是转弯区域数据 zonedata，定义转弯区的大小，单位为 mm。当机器人运行两条相交的轨迹时，如果转弯区域数据设置为 fine，则机器人 TCP 经过交点到达另一轨迹上，如果转弯区域数据设置为 z50，则机器人 TCP 在运行至交点前 50 mm 的地方，会提前转弯，以半径为 50 的圆弧过渡到另一轨迹上，使得轨迹更加平滑。z 后面的数值表示过渡圆弧的大小，数值越大，圆弧半径越大。

tool1 和 wobj1 是当前选择的工具和工件坐标系。

（2）线性运动指令 MoveL

运动指令 MoveJ 与 MoveL 的对比及应用

线性运动指令 MoveL 轨迹如图 3-3-4 所示，用于将工具中心点沿直线移动至给定目标点。当 TCP 保持固定时，则该指令亦可用于调整工具方位。其运动轨迹可控且唯一，但是有可能出现"死点"，常用于机器人在工作状态走确定轨迹，一般如焊接、涂胶等应用对轨迹要求高的场合。

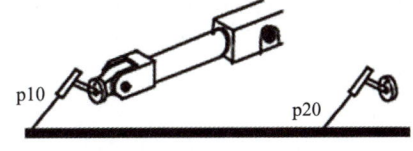

图 3-3-4 MoveL 线性运动轨迹

MoveL 指令的参数含义与 MoveAbsJ 基本一致，如表 3-3-2 所示，不同点是目标点位置数据。

表 3-3-2 MoveL 指令的参数含义

参数	含义
p10	目标点位置数据 定义当前机器人 TCP 在工件坐标系中的位置，通过单击"修改位置"进行修改
v1000	运动速度数据，1 000 mm/s 定义速度（mm/s）
z50	转角区域数据 定义转弯区的大小，单位为 mm
tool1	工具数据 定义当前指令使用的工具坐标
wobj1	工件坐标数据 定义当前指令使用的工件坐标

p10 是目标点位置数据，定义当前机器人 TCP 在工件坐标系中的位置，通过单击"修改位置"进行修改。当然，也可以通过直接修改如图 3-3-5 所示的 p10 中的数值进行机器人 TCP 位姿的记录，但是这种方法在工作中不常用。

```
p10:              [[364.35,0,594],[0.5,...   robtarget
    trans:        [364.35,0,594]             pos
        x :=      364.35                     num
        y :=      0                          num
        z :=      594                        num
    rot:          [0.5,2.6607E-39,0.866...   orient
        q1 :=     0.5                        num
        q2 :=     2.6607E-39                 num
        q3 :=     0.866025                   num
        q4 :=     -1.53616E-39               num
```

图 3-3-5 robtarget 目标点位置数据的组成

(3) 关节运动指令 MoveJ

关节运动指令是在对轨迹精度要求不高的情况下，机器人的工具中心点 TCP 从一个位置移动到另一个位置，两个位置之间的轨迹不一定是直线，如图 3-3-6 所示。其具有以下特点：①机器人以最快捷的方式运动至目标点；②机器人运动状态不完全可控；③运动轨迹保持唯一；④常用于机器人在空间大范围移动。MoveJ 和 MoveL 指令参数一致。

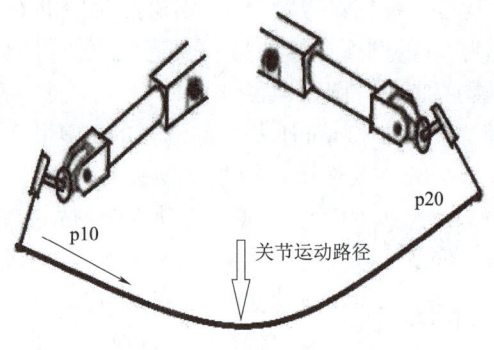

图 3-3-6　MoveJ 关节运动轨迹

5. Offs 位置偏移函数

Offs 偏移指令是机器人 TCP 点在工件坐标系中进行 X，Y，Z 方向上的精准偏移功能，其指令格式如下：其中，point：robtarget 是偏移的基准点，XOffset 是工件坐标系 X 方向偏移值（mm）；YOffset 是工件坐标系 Y 方向偏移值（mm）；ZOffset 是工件坐标系 Z 方向偏移值（mm）。

格式：Offs｛[Point]，[XOffset]，[YOffset]，[ZOffset]｝

例如：MoveL Offs（p2，0，0，10），v1000，z50，tool1；

表示：将机械臂移动至距位置 p2（沿 Z 方向）10 mm 的一个点。

该指令常用于利用起始点和终止点向上偏移得到安全点，减少示教点的个数，提高程序的可读性，减少示教的时间及误差。

6. 关键点示教的方法

(1) 通过"调试"—"查看值"的方式可以进行点的示教

单击"调试"按钮，选择"查看值"选项。对于 MoveAbsJ 指令，可以直接修改 6 个轴的角度值，将其设置成 Home 点的位置，如图 3-3-7 所示。注意：第 5 轴的角度不能为 0，否则是机器人奇点位置，导致机器人出现"死点"无法运动。

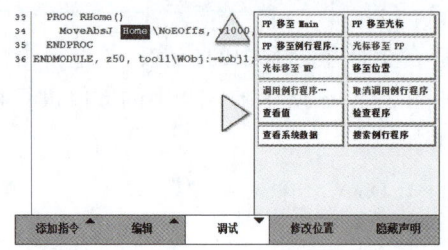 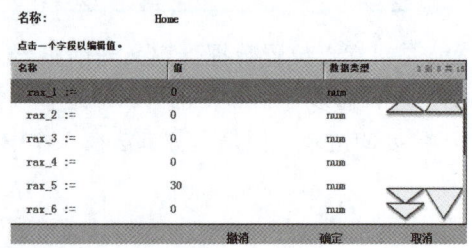

图 3-3-7　MoveAbsJ 指令中 jointtarget 目标点

(2) 通过"修改位置"的方法进行点的示教

对于 robtarget 目标点，通常通过将机器人移动到该点，单击"修改位置"按钮进行示教，如图 3-3-8 所示。机器人当前位置和姿态被记录在选中的目标点参数中。

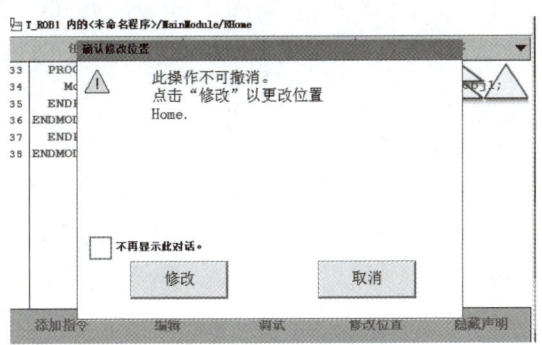

图 3-3-8　"修改位置"的方式进行目标点示教

7. 程序运行的三种方式

ABB 机器人有三种运行方式，如图 3-3-9 所示。在手动限速或手动全速模式下，运行程序时电机的通电需要通过使能按键实现，手不能松开使能键。在手动限速模式下机器人最高运行速度为 250 mm/s，程序中指令超过最高速度时将以最高限速运行；手动全速可达到程序中指令的速度。自动运行时，电机的通电通过控制柜上的通电按钮实现，程序运行时，无须按下使能键，速度以程序指令的速度运行。

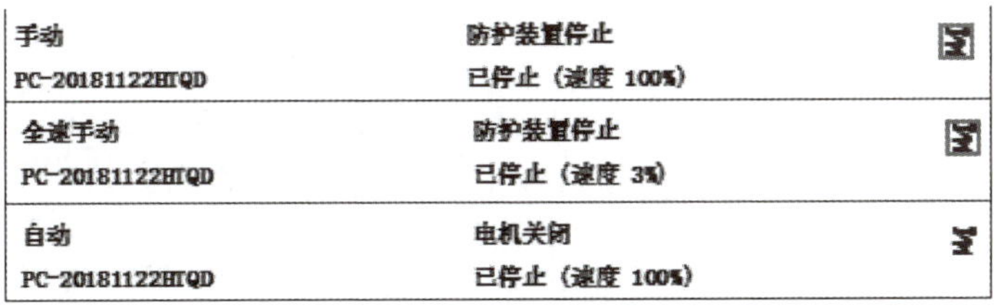

图 3-3-9　程序运行的三种方式

任务实施

1. 程序模块和例行程序的创建

程序模块和例行程序的创建如表 3-3-3 所示。

表 3-3-3　程序模块和例行程序的创建

序号	操作步骤	图片说明
1	单击左上角主菜单按钮，选择"程序编辑器"选项	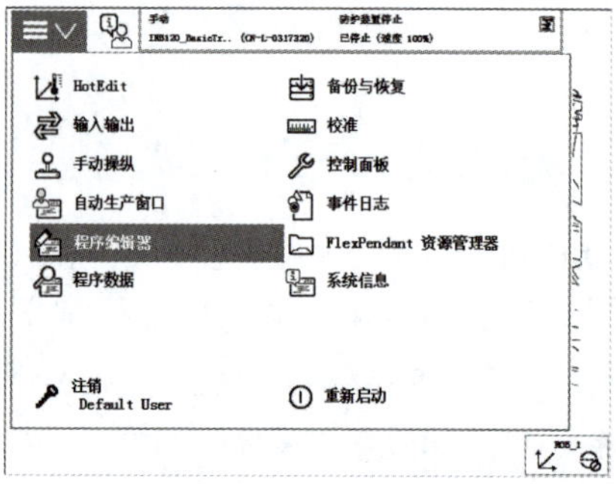
2	单击"取消"按钮	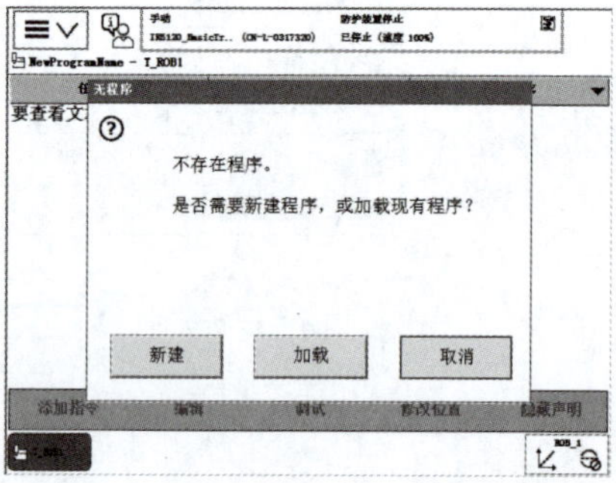
3	单击左下角"文件"菜单里的"新建模块…"选项	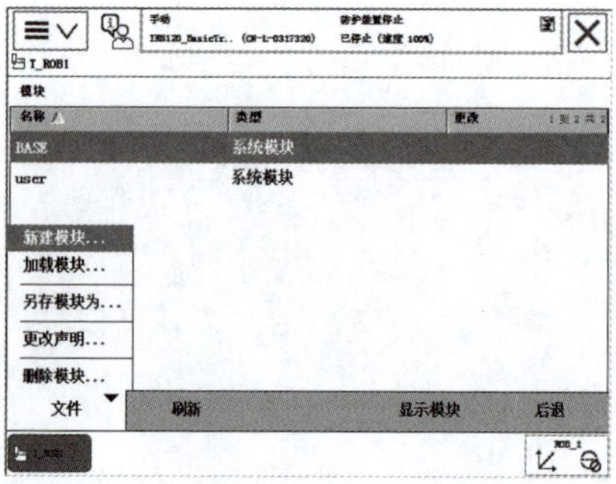

续表

序号	操作步骤	图片说明
4	设定模块名称（如 LaserCuttingModule），单击"确定"按钮	
5	选中"LaserCuttingModule"，单击"显示模块"按钮	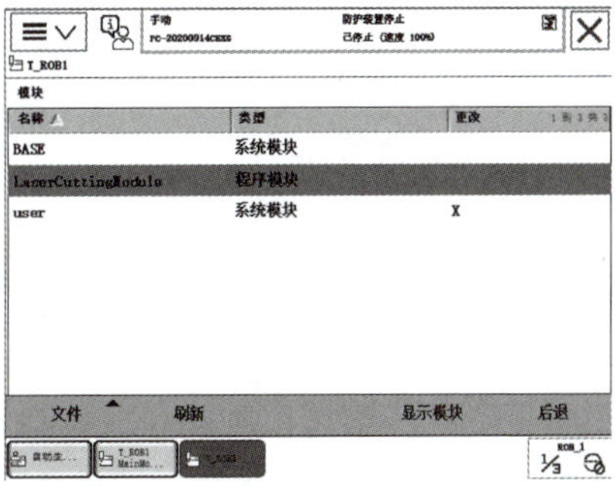
6	单击"例行程序"按钮	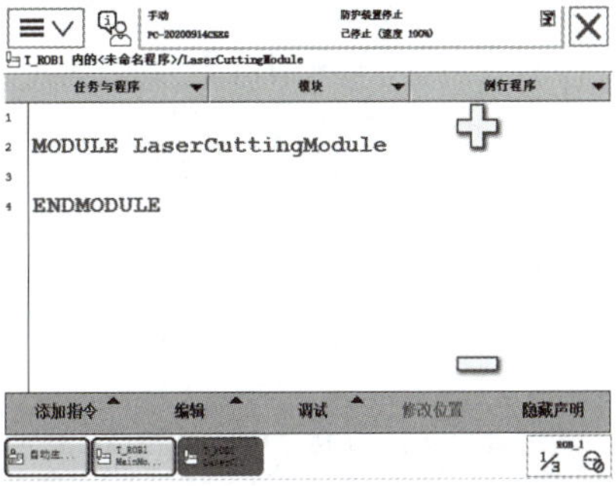
7	单击左下角"文件"菜单里的"新建例行程序…"选项	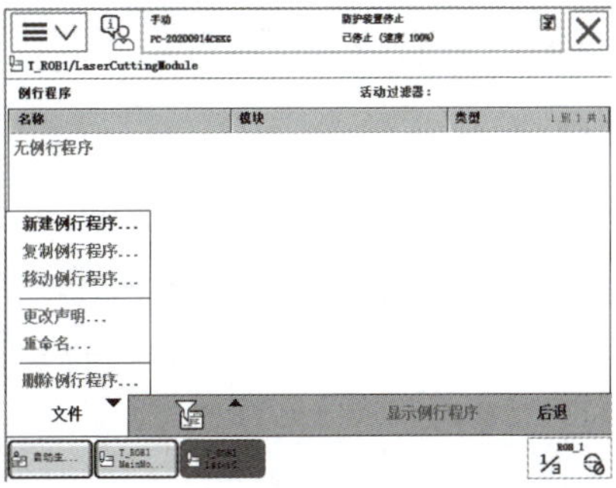

续表

序号	操作步骤	图片说明
8	设定例行程序名称（如 Triangle），单击"确定"按钮	
9	选中 Triangle()，单击"显示例行程序"按钮	
10	选中要插入指令的程序位置，高显色。单击"添加指令"按钮打开指令列表。选择指令插入需要的指令	

2. 三角形轨迹的编程步骤

三角形轨迹的编程步骤如表 3-3-4 所示。

表 3-3-4　三角形轨迹的编程步骤

序号	操作步骤	图片说明
1	单击左上角主菜单按钮，选择"手动操纵"选项	

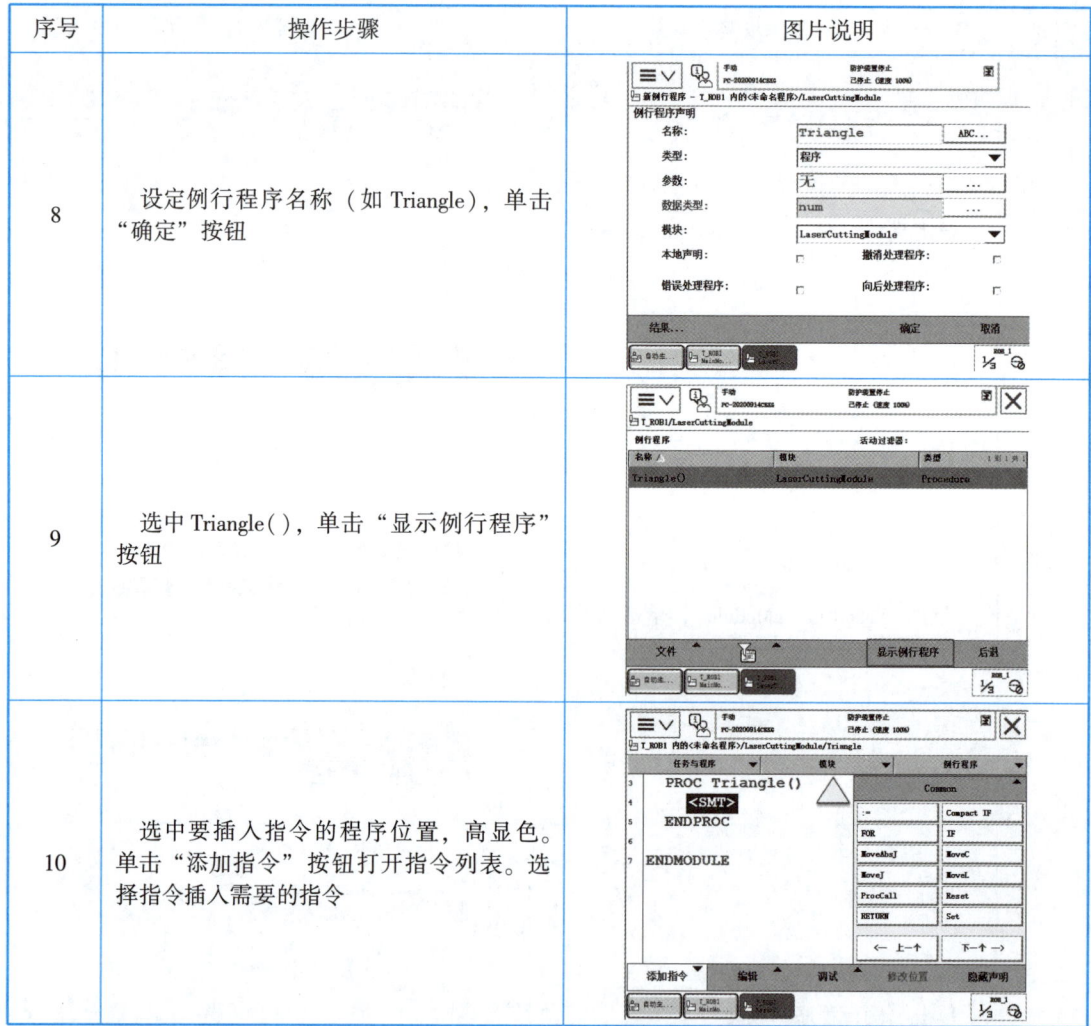

续表

序号	操作步骤	图片说明
2	按需要选择工具坐标和工件坐标	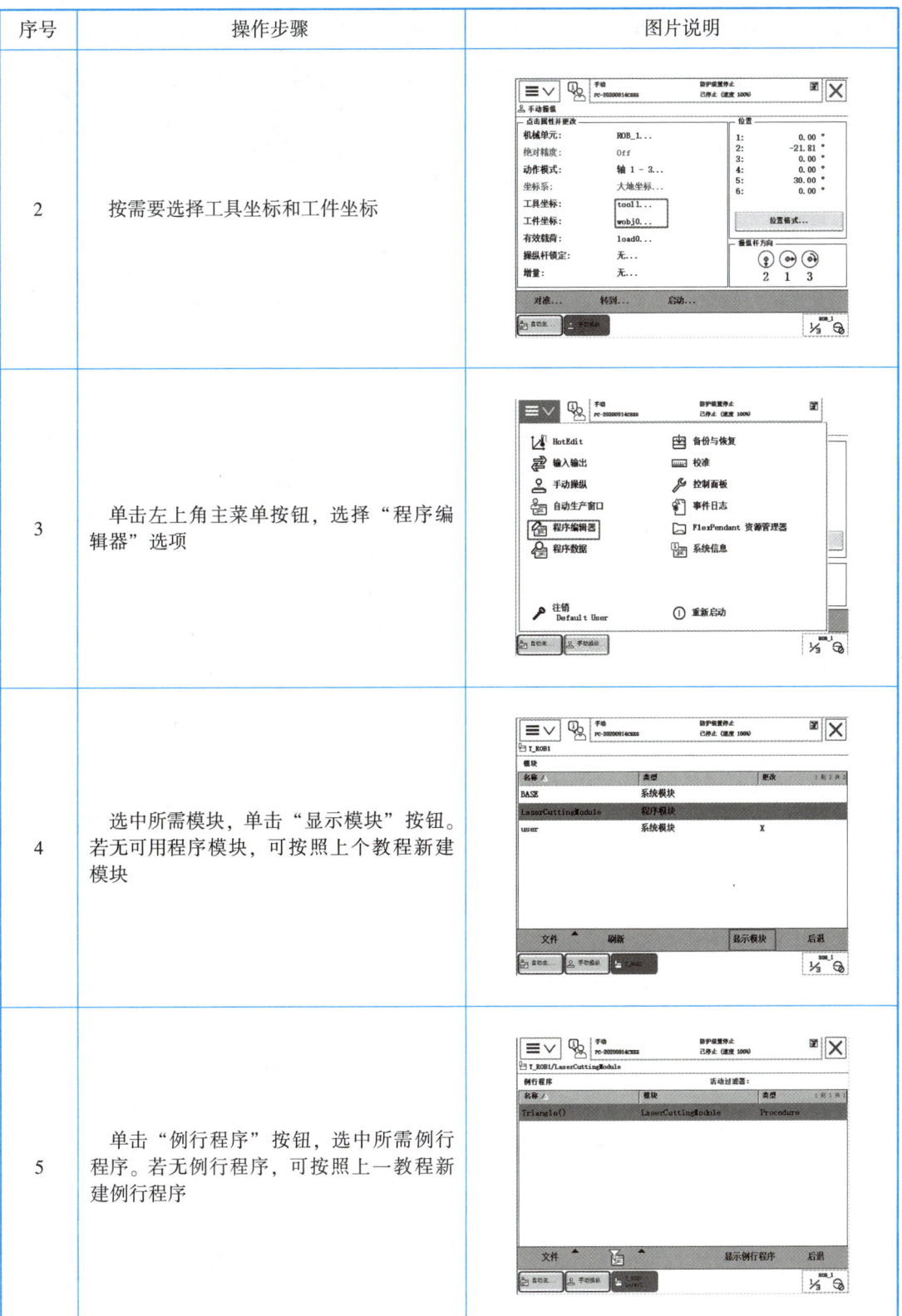
3	单击左上角主菜单按钮，选择"程序编辑器"选项	
4	选中所需模块，单击"显示模块"按钮。若无可用程序模块，可按照上个教程新建模块	
5	单击"例行程序"按钮，选中所需例行程序。若无例行程序，可按照上一教程新建例行程序	

171

续表

序号	操作步骤	图片说明
6	添加机器人初始位置	
7	添加入刀点（安全点）	
8	运动至三角形轨迹的第一个点	
9	运动至三角形轨迹的第二个点，并按要求修改速度等参数	

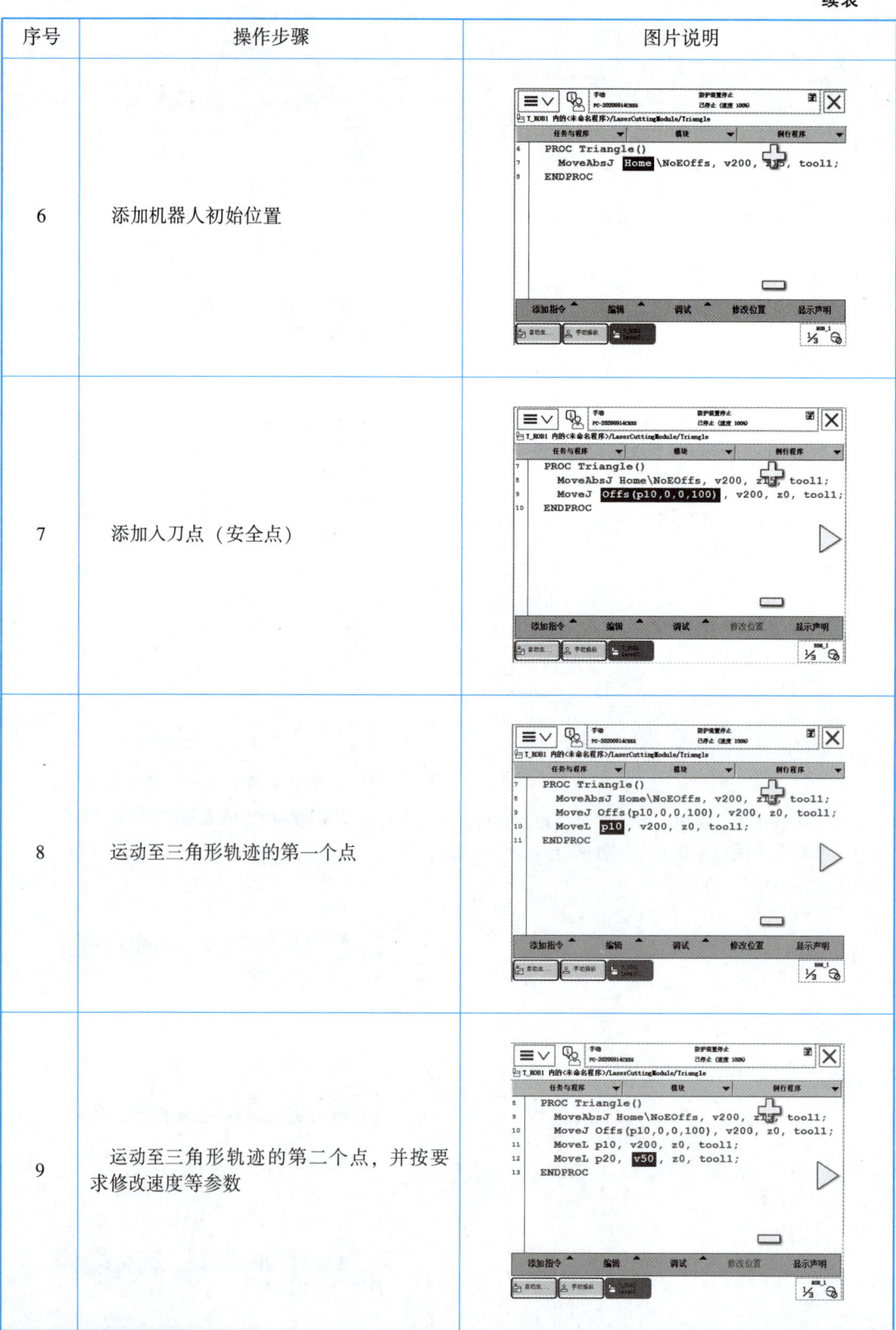

续表

序号	操作步骤	图片说明
10	运动至三角形轨迹的第三个点	
11	回到三角形轨迹的第一个点，形成完整的三角形轨迹	
12	添加抬刀点（安全点）	
13	回到机器人初始位置	

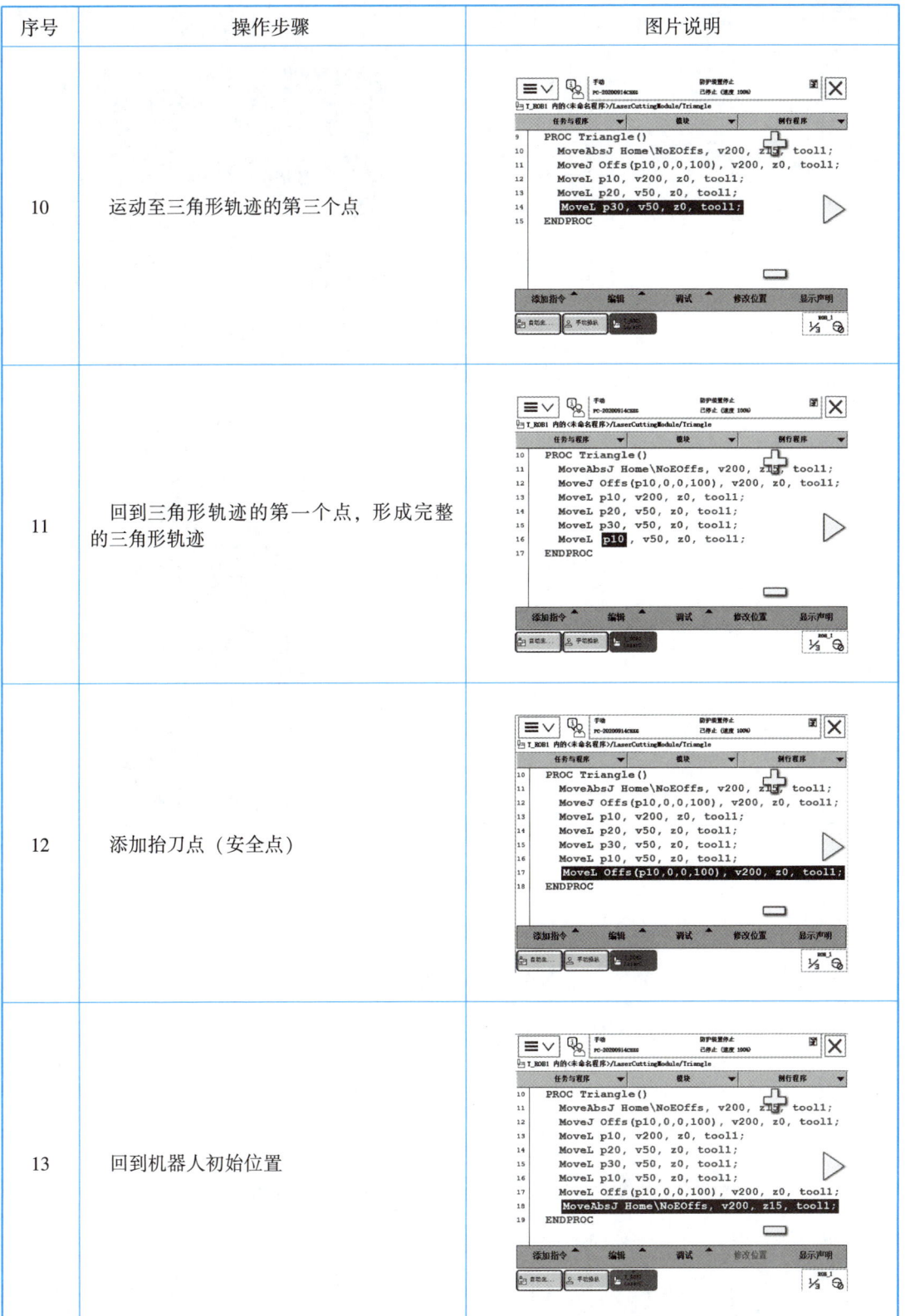

续表

序号	操作步骤	图片说明
14	依次将机器人移动至各示教点进行示教	
15	将指针移动至例行程序 SanJiaoXing（），在手动方式下，按下使能键，单击程序开始按键运行程序	

3. 程序手动运行

程序手动运行步骤如表 3-3-5 所示。

表 3-3-5　程序手动运行

序号	操作步骤	图片说明
1	单击左上角主菜单按钮，选择"程序编辑器"选项	

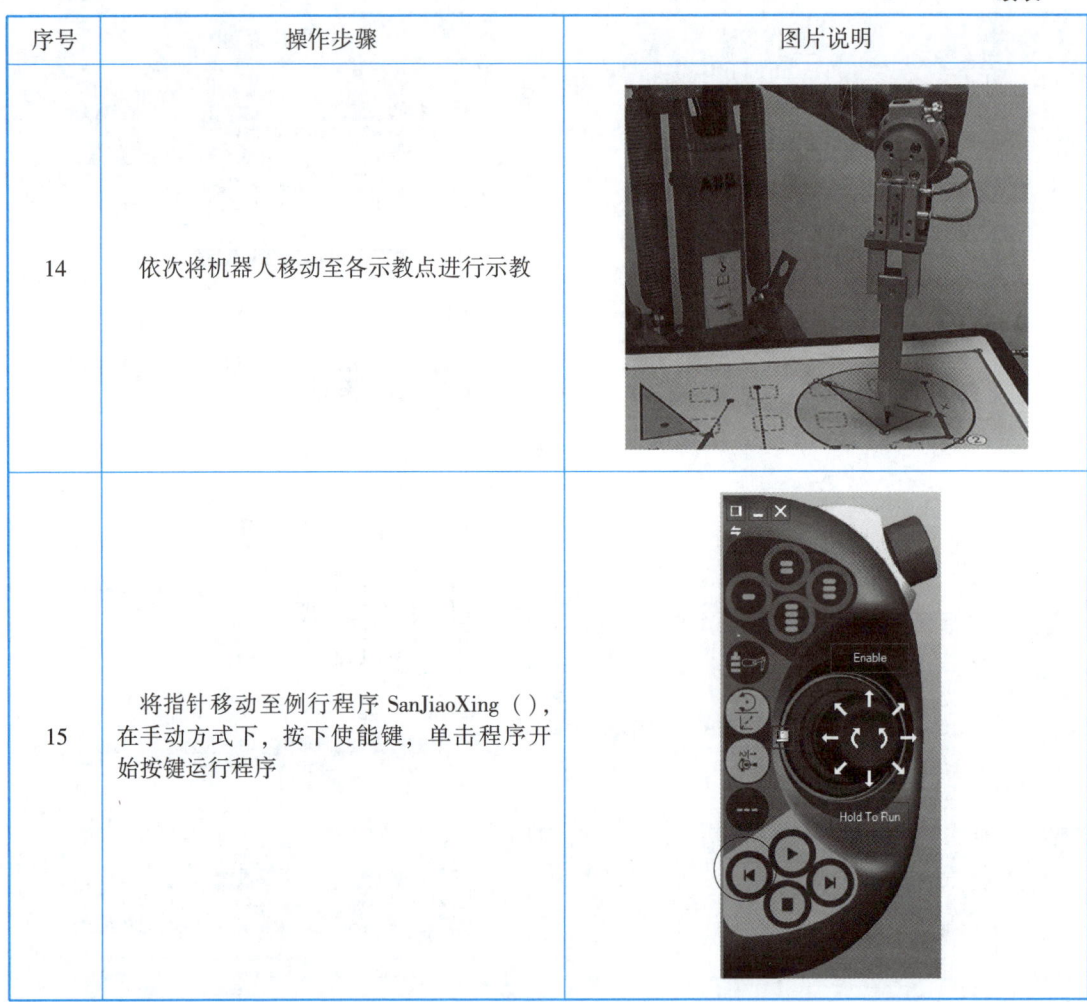

续表

序号	操作步骤	图片说明
2	选择要运行的程序所在模块，单击"显示模块"按钮	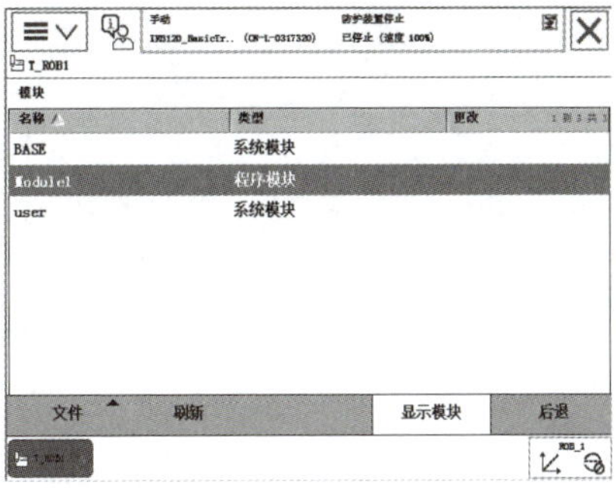
3	选择要运行的例行程序，单击"显示例行程序"按钮	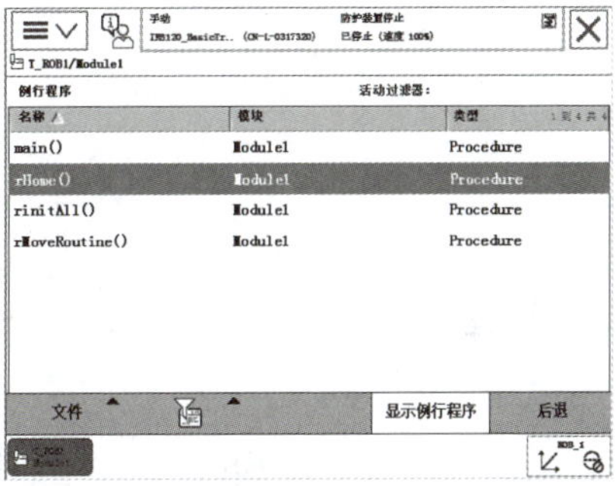
4	单击"调试"按钮，单击"PP 移至例行程序…"选项	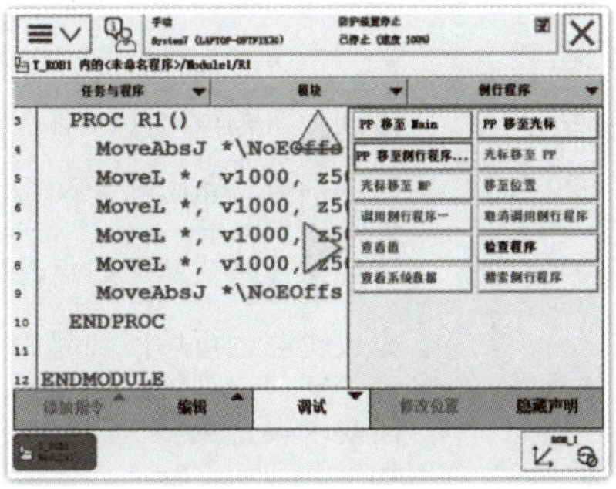
5	选中目标例行程序，单击"确定"按钮	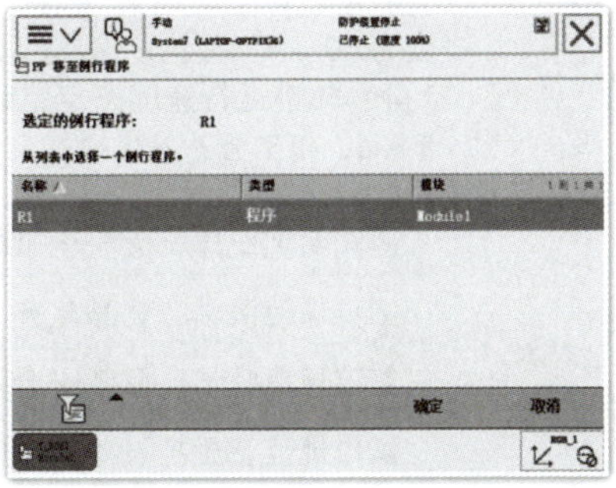

续表

序号	操作步骤	图片说明
6	PP 已自动移至目标程序的第一行	
7	按下使能键，给电动机通电。按下单步运行或者连续运行按钮，便可运行此例行程序	

任务评价

自评和互评：请按照下表对自己的操作进行自评，并邀请同组成员进行互评。

主题	评分标准	分值	自评得分	互评得分
操作员姓名				
模块和程序的创建（20分）	成功创建程序模块，名称正确	10		
	成功创建三角形轨迹的例行程序	10		
轨迹的运行（70分）	轨迹运行路线从起始点开始；发生碰撞此项不得分	15		
	完成轨迹运行后回到起始点；发生碰撞此项不得分	9		
	按要求设定初始位置、缓冲点、轨迹运行点，缺少一项扣2分	21		
	验证：在手动模式下运行轨迹程序，设定轨迹运行速度为 50 mm/s，轨迹偏离范围<5 mm（模式选择错误，扣2分；轨迹运行速度设定错误，扣2分；轨迹偏离范围>5 mm，扣7分；发生碰撞此项不得分）	25		
职业素养（10分）	遵守实训纪律，无安全事故	2		
	工位保持清洁，物品整齐	2		
	着装规范整洁，佩戴安全帽	2		
	操作规范，爱护设备	2		
	尊重实训老师，服从安排	2		

续表

主题	评分标准	分值	自评得分	互评得分
违规扣分项	不服从实训安排（每次扣 5 分）			
	机器人与工作台等周围设备发生碰撞（每次扣 5 分）			
	画笔工具掉落（每次扣 5 分）			
合计		100		
操作员签名	年 月 日	评分员签字	年 月 日	

子任务二 曲面轮廓的模拟激光切割

任务描述

在子任务一创建的名为 LaserCuttingModule 的模块中，分别创建圆形轨迹程序名称 circular 和复杂轨迹程序名称 contour，添加指令实现图 3-3-10 中圆形轨迹和复杂轨迹的模拟涂胶。要求：程序完整并设定初始位置和缓冲点；机器人运行时，空运行轨迹速度为 200 mm/s，真实轨迹运行速度为 50 mm/s；画笔与画板 Z 方向高度偏移 1~3 mm，笔尖不与画板实际接触；以手动操作模式验证程序。

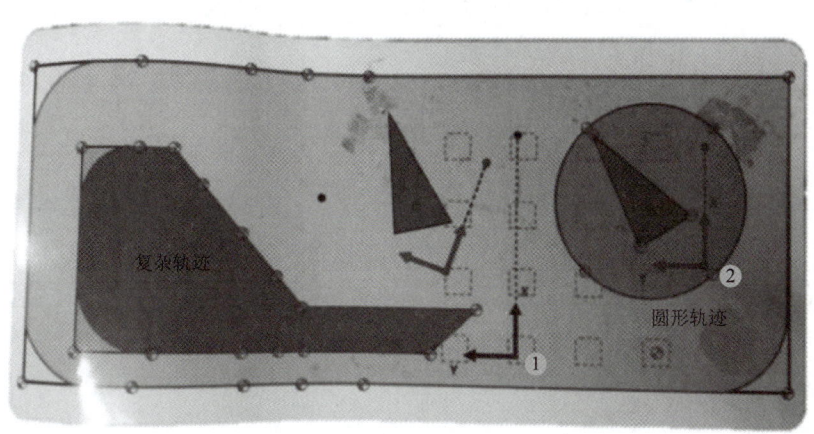

图 3-3-10 3D 轨迹板

任务分析

1. 圆弧指令 MoveC

圆弧路径是在机器人可到达的空间范围内定义三个位置点，第一个点是圆弧的起点，第二个点用于圆弧的曲率，第三个点是圆弧的终点。MoveC 使得 TCP 沿圆周移动至给定目标点，如图 3-3-11 所示。

运动指令 MoveC 的应用及程序的自动运行

其具有以下特点：①机器人通过中心点以圆弧移动方式运动至目标点；②当前点、中间点与目标点三点决定一段圆弧，机器人运动状态可控；③运动路径保持唯一；④常用于机器人在工作状态移动；⑤由于一段圆弧指令不能超 240°，所以其有限制：不可能通过一个 MoveC 指令完成一个圆，至少需要两条。其指令参数与 MoveL、MoveJ 一致，如表 3-3-6 所示。

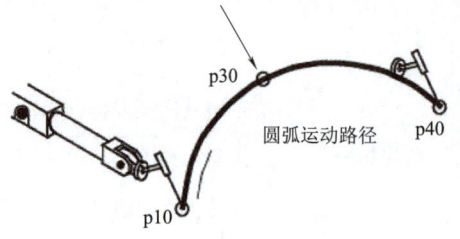

图 3-3-11　MoveC 圆弧指令运动路径

表 3-3-6　MoveC 圆弧指令参数

参数	含义
p10	圆弧的第一个点
p30	圆弧的第二个点
p40	圆弧的第三个点
wobj1	工件坐标数据 定义当前指令使用的工件坐标

1）使用 MoveC 指令控制工具 TCP 运动特点的几种情况如下。

①以恒定编程速率，沿圆周移动工具的 TCP。

②以恒定速率，将工具从起始点的方位调整为目的点的方位。

③如果路径起始点和目的点的相关姿态相同，则在运动期间，相关姿态保持不变；如果起始点和目的点姿态不同，则自动调整姿态。图 3-3-12 表明了圆周运动期间的工具方位。

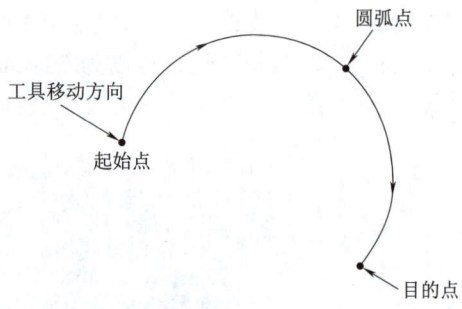

图 3-3-12　MoveC 控制 TCP 示意图

2）关于如何放置圆弧点和目的点，存在一些限制，如图 3-3-13 所示。其中，起始点与目的点之间的最小距离为 0.1 mm；起始点与圆弧点之间的最小距离为 0.1 mm；起始点的圆弧点与目的点之间的最小角度为 1°。

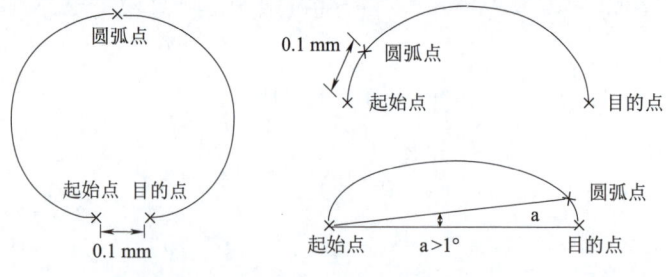

图 3-3-13　MoveC 指令关键点的设置限制

2. 利用 MoveC 指令实现整圆轨迹

一条 MoveC 指令只能编程小于 240°的圆弧，如遇整圆，至少需要两条 MoveC 指令才能实现，如图 3-3-14 所示。此时，需注意圆弧指令的中间点和终止点的确定不要出错。

```
MoveL p1, v500, fine, tool1;
MoveC p2, p3, v500, z20, tool1;
MoveC p4, p1, v500, fine, tool1;
```

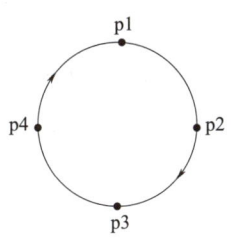

参数	含义
p1	圆弧的第一个点（另一圆弧的最后一个点）
p2	圆弧的第二个点
p3	圆弧的第三个点（另一圆弧的第一个点）
p4	圆弧的第二个点
tool1	工具坐标数据

图 3-3-14　MoveC 指令实现整圆轨迹的程序和关键点

3. ProcCall 调用例行程序

通过 ProcCall 指令调用对应的例行程序，当机器人执行到对应程序时，就会执行对应例行程序里的程序。一般在程序中指令比较多的情况，先创建对应的例行程序，再使用 ProcCall 指令实现调用，以便管理，如图 3-3-15 所示。

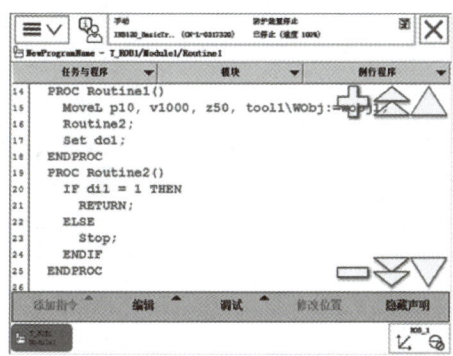

图 3-3-15　ProcCall 指令

4. 程序的导出及导入

ABB 机器人示教器右下角有 USB 接口，如图 3-3-16 所示，可利用 U 盘等移动设备将在 RobotStudio 中编制的程序以模块的形式保存，然后加载到示教器中，只需重新示教各个示教点即可完成实操。

图 3-3-16　USB 接口

任务实施

1. 程序的导入和导出操作

程序的导入和导出操作如表 3-3-7 所示。

表 3-3-7 程序的导入和导出操作

序号	操作步骤	图片说明
1	单击左上角主菜单按钮,选择"程序编辑器"选项	
2	单击"模块"按钮	
3	打开"文件"菜单,选择"加载模块…"选项,从"备份目录/RAPID"路径下加载所需要的程序模块	
4	选择模块的存放位置后,单击"确定"按钮	

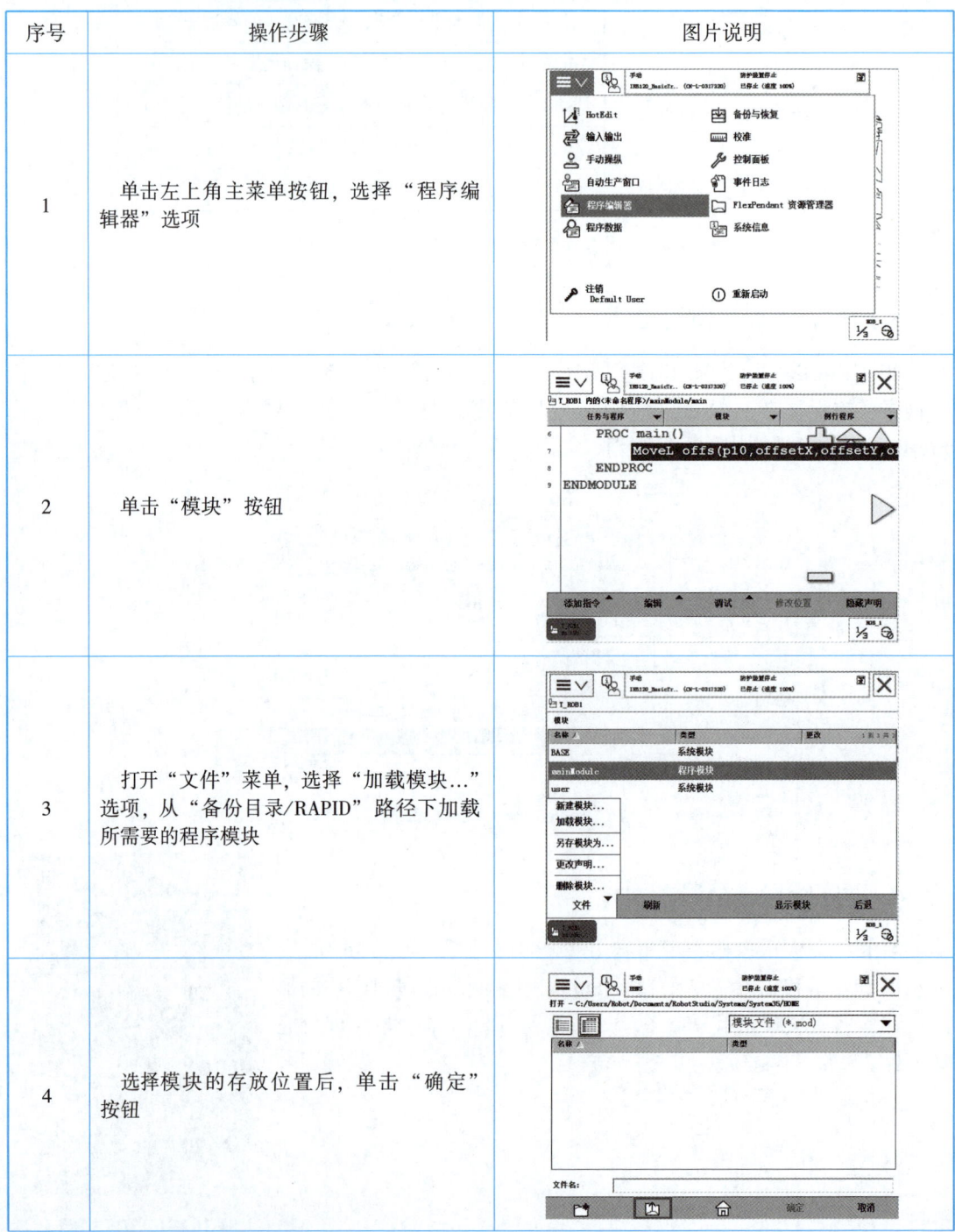

续表

序号	操作步骤	图片说明
5	单击"文件"菜单,选择"另存模块为…"选项	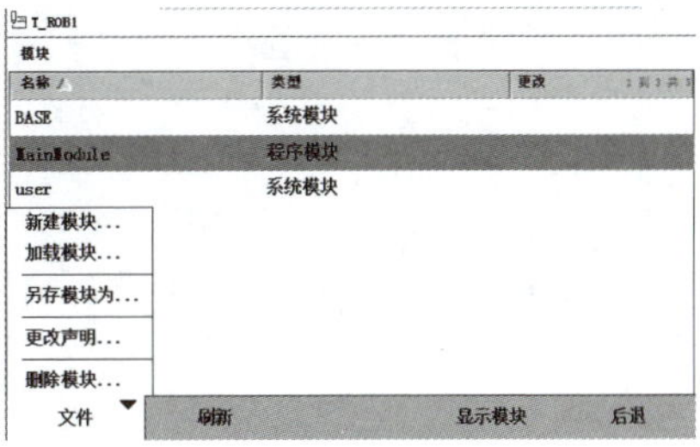
6	选定模块的存放位置后,单击"确定"按钮	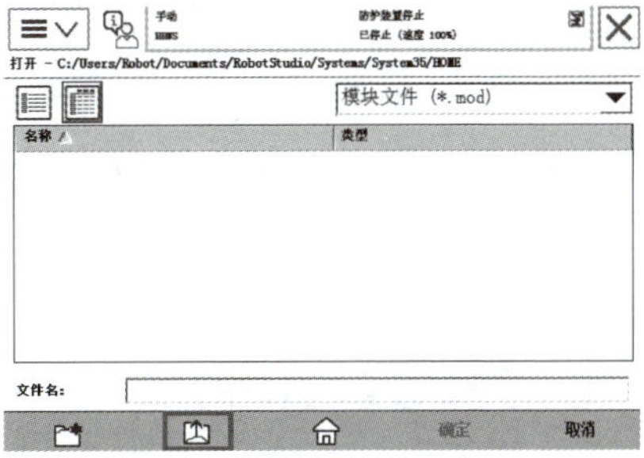

2. 圆形轨迹的编程步骤

圆形轨迹的编程步骤如表 3-3-8 所示。

表 3-3-8　圆形轨迹的编程步骤

序号	操作步骤	图片说明
1	单击左上角主菜单按钮,选择"手动操纵"选项	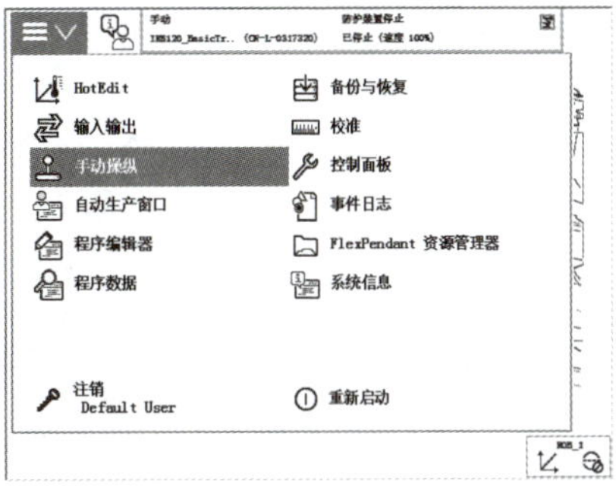
2	选择工具坐标为 BiTool；工件坐标为 wobj0	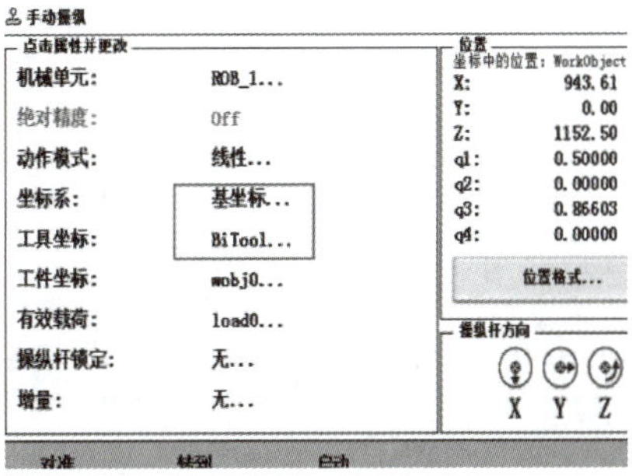

续表

序号	操作步骤	图片说明
3	新建名为"YuanXing"的例行程序	
4	添加机器人初始位置	
5	添加入刀点	
6	运动至圆形轨迹的第一个点	

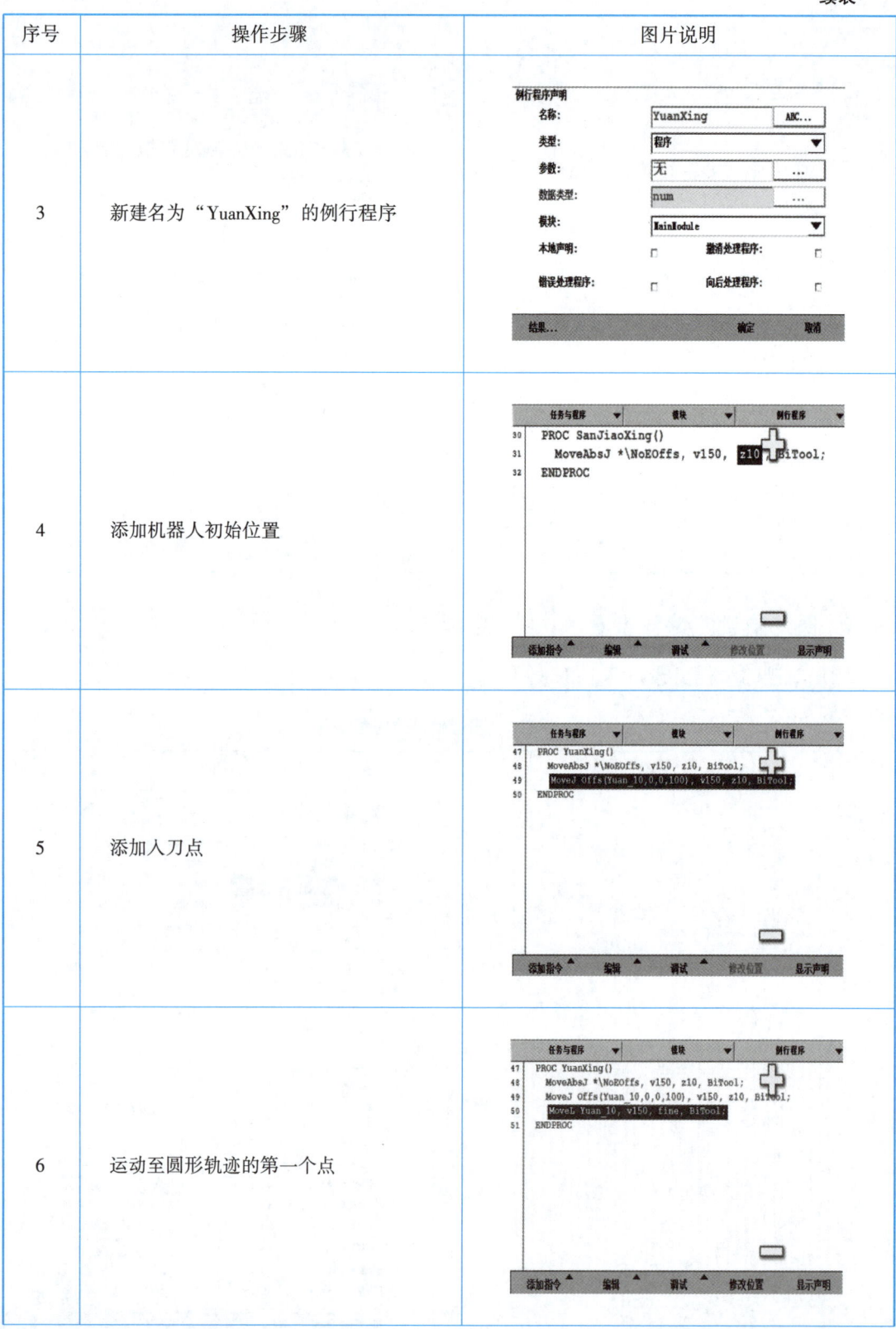

续表

序号	操作步骤	图片说明
7	运动至圆形轨迹的第二与第三个点	
8	运动至圆形轨迹的第四与第一个点，首尾封闭形成完整的圆形轨迹	
9	添加规避点	
10	回到机器人初始位置	

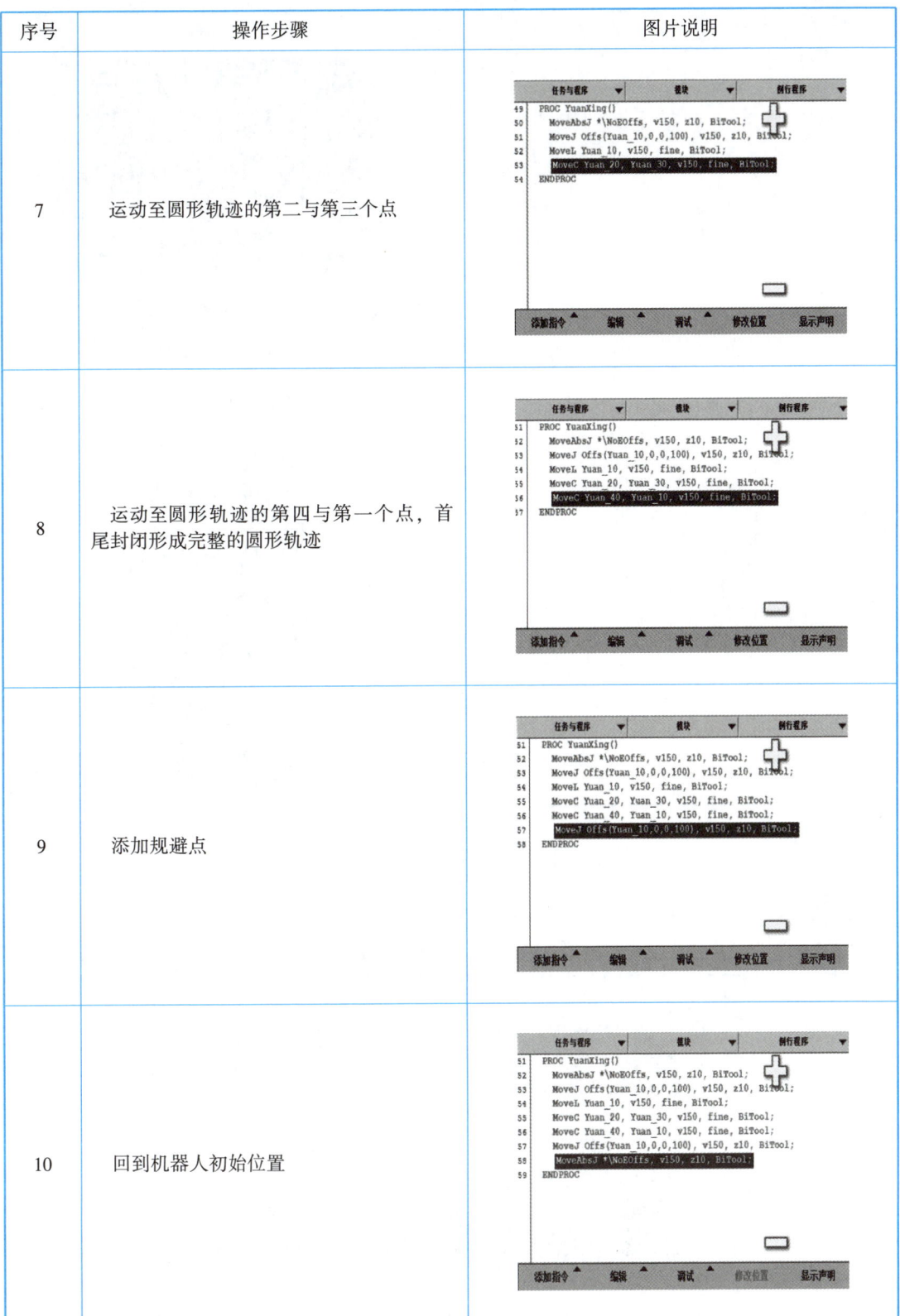

续表

序号	操作步骤	图片说明
11	依次将机器人移动至各示教点进行示教	
12	将指针移动至例行程序 YuanXing（），在手动方式下，按下使能键，单击程序开始按键运行程序	

3. 复杂轨迹的编程步骤

复杂轨迹运行

复杂轨迹的编程步骤如表 3-3-9 所示。

表 3-3-9 复杂轨迹的编程步骤

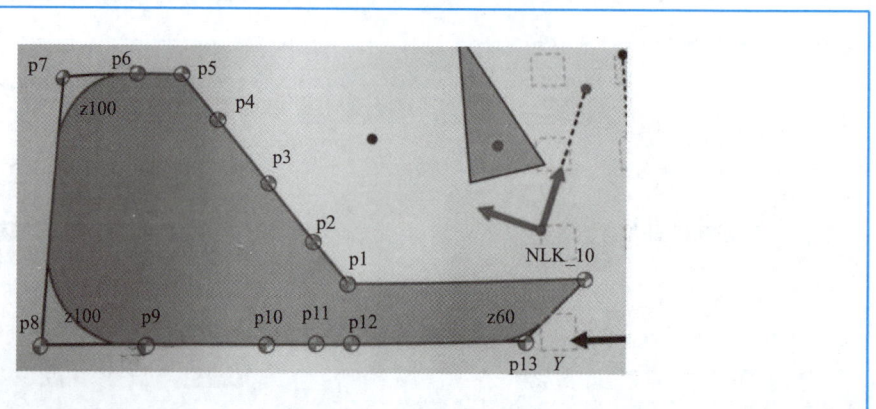

续表

序号	操作步骤	图片说明
1	单击左上角主菜单按钮，选择"手动操纵"	
2	选择工具坐标为 BiTool；工件坐标为 wobj0	
3	新建名为"NLK"的例行程序	
4	添加机器人初始位置和入刀点	
5	运动至内轮廓轨迹的第一个点"NLK_10"	

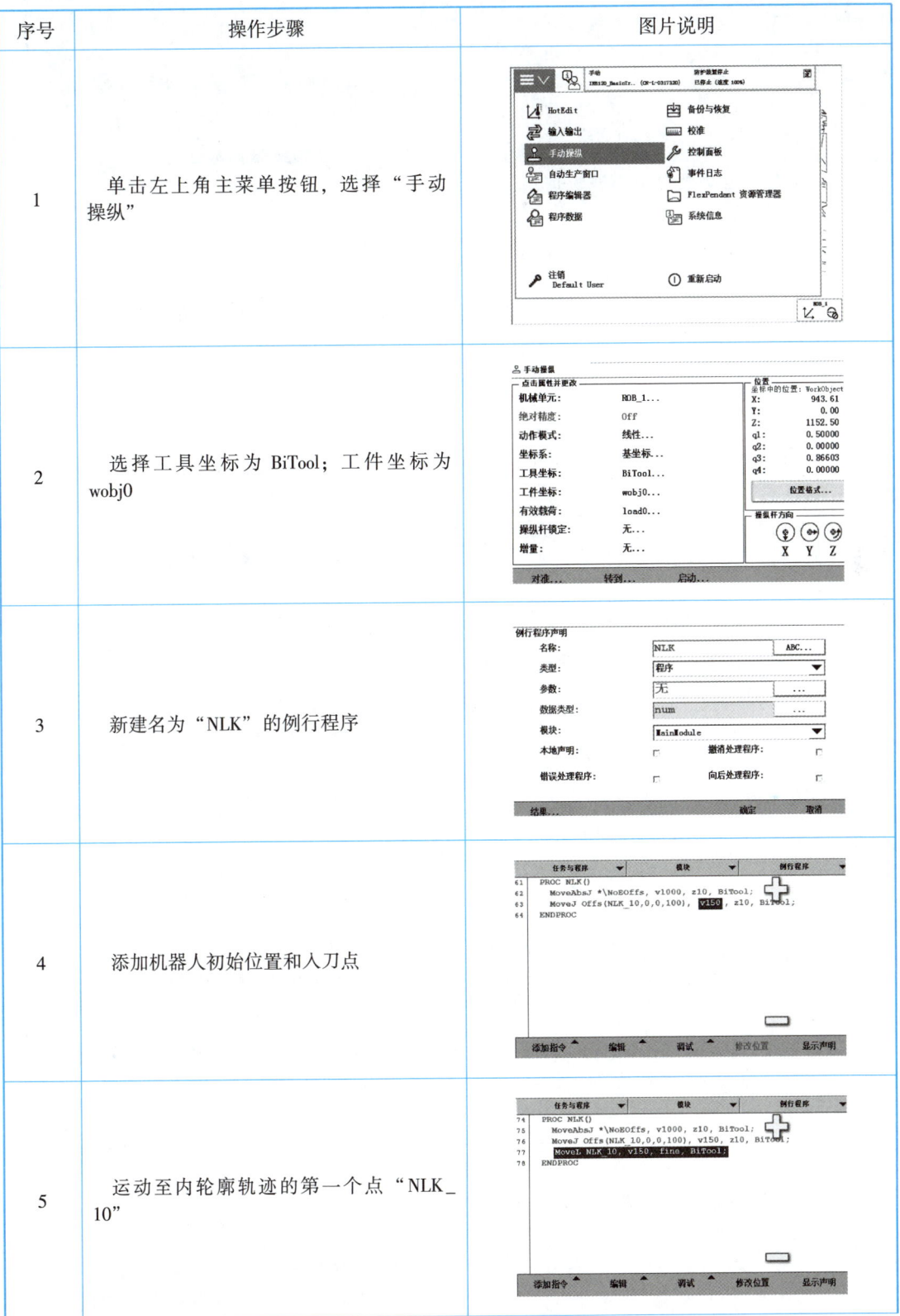

续表

序号	操作步骤	图片说明
6	直线运动至内轮廓轨迹的第二个点，"p1"	
7	p2~p7 点为空间圆弧，使用圆弧指令，从"p2"运动至"p7"	
8	p7~p8 为直线，使用直线运动指令运动至"p8"	
9	p9~p12 点为空间圆弧，使用圆弧指令，从"p9"运动至"p12"	
10	直线运动至内轮廓轨迹的第一个点，形成封闭轨迹	

续表

序号	操作步骤	图片说明
11	添加规避点	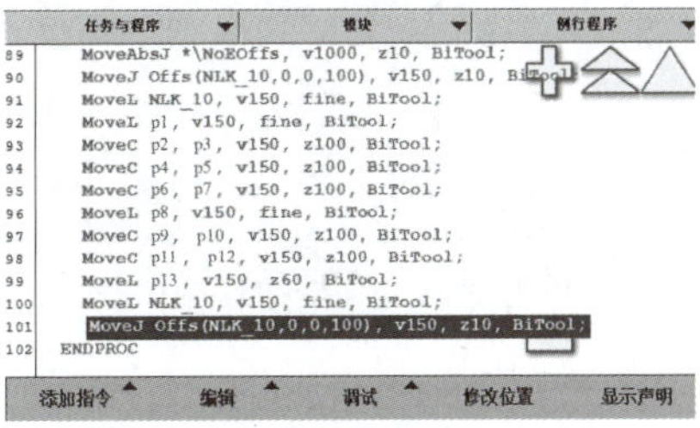
12	回到机器人起始点	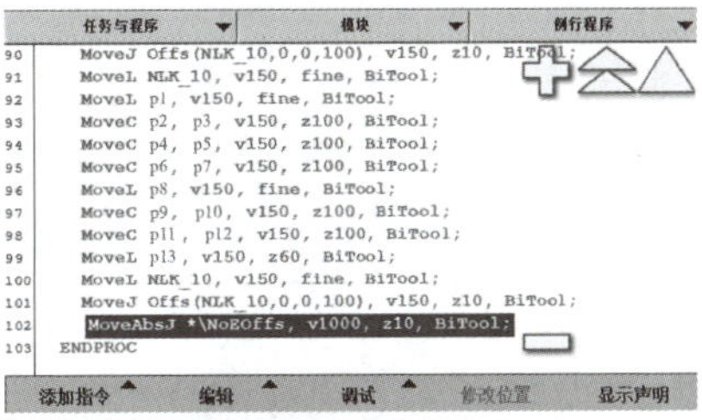
13	将指针移动至例行程序 NLK（），在手动方式下，按下使能键，单击程序开始按键运行程序	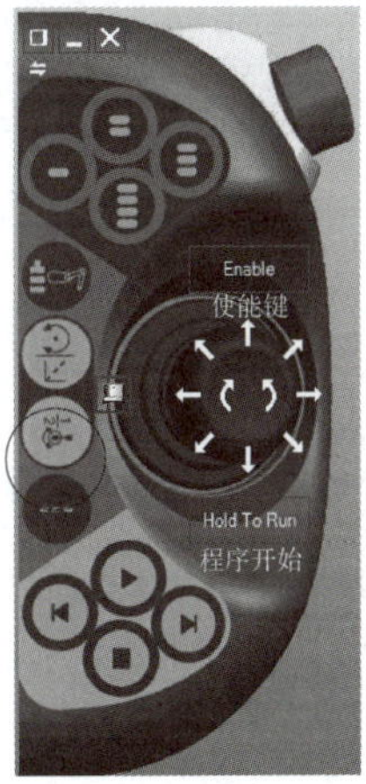

4. 程序自动运行

程序自动运行如表 3-3-10 所示。

表 3-3-10　程序自动运行

序号	操作步骤	图片说明
1	在手动状态下，完成了调试确认运动与逻辑控制正确之后，就可以将机器人系统投入自动运行状态。将状态钥匙左旋至左侧的自动状态	

续表

序号	操作步骤	图片说明
2	单击"确定"按钮，确认状态的切换	
3	单击"PP 移至 Main"，将 PP 指向主程序的第一句指令	
4	单击"是"按钮	
5	按下白色按钮，开启电动机。按下"程序启动"按钮	

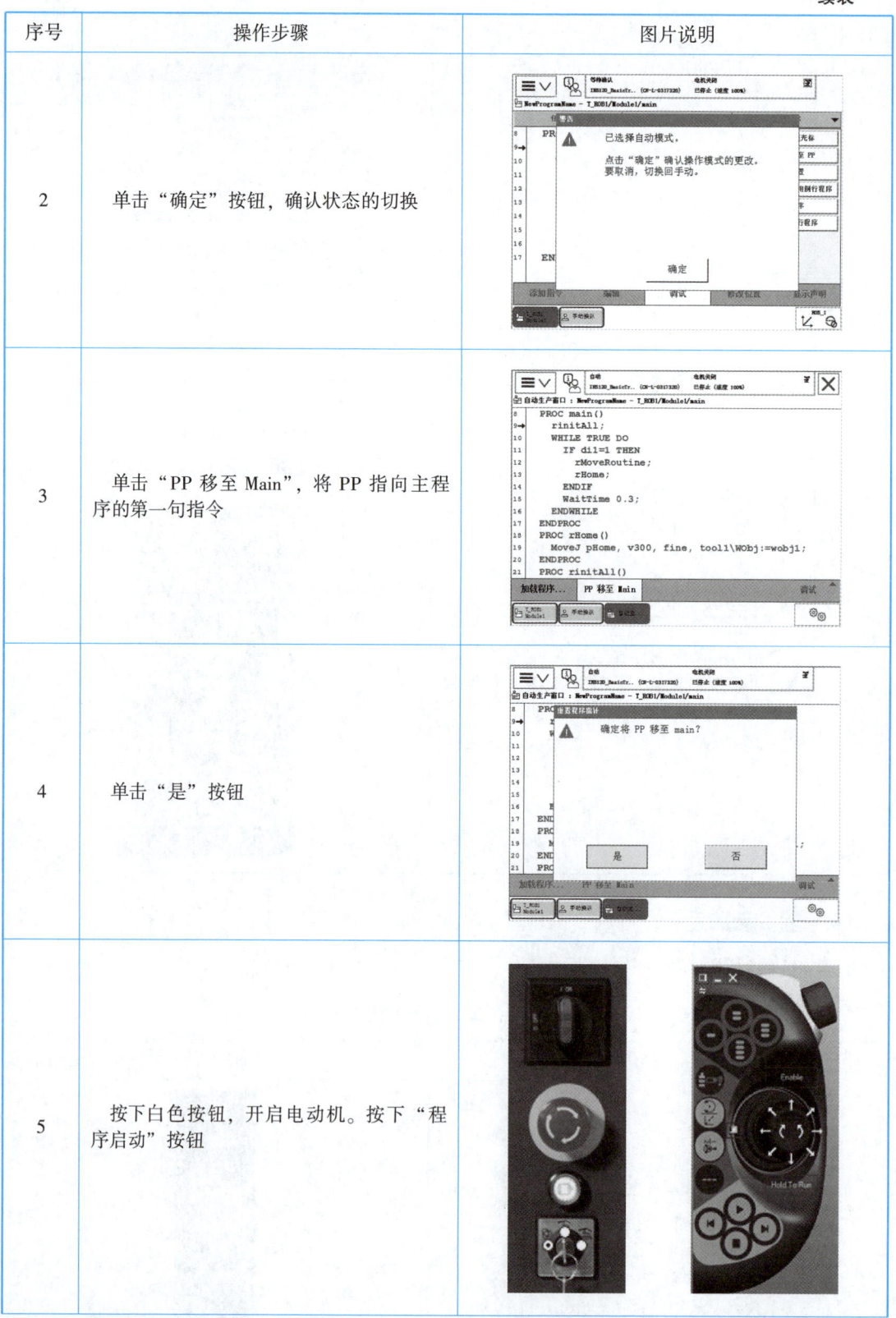

续表

序号	操作步骤	图片说明
6	这时，可以观察到程序已在自动运行过程中	
7	单击左下角"快捷菜单"按钮。单击"速度调整"按钮（第五个按钮），就可以在此设定程序中机器人运动的速度百分比	

任务评价

自评和互评：请按照下表对自己的操作进行自评，并邀请同组成员进行互评。

操作员姓名				
主题	评分标准	分值	自评得分	互评得分
模块和程序的创建（20分）	成功创建程序模块	10		
	成功创建例行程序	10		
轨迹的运行（70分）	轨迹运行路线从起始点开始；发生碰撞此项不得分	15		
	完成轨迹运行后回到起始点；发生碰撞此项不得分	9		
	按要求设定初始位置、缓冲点、轨迹运行点，缺少一项扣2分	21		
	验证：在手动模式下运行轨迹程序，设定轨迹运行速度为50 mm/s，轨迹偏离范围<5 mm（模式选择错误扣2分，轨迹运行速度设定错误扣2分，轨迹偏离范围>5 mm扣7分，发生碰撞此项不得分）	25		

续表

主题	评分标准	分值	自评得分	互评得分
职业素养（10分）	遵守实训纪律，无安全事故	2		
	工位保持清洁，物品整齐	2		
	着装规范整洁，佩戴安全帽	2		
	操作规范，爱护设备	2		
	尊重实训老师，服从安排	2		
违规扣分项	不服从实训安排（每次扣5分）			
	机器人与工作台等周围设备发生碰撞（每次扣5分）			
	画笔工具掉落（每次扣5分）			
合计		100		
操作员签名	年 月 日	评分员签字		年 月 日

拓展训练

任务要求：完成图 3-3-1 中两个三角形的编程与调试。要求：程序完整并设定初始位置和缓冲点；机器人运行时，空运行轨迹速度为 200 mm/s，真实轨迹运行速度为 50 mm/s；画笔与画板 Z 方向高度偏移 1~3 mm，笔尖不与画板实际接触；以手动操作模式验证程序。

思路 1：直接编写两个例行程序，分别示教两个三角形的关键点，完成此任务。

思路 2：利用工件坐标系实现两个三角形的简化编程。具体实现方法：分别对两个三角形建立工件坐标系（要求每个三角形在各自工件坐标系中的位置和姿态一致），然后对其中一个三角形进行编程和示教，复制例行程序以后修改为另一个三角形所在工件坐标系即可。

使用工件坐标系的优势：①重新定位工作站中的工件时，只需更改工件坐标系的位置，所有路径随之更新，如图 3-3-17 所示；②允许操作以外轴或传送导轨移动的工件，因为整个工件可连同其路径一起移动。

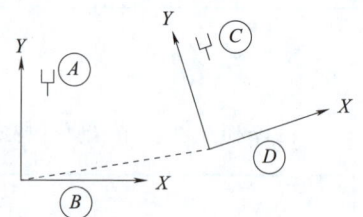

图 3-3-17 工件坐标系的应用
A—原始位置；B—工件坐标系；
C—新位置；D—位移坐标系

指令一：`MoveL p10,v100,fine,MyTool \WObj:=wobj1;`

指令二：`MoveL p10,v100,fine,MyTool \WObj:=wobj2;`

指令一和指令二的示教点都是 p10，不同的是工件坐标系。在坐标系 wobj1 下示教 p10 点，在执行指令二时会自动偏移到坐标系 wobj2 下运行。

原理是 ABB 工业机器人目标点位置数据记录的是当前工具坐标系相对于当前工件坐标系的位置和角度。

利用思路 2 实现拓展任务的步骤和示例程序：

步骤 1：分别给两个三角形创建工件坐标系 1（wobj1）和工件坐标系 2（wobj2）。

步骤 2：在手动操纵中自己的和工具坐标系和工件坐标系 1（wobj1），添加指令编写三角形 1 的程序并示教各目标点，调试运行程序。

示例程序如下。

```
PROC Triangle1()
    MoveAbsJ Home\NoEOffs,v200,z15,tool1\WObj:=wobj1;
    MoveJ Offs(p10,0,0,100),v200,z0,tool1\WObj:=wobj1;
    MoveL p10,v200,z0,tool1\WObj:=wobj1;
    MoveL p20,v50,z0,tool1\WObj:=wobj1;
    MoveL p30,v50,z0,tool1\WObj:=wobj1;
    MoveL p10,v50,z0,tool1\WObj:=wobj1;
    MoveL Offs(p10,0,0,100),v200,z0,tool1\WObj:=wobj1;
    MoveAbsJ Home\NoEOffs,v200,z15,tool1\WObj:=wobj1;
ENDPROC
```

步骤 3：复制三角形 1 的程序 Triangle1，修改其中工件坐标系 wobj1 为第二个三角形的工件坐标系 wobj2，调试并运行第二个三角形。

示例程序如下。

```
PROC Triangle1Copy()
    MoveAbsJ Home\NoEOffs,v200,z15,tool1\WObj:=wobj2;
    MoveJ Offs(p10,0,0,100),v200,z0,tool1\WObj:=wobj2;
    MoveL p10,v200,z0,tool1\WObj:=wobj2;
    MoveL p20,v50,z0,tool1\WObj:=wobj2;
    MoveL p30,v50,z0,tool1\WObj:=wobj2;
    MoveL p10,v50,z0,tool1\WObj:=wobj2;
    MoveL Offs(p10,0,0,100),v200,z0,tool1\WObj:=wobj2;
    MoveAbsJ Home\NoEOffs,v200,z15,tool1\WObj:=wobj2;
ENDPROC
```

任务工单

1）在编程之前对图3-3-18所示轨迹进行轨迹规划，在图中画出机器人工具运行轨迹。

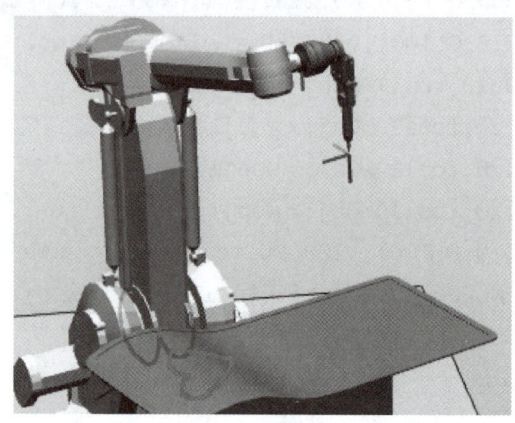

图3-3-18　任务工单3-3-1

2）理解机器人的运动指令。

①请解释指令参数含义：MoveL　ToPoint　Speed　Zone　Tool　WObj。

②对比分析MoveAbsJ指令、MoveJ指令和MoveL指令的异同点。

③解释Offs（〈EXP〉,〈EXP〉,〈EXP〉,〈EXP〉）中各参数的含义。

④写一下MoveC指令的特点。整圆轨迹可以用一条MoveC指令实现吗？为什么？

⑤在下面横线解释例行程序调用指令（ProcCall）的含义。

3）在下方写出自己编制的程序，并写明运动指令的主要参数。

___

4）在工作站完成点的示教和程序的调试，简要记录出现的问题。

___

5）任务评价。

自评和互评：请按照下表对自己的操作进行自评，并邀请同组成员进行互评。

主题	评分标准	分值	自评得分	互评得分
操作员姓名				
模块和程序的创建（20分）	成功创建程序模块	10		
	成功创建例行程序	10		
轨迹的运行（70分）	轨迹运行路线从起始点开始；发生碰撞此项不得分	15		
	完成轨迹运行后回到起始点；发生碰撞此项不得分	9		
	按要求设定初始位置、缓冲点、轨迹运行点，缺少一项扣2分	21		
	验证：在手动模式下运行轨迹程序，设定轨迹运行速度为50 mm/s，轨迹偏离范围<5 mm（模式选择错误扣2分，轨迹运行速度设定错误扣2分，轨迹偏离范围>5 mm扣7分，发生碰撞此项不得分）	25		
职业素养（10分）	遵守实训纪律，无安全事故	2		
	工位保持清洁，物品整齐	2		
	着装规范整洁，佩戴安全帽	2		
	操作规范，爱护设备	2		
	尊重实训老师，服从安排	2		
违规扣分项	不服从实训安排（每次扣5分）			
	机器人与工作台等周围设备发生碰撞（每次扣5分）			
	画笔工具掉落（每次扣5分）			
	合计	100		
操作员签名	年　月　日	评分员签字	年　月　日	

6）总结提升。

①本任务已经完成，写一写完成该任务的心得体会吧，并且请写出你对该任务的意见和建议。

___

___

___

②请回答下列问题巩固一下。

a）指令（   ）最方便回到6个轴的校准位置。
A. MoveL　　　　B. MoveJ　　　　C. MoveAbsJ　　　　D. Arcl

b）转角半径数据（   ）会使得运动更为流畅。
A. fine　　　　B. z10　　　　C. z0　　　　D. z50

c）机器人调试过程中，一般将其置于（   ）。
A. 自动状态　　　　B. 手动限速状态　　　　C. 手动全速状态

d）定义程序模块、例行程序、程序数据名称时不能使用系统占用符。（   ）可以作为自定义程序模块的名称。
A. ABB　　　　B. TEST　　　　C. BASE

e）RAPID程序中必不可少的程序名称为（   ）。
A. Home　　　　B. Main　　　　C. PROC

f）机器人执行一个圆形轨迹，至少需要执行_____条 MoveC 指令。

 项目总结

通过平面轨迹与曲面轨迹两个轨迹类编程任务的训练，掌握了程序模块和例行程序的创建与编辑，掌握 ABB 机器人运动指令 MoveL、MoveJ、MoveAbsJ、MoveC 的应用，同时掌握了 ABB 机器人手动与自动模式运行程序的方法。

项目四
工业机器人搬运工作站的编程与调试

项目情景

随着科技的进步以及现代化进程的加快，人们对搬运速度的要求越来越高，传统的人工码垛只能应用在物料轻便、尺寸和形状变化小、吞吐量小的场合，这已经远远不能满足工业的需求，机器人搬运及码垛应运而生。工业机器人搬运和码垛的应用，代替了人们在危险、有毒、低温、高热等恶劣环境中工作，如图 4-0-1 所示，帮助人们完成繁重、单调、重复的劳动，提高劳动生产率，保证产品质量。

图 4-0-1 工业机器人搬运

你的公司接到一个机器人搬运物料箱的任务，主要内容是机器人自动控制夹爪夹取和放置物料，将物料箱按不同要求从位置 A 搬运到位置 B。

这需要你掌握工业机器人点到点类应用（搬运、机床上下料等）的轨迹规划和程序编写方法，懂得使用 I/O 控制指令检测或者控制 I/O 信号，实现夹爪、吸盘等工具的自动取放工件功能，并且能够应用载荷数据 loaddata 使机器人在正确的状态工作。让我们开启本项目的学习之旅吧。

项目导图

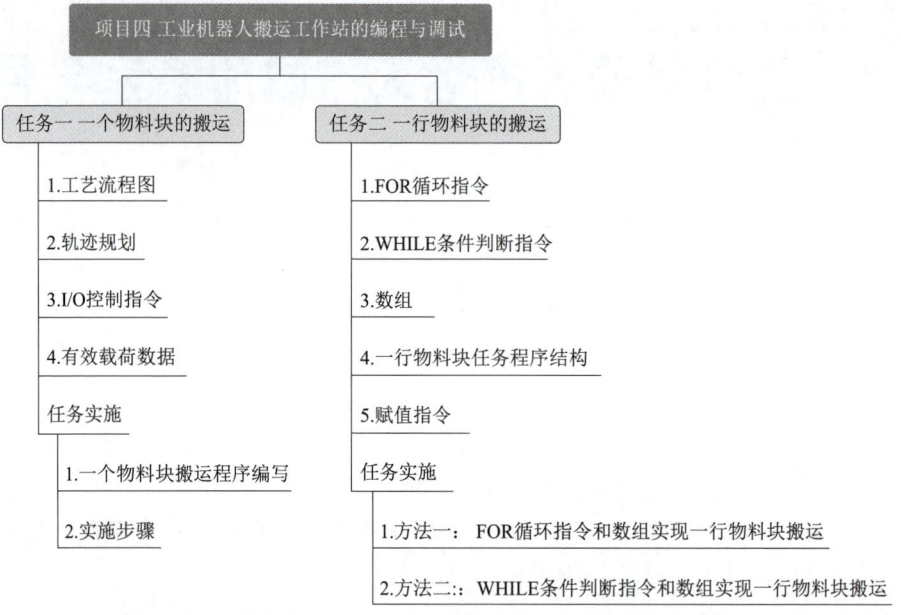

任务一　一个物料块的搬运

学习目标

素质目标：
1）培养学生做事情前预先做好计划和准备工作，养成"工欲善其事，必先利其器"的好习惯；
2）培养学生精益求精的工匠精神。

知识目标：
1）掌握物料块搬运时轨迹规划的一般方法；
2）理解 I/O 控制指令的参数含义及使用方法；
3）掌握机器人抓取和放置物料块的示教技巧；
4）掌握有效载荷数据 loaddata 的应用。

能力目标：
1）能够对物料块的搬运进行轨迹规划；
2）能够正确使用 I/O 控制指令控制夹爪的打开和关闭；
3）能够添加有效载荷数据 loaddata，使机器人在正确的状态下工作；
4）能够操作机器人快速准确地完成一个物料块的搬运。

任务描述

图 4-1-1 是搬运码垛工作站，本任务是编写机器人程序，实现机器人夹爪从流水线末

端搬起一个物料块，放在平台1的指定料仓位中。

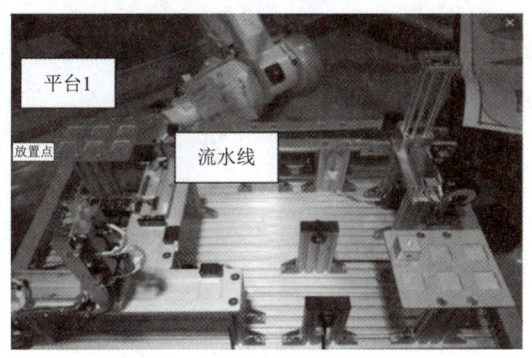

图 4-1-1　工业机器人搬运码垛工作站

任务分析

1. 工艺流程图

工艺流程图是后续编程实操的重要指导文件。本次任务的工艺流程图如图 4-1-2 所示，即机器人从 Home 点出发，首先判断夹爪是否处于松开状态，如果松开，机器人先运动到公共过渡点，之后运动到取料上方点，到达取料点，夹爪夹紧物料块，等待 1 s，待抓取稳定后，运动至取料上方点，之后机器人直接运动到放料上方点、放料点，完全到达放料点后夹爪松开放下物料块，并等待 1 s，之后机器人运动至取料上方点，返回公共过渡点，最后回到 Home 点，完成一个物料块的搬运。

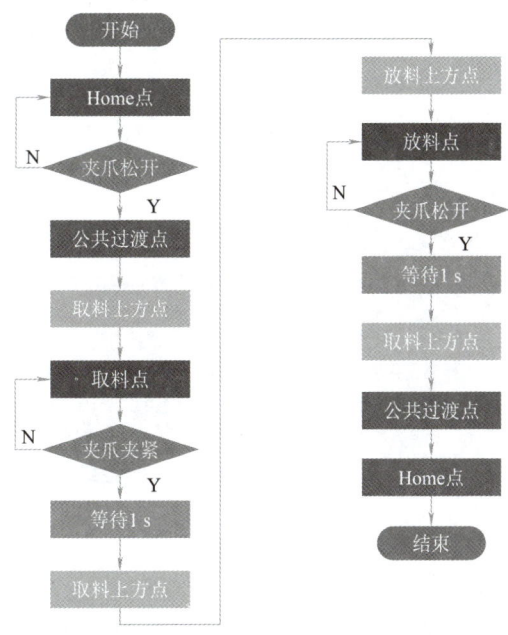

图 4-1-2　一个物料块搬运工艺流程图

2. 轨迹规划

工业机器人编程的本质是：用关键点把目标轨迹描述出来的过程，其核心是关键点的规划和选择。所以在收到任务之后，首先要做的是分析任务，对一个物料块的搬运进行相应的轨迹规划，去寻找一条从起始状态到目标状态的无碰撞路径，这样当机器人路径被妥当地规划好后，工业机器人便能高效执行任务。

在本次任务中，搬运轨迹从安全点 Home 点开始，在 p10 点夹取物料，中间经过若干过渡点，在 p20 点放下物料，并最终回到 Home 点，机器人规划的轨迹路径如图 4-1-3 所示。

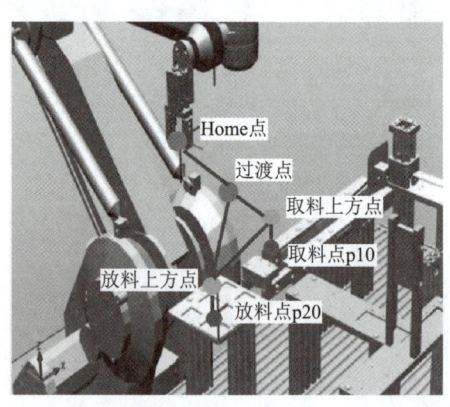

图 4-1-3　一个物料块搬运机器人路径轨迹规划图

3. I/O 控制指令

I/O 控制指令用于控制 I/O 信号，以达到与机器人周边设备进行通信的目的。在工业机器人工作站中，I/O 通信是很重要的学习内容，主要是指通过对 PLC 的通信设置来实现信号的交互。

（1）Set 数字信号置位指令

Set 数字信号置位指令用于将数字输出（Digital Output）置位为"1"。如图 4-1-4 所示的例行程序就是将数字输出信号 do1 置位。

（2）Reset 数字信号复位指令

Reset 数字信号复位指令用于将数字输出（Digital Output）复位为"0"。如图 4-1-5 所示的例行程序就是将数字输出信号 do1 复位。

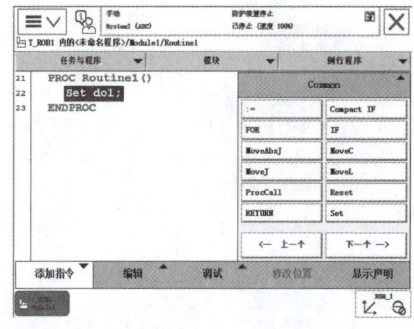

图 4-1-4　Set 数字信号置位指令

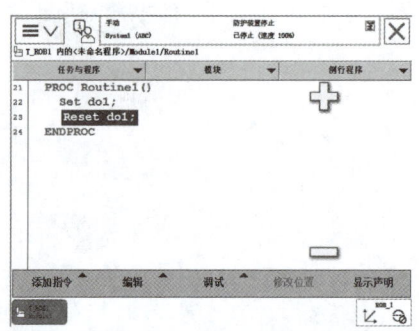

图 4-1-5　Reset 数字信号复位指令

注意：如果在 Set、Reset 指令前有运动指令 MoveL、MoveJ、MoveC、MoveAbsJ 的转弯区数据，必须使用 fine 才可以准确地输出 I/O 信号状态的变化。

（3）WaitDI 数字输入信号判断指令

WaitDI 数字输入信号判断指令用于判断数字输入信号的值是否与目标一致。如图 4-1-6 所示的例行程序表示：在程序执行此指令时，等待 di1 的值为 1，如果 di1 为 1，则程序继续往下执行；如果达到最大等待时间 300 s 后，di1 的值还不为 1，则机器人报警或进入出错处理程序。

（4）WaitDO 数字输出信号判断指令

WaitDO 数字输出信号判断指令用于判断数字输出信号的值是否与目标一致。如图 4-1-7 所示的例行程序表示：在程序执行此指令时，等待 do1 的值为 1，如果 do1 为 1，则程序继续往下执行；如果达到最大等待时间 300 s 后，do1 的值还不为 1，则机器人报警或进入出错处理程序。

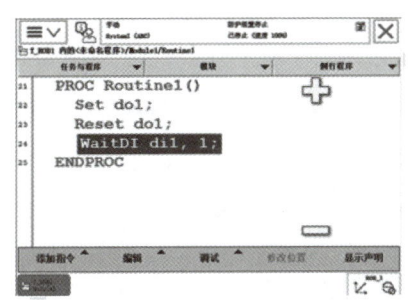 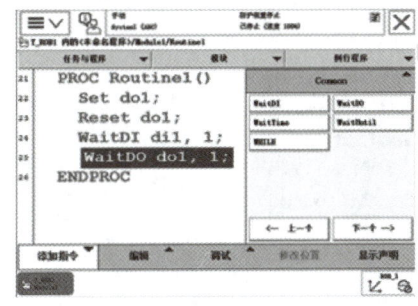

图 4-1-6　WaitDI 数字输入信号判断指令　　　图 4-1-7　WaitDO 数字输出信号判断指令

（5）WaitTime 时间等待指令

时间等待指令 WaitTime，用于程序在等待一个指定的时间后再继续向下执行。如图 4-1-8 所示的程序表示等待 4 s 后，程序向下执行指令。

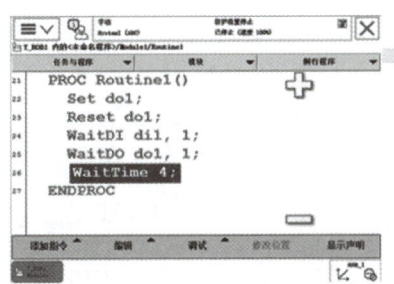

图 4-1-8　WaitTime 时间等待指令

4. 有效载荷数据

如果机器人是用于搬运的，就需要设置有效载荷 loaddata，因为对于搬运机器人，手臂承受的重力是不断变化的，所以要正确设置搬运对象的质量和重心数据 loaddata。有效载荷数据 loaddata 就记录了搬运对象的质量、重心的数据。如果机器人不用于搬运，则 loaddata 设置就是默认的 load0。有效载荷数据的设定步骤如下。

1）在手动操纵窗口中选择"有效载荷",单击"新建..."按钮,如图 4-1-9 所示。

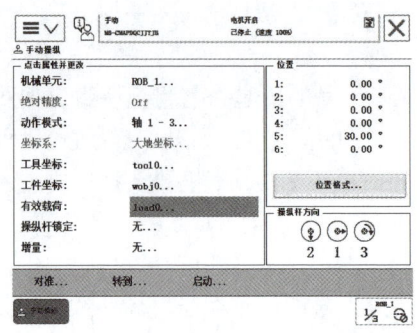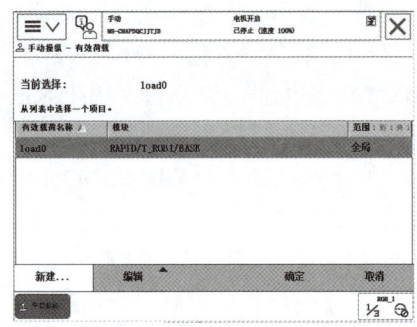

图 4-1-9　新建有效载荷

2）弹出有效载荷数据属性界面,对属性进行设定,单击"初始值"按钮,对有效载荷的数据根据实际情况进行设定,如图 4-1-10 所示,设置完成后单击"确定"按钮,完成有效载荷的新建。

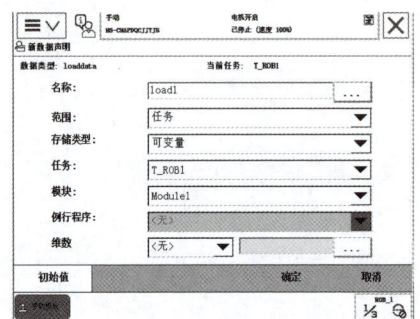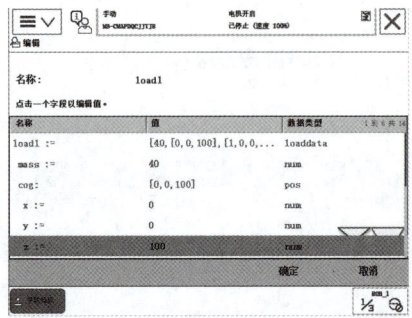

图 4-1-10　有效载荷设定

3）有效载荷设定完成后,需要在 RAPID 程序中根据实际情况进行实时调整调用。打开指令列表,在 Settings 中添加指令 GripLoad；双击 load0,选择新载荷数据 load1,然后单击"确定"按钮,如图 4-1-11 所示。

注意：有效载荷数据的重心偏移量参考的是 TCP 位置,而不是法兰盘位置；有效载荷数据也可以通过自动测量载荷功能进行测算,以保证使用准确的载荷数据。

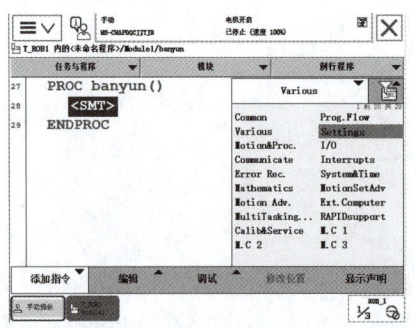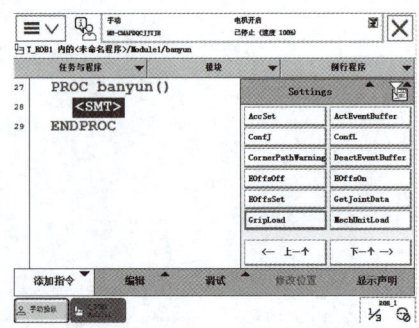

图 4-1-11　有效载荷在程序中的调用

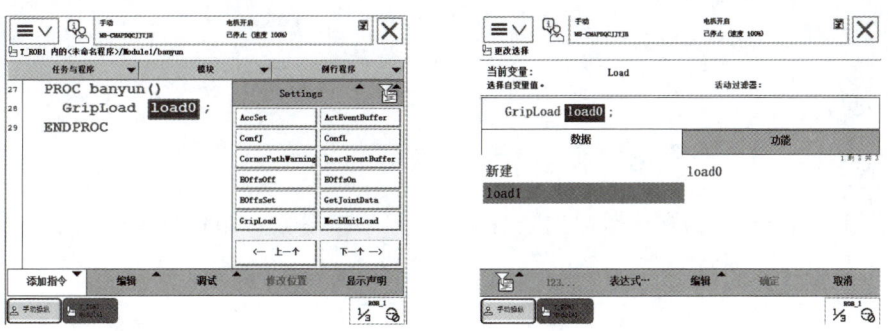

图 4-1-11 有效载荷在程序中的调用（续）

4）在搬运完成后，需要将搬运对象清除为 load0。

在本次任务中，搬运的物料块为很轻小的模型，物料块质量不足 0.2 kg，故本次搬运任务不涉及有效载荷数据。

任务实施

一个物料块的搬运

1. 一个物料块搬运程序编写

一个物料块搬运程序编写（程序仅供参考）如表 4-1-1 所示。

表 4-1-1　一个物料块搬运程序编写

序号	程序	含义
1	PROC banyun( )	程序名称
2	MoveAbsJ Home/NoEOffs,v200,fine,tool0;	运动至 Home 点
3	Reset do8	复位夹爪信号
4	MoveJ gd,v200,z20,tool0;	运动至公共过渡点 gd
5	MoveJ Offs(p10,0,0,100),v200,z0,tool0;	运动至抓取点 p10 上方 100 mm 处
6	MoveL p10,v100,fine,tool0;	运动至抓取点 p10
7	Set do8;	置位夹爪信号
8	WaitTime 1;	等待 1 s
9	MoveL Offs(p10,0,0,100),v100,z0,tool0;	运动至抓取点 p10 上方 100 mm 处
10	MoveL Offs(p20,0,0,100),v200,z0,tool0;	运动至放置点 p20 上方 100 mm 处
11	MoveL p20,v100,fine,tool0;	运动至放置点 p20
12	Reset do8	复位夹爪信号
13	WaitTime 1;	等待 1 s
14	MoveL Offs(p20,0,0,100),v200,z0,tool0;	运动至放置点 p20 上方 100 mm 处
15	MoveJ gd,v200,z20,tool0;	运动至公共过渡点 gd
16	MoveAbsJ Home/NoEOffs,v200,fine,tool0;	运动至 Home 点
17	ENDPROC	程序结束

2. 实施步骤

实施步骤如表 4-1-2 所示。

表 4-1-2　实施步骤

序号	操作步骤	图片说明
1	在示教器的主菜单界面上，单击"程序编辑器"选项	

续表

序号	操作步骤	图片说明
2	新建"Module1"程序模块	
3	新建例行程序"banyun"	
4	按照事先规划的机器人轨迹和工艺流程图完成程序的编写。其中利用 Offs 偏移指令到达取料点 p10 和放料点 p20 正上方 100 mm 位置，减少示教的工作量；编程时需要注意 Set、Reset 指令前的运动指令 MoveL 中转弯区数据，必须使用 fine 才可以准确地输出 I/O 信号状态的变化	
5	示教取料点 p10 和放料点 p20	

续表

序号	操作步骤	图片说明
6	测试程序	

任务评价

自评和互评：请按照下表对自己的操作进行自评，并邀请同组成员进行互评。

主题	评分标准	分值	自评得分	互评得分
	操作员姓名			
一个物料块的搬运（90分）	合理设置了机器人运动起始点，即 Home 点	5		
	合理设置了轨迹运行搬取点、码放点、初始参考点、终止参考点、安全过渡点等关键点	30		
	机器人能成功抓取一个物料块	20		
	机器人能成功放置一个物料块	15		
	一个物料块抓取和放置过程正确	20		
职业素养（10分）	遵守实训纪律，无安全事故	2		
	工位保持清洁，物品整齐	2		
	着装规范整洁，佩戴安全帽	2		
	操作规范，爱护设备	2		
	尊重实训老师，服从安排	2		
违规扣分项	不服从实训安排（每次扣5分）			
	机器人与工作台等周围设备发生碰撞（每次扣5分）			
	物料块掉落（每次扣5分）			
合计		100		
操作员签名	年 月 日	评分员签字		年 月 日

拓展训练

任务要求：如图 4-1-12 所示，从流水线末端依次搬起三个物料块，放满平台 1 的一行。

图 4-1-12　搬放一行物料块训练

任务工单

1）制定拓展训练任务的工艺流程图。

2）轨迹规划：在拓展训练一行物料块搬运和码垛过程中，一定要避免机器人工具与工作台发生碰撞，同时考虑到工作效率，请在图4-1-13中标出轨迹关键点，用笔勾画出机器人运动轨迹，并在轨迹旁标注拟选用的运动指令。

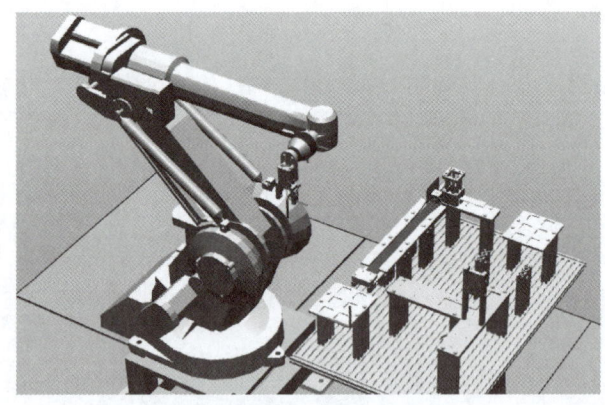

图4-1-13　标注轨迹关键点

3）程序编制：确定搬运各环节所用指令。
请将你选用的指令名称、含义、参数格式及使用方法写在下面横线上。

4）请操作示教器完成拓展训练程序的编写和各点的示教并进行程序调试，将程序和出现的问题记录在下方空白处。

5）任务评价。

自评和互评：请按照下表对自己的操作进行自评，并邀请同组成员进行互评。

主题	评分标准	分值	自评得分	互评得分
操作员姓名				
三个物料块的搬运（90分）	合理设置了机器人运动起始点，即 Home 点	5		
	合理设置了轨迹运行搬取点、码放点、初始参考点、终止参考点、安全过渡点等关键点	25		
	机器人成功搬运第一个物料块	15		
	机器人成功搬运第二个物料块	15		
	机器人成功搬运第三个物料块	15		
	三个物料块放置位置正确	15		
职业素养（10分）	遵守实训纪律，无安全事故	2		
	工位保持清洁，物品整齐	2		
	着装规范整洁，佩戴安全帽	2		
	操作规范，爱护设备	2		
	尊重实训老师，服从安排	2		
违规扣分项	不服从实训安排（每次扣5分）			
	机器人与工作台等周围设备发生碰撞（每次扣5分）			
	物料块掉落（每次扣5分）			
合计		100		
操作员签名	年　月　日	评分员签字		年　月　日

6）总结提升。

①本任务已经完成，写一写完成该任务的心得体会吧，并且请写出你对该任务的意见和建议。

_____

_____

_____

_____

②请回答下列问题巩固一下。

a）在完全到达 p10 后，置位输出信号 do1，则运动指令的转角半径应设为（　　）。

A. z0　　　　　　　B. z10　　　　　　　C. fine

b）机器人置位输出信号，常用（　　）指令。

A. Set　　　　　　 B. Reset　　　　　　C. On

c）判断：WaitTime 4 表示等待 400 ms 后程序继续运行。（　　）

任务二 一行物料块的搬运

学习目标

素质目标：
1）培养学生不怕繁琐、认真踏实、追求卓越的品质；
2）培养学生团队合作的素养。

知识目标：
1）掌握 FOR 循环指令的含义和调用方法；
2）掌握数组的含义和使用方法；
3）掌握 WHILE 条件判断指令的含义和使用方法。

能力目标：
1）能够使用 FOR 循环指令进行编程；
2）能够灵活使用数组进行编程；
3）能够利用 FOR 循环指令和数组实现一行物料块的搬运；
4）能够利用 WHILE 条件判断指令和数组实现一行物料块的搬运。

任务描述

本任务是在任务一：一个物料块搬运的基础上，编写机器人程序，完成工作站一行物料块的搬运，即机器人从传动带末端抓取物料块，将其放置在平台1的指定位置，码放一行，如图 4-2-1 所示。

图 4-2-1 一行物料块搬运

任务分析

1. FOR 循环指令

1）适用于一个或多个指令（程序）需要重复执行多次的情况。如图 4-2-2 所示的例行程序，i 为循环判断变量，FROM 后面的 1 是变量的起始值，3 是变量的终止值，变量的默认步长为 1，即每运行一次 FOR 循环里的语句，变量 i 的值就会增加 1，这里例行程序 by 会重复执行三遍。

2）本次任务中，机器人从传送带上抓取不同物料块的动作和轨迹是相同的，往不同料仓放置物料块的过程也是相同的，因此可以把一行物料块搬运的过程看作是一个物料块抓取和放置的过程重复了多遍。

把物料块的抓取和放置放在 FOR 循环里。因为工作台上一行有三个料仓位，所以变量 i 从 1 到 3，重复执行物料块抓取和放置三遍，程序结构如图 4-2-3 所示。

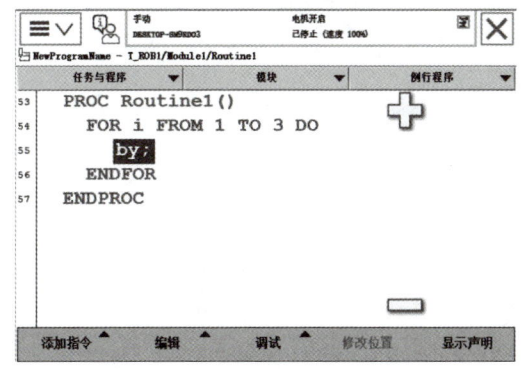 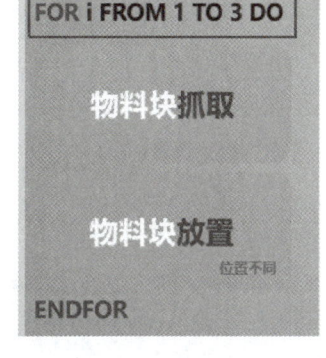

图 4-2-2　FOR 指令案例　　　　图 4-2-3　本任务中 FOR 指令的应用

2. WHILE 条件判断指令

WHILE 条件判断指令用于在给定条件满足的情况下，一直重复执行对应的指令。如图 4-2-4 所示的例行程序，当变量 i>5 的条件满足的情况下，就一直执行 i-1 的操作。

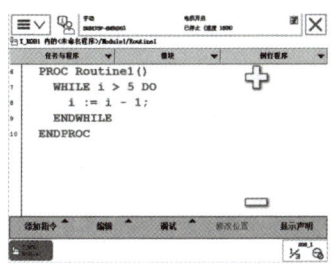

图 4-2-4　WHILE 指令案例

3. 数组

1）数组：相同数据类型的元素按一定顺序排列的集合。在程序设计中，为方便处理，把同类型的程序数据按有序的形式组织起来的一种形式。数组常见形式有一维数组、二维数组和三维数组。其中一维数组是最简单的。

2）在本次任务中，平台 1 上的三个放置点数据类型均为 robtarget，如图 4-2-5 所示，逻辑简单，故选用一维数组，把三个放置点的位置依次保存在数组元素中。

4. 一行物料块任务程序结构

数组是由若干元素组成的，所以使用带变量 i 的数组并结合 FOR 循环就可以实现数组中的元素一一遍历，如图 4-2-6 所示。

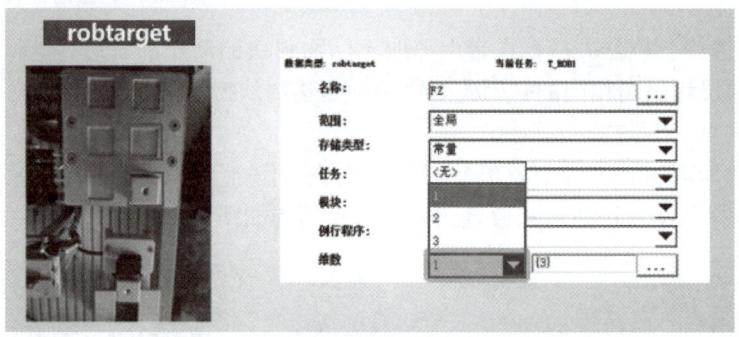

图 4-2-5　一行物料块任务中数组的应用

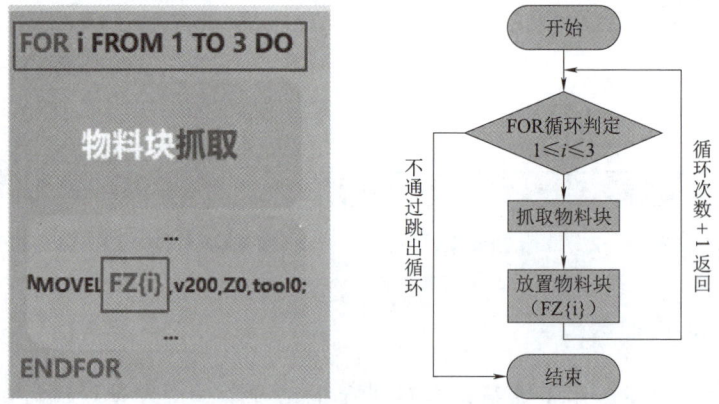

图 4-2-6　一行物料块任务程序结构

注意：同样，本次任务也可以利用二维数组和 WHILE 条件判断指令实现一行物料块的搬运。

5. 赋值指令

赋值指令用于对程序数据进行赋值，赋值可以是一个常量或数学表达式。例如，常量赋值：reg1:=5；数学表达式赋值：reg2:=reg1+4，以数学表达式赋值为例，赋值指令的使用方法如下。

1）在指令列表中选择":="，〈VAR〉处选中"reg2"，如图 4-2-7 所示。

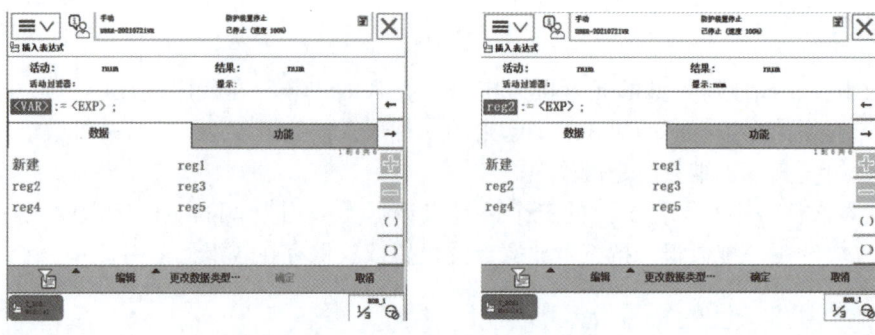

图 4-2-7　赋值指令的使用示例

2）选中"〈EXP〉",显示为高亮;选中"reg1",如图 4-2-8 所示。

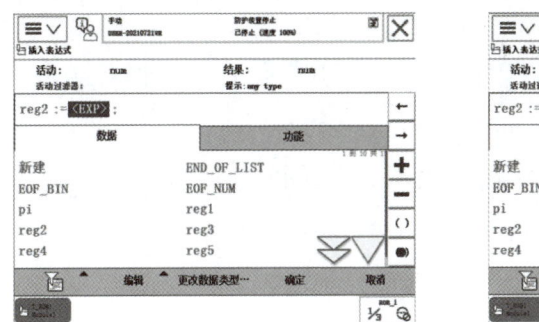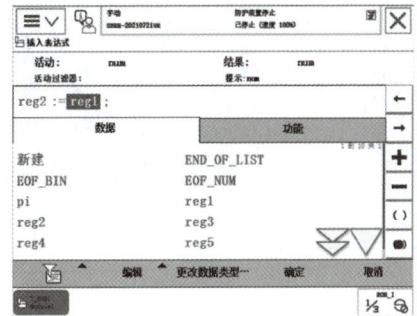

图 4-2-8　选中"〈EXP〉"及"reg1"

3）单击"+"按钮;选中"〈EXP〉",显示为高亮,打开"编辑"菜单,选择"仅限选定内容"选项,如图 4-2-9 所示。

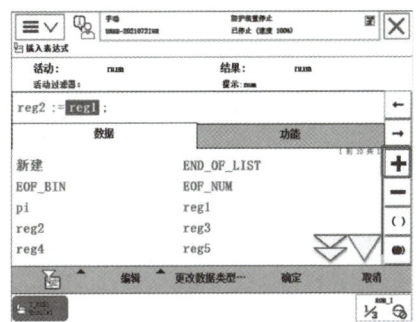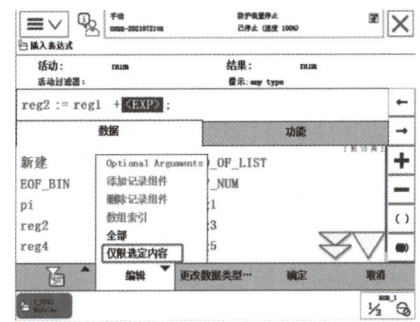

图 4-2-9　选择"仅限选定内容"选项

4）通过软键盘输入数字"4",然后单击"确定"按钮,即可添加完成数学表达式赋值程序。

任务实施

一行物料块的搬运

1. 方法一：FOR 循环指令和数组实现一行物料块搬运

（1）一行物料块搬运程序编写（程序仅供参考）

一行物料块搬运程序编写如表 4-2-1 所示。

表 4-2-1　一行物料块搬运程序编写

序号	程序	含义
1	PROC banyun( )	程序名称
2	MoveAbsJ Home/NoEOffs,v200,fine,tool0;	运动至 Home 点
3	Reset do8	复位夹爪信号
4	MoveJ gd,v200,z20,tool0;	运动至公共过渡点 gd
5	FOR i FROM 1 TO 3 DO	FOR 循环
6	MoveJ Offs(p10,0,0,100),v200,z0,tool0;	运动至抓取点 p10 上方 100 mm 处
7	MoveL p10,v100,fine,tool0;	运动至抓取点 p10
8	Set do8;	置位夹爪信号
9	WaitTime 1;	等待 1 s
10	MoveL Offs(p10,0,0,100),v100,z0,tool0;	运动至抓取点 p10 上方 100 mm 处
11	MoveL Offs(fang{i},0,0,100),v200,z0,tool0;	运动至放置点上方 100 mm 处
12	MoveL fang{i},v100,fine,tool0;	运动至放置点
13	Reset do8	复位夹爪信号
14	WaitTime 1;	等待 1 s
15	MoveL Offs(fang{i},0,0,100),v200,z0,tool0;	运动至放置点上方 100 mm 处
16	ENDFOR	结束 FOR 循环
17	MoveJ gd,v200,z20,tool0;	运动至公共过渡点 gd
18	MoveAbsJ Home/NoEOffs,v200,fine,tool0;	运动至 Home 点
19	ENDPROC	程序结束

（2）实施步骤

实施步骤如表 4-2-2 所示。

表 4-2-2 实施步骤

序号	操作步骤	图片说明
1	单击主菜单找到"程序数据",选择"全部数据类型"选项	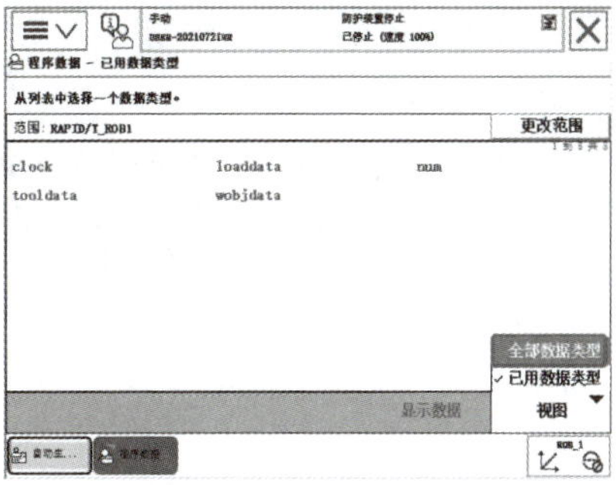
2	向下翻页,找到"robtarget"数据类型	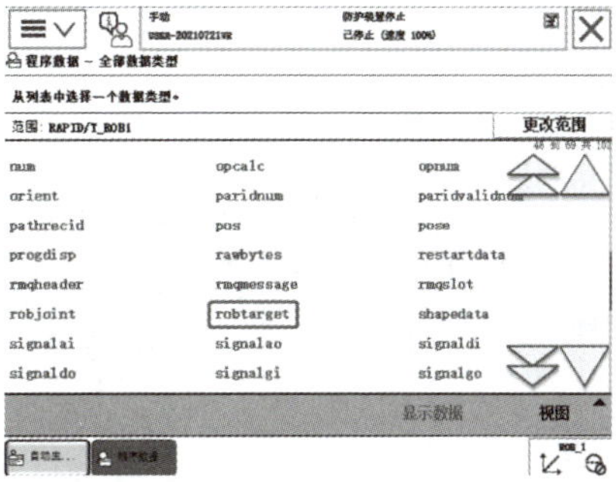
3	单击"新建"按钮,将该数据类型名称设置为"fang",在维数中选择"1",创建一维数组,数组大小设置为"3",单击"确定"按钮	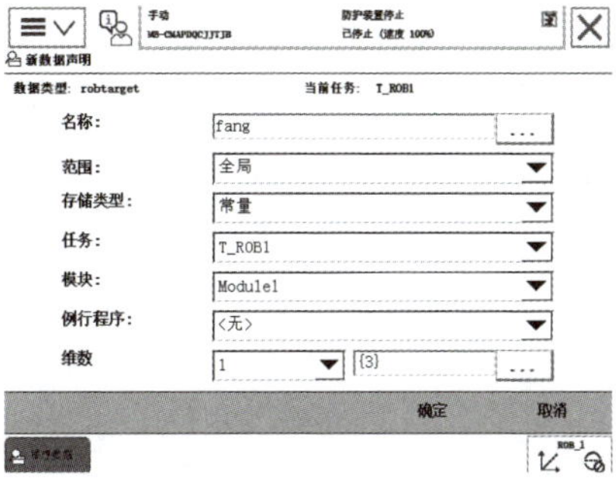
4	设置完成的数组"fang",如右图所示	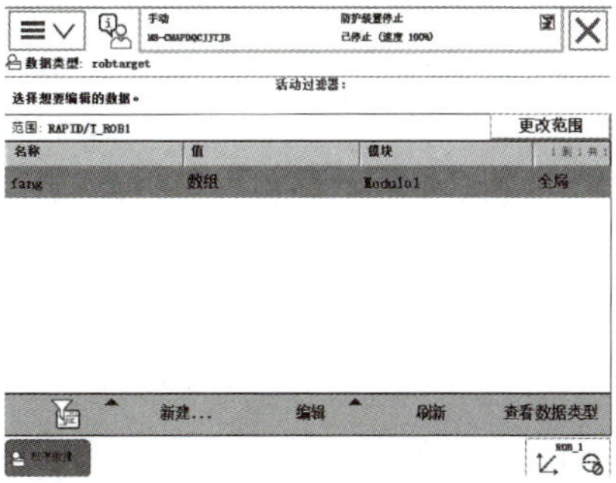

续表

序号	操作步骤	图片说明
5	双击数组"fang",会看到数组中的三个元素,单击"修改位置"按钮,即可将三个放置点的机器人位置存储在数组对应元素中	
6	将放置点用数组 fang{i} 代替,变量 i 表示数组中的三个元素	
7	添加 FOR 循环指令,变量为 i,变量范围为从 1 到 3	
8	剪切选中的程序段,将其粘贴至 FOR 循环内	

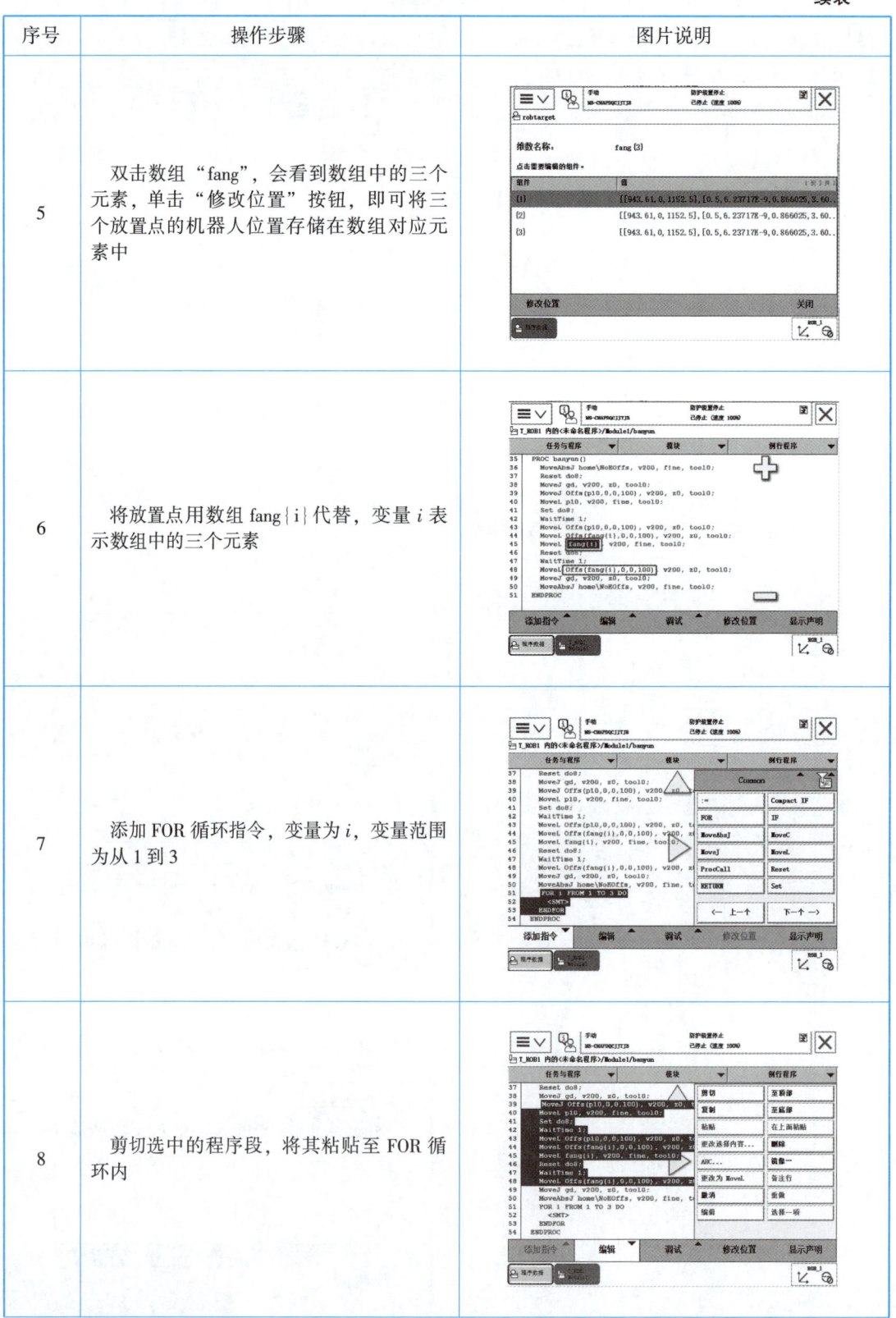

续表

序号	操作步骤	图片说明
9	剪切整个 FOR 循环，将其粘贴至过渡点处	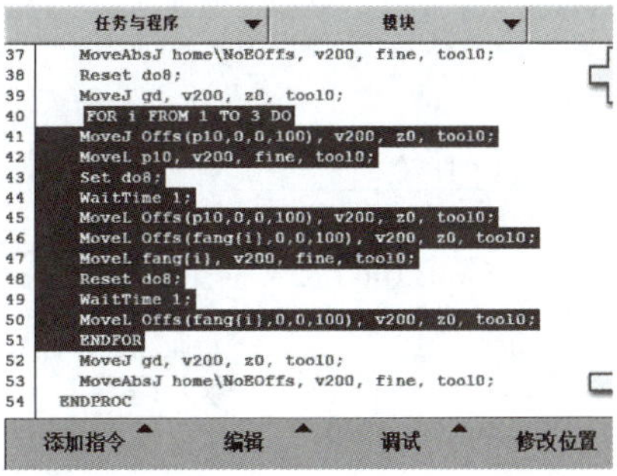
10	点位示教	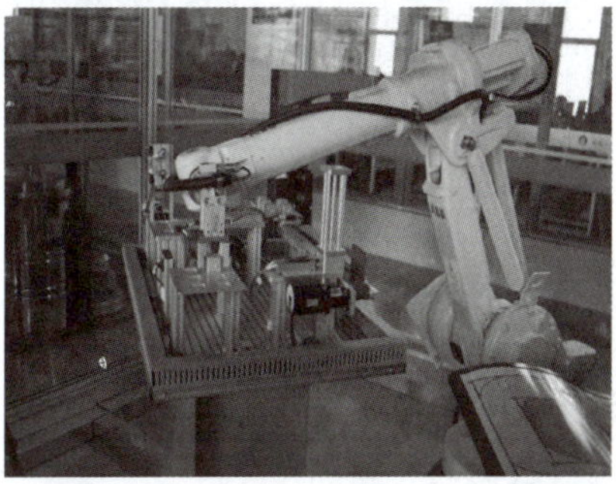
11	测试程序	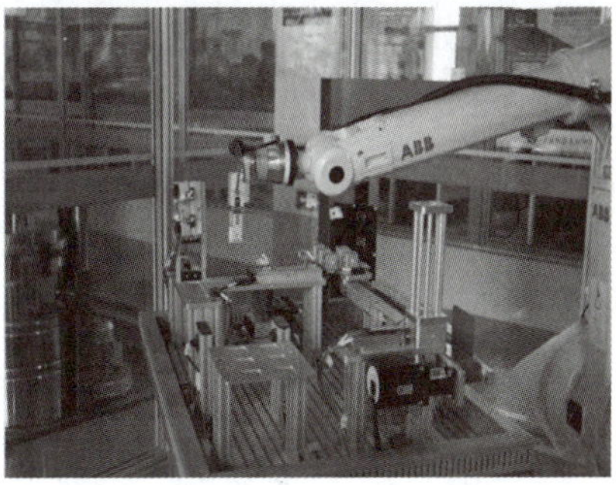

2. 方法二：WHILE 条件判断指令和数组实现一行物料块搬运

（1）一行物料块搬运程序编写（程序仅供参考）

一行物料块搬运程序编写如表 4-2-3 所示。

表 4-2-3　一行物料块搬运程序编写

序号	程序	含义
1	PROC banyun( )	程序名称
2	MoveAbsJ Home\NoEOffs,v200,fine,tool0;	运动至 Home 点
3	Reset do8	复位夹爪信号
4	reg1:=1;	给 num 型变量 reg1 赋初始值 1
5	MoveJ gd,v200,z20,tool0;	运动至公共过渡点 gd
6	WHILE reg1<4 DO	WHILE 条件判断指令

续表

序号	程序	含义
7	MoveJ Offs(p10,0,0,100),v200,z0,tool0;	运动至抓取点 p10 上方 100 mm 处
8	MoveL p10,v100,fine,tool0;	运动至抓取点 p10
9	Set do8;	置位夹爪信号
10	WaitTime 1;	等待 1 s
11	MoveL Offs(p10,0,0,100),v100,z0,tool0;	运动至抓取点 p10 上方 100 mm 处
12	MoveL Offs(p20,reg{reg,1},reg{reg,2},100),v200,z0,tool0;	运动至放置点上方 100 mm 处
13	MoveL Offs(p20,reg{reg,1},reg{reg,2},0),v200,fine,tool0;	运动至放置点
14	Reset do8	复位夹爪信号
15	WaitTime 1;	等待 1 s
16	MoveL Offs(p20,reg{reg,1},reg{reg,2},100),v200,z0,tool0;	运动至放置点上方 100 mm 处
17	ENDWHILE	结束 FOR 循环
18	MoveJ gd,v200,z20,tool0;	运动至公共过渡点 gd
19	MoveAbsJ Home/NoEOffs,v200,fine,tool0;	运动至 Home 点
20	ENDPROC	程序结束

（2）实施步骤

实施步骤如表 4-2-4 所示。

表 4-2-4 实施步骤

序号	操作步骤	图片说明
1	新建一个 num 型的数组程序数据	
2	选择数组维数为 2，并给它命名。{3，2}的含义是 3 排（或物料块总数），2 列（X 和 Y）	

续表

序号	操作步骤	图片说明
3	给数组"reg"赋值可这样定义：{1，1} 此处 1 代表 X 方向的偏移；{1，2} 此处 2 代表 Y 方向的偏移	维数名称：reg{3,2} {1,1} 0 {1,2} 0 {2,1} 51 {2,2} 0 {3,1} 102 {3,2} 0
4	放置点 p0 程序的编写	27 PROC Routine1() 28　MoveAbsJ *\NoEOffs, v100, z50, BiTool; 29　MoveL p50, v100, z50, BiTool; 30　MoveL p40, v100, z50, BiTool; 31　MoveC p20, p30, v100, z50, BiTool; 32　MoveL p10, v100, z50, BiTool; 33　MoveL p0, v100, z50, BiTool; 34 ENDPROC
5	选择 p0，选择功能选项中的"Offs"指令	MoveL p0, v100, z50, BiTool; CalcRobT　　CRobT MirPos　　　Offs ORobT　　　RelTool
6	"Offs"括号内 4 个值的含义分别是（参考点，X 方向的偏移量，Y 方向的偏移量，Z 方向的偏移量），这里需使用一个常量 reg1	Offs (p0 , reg { 1 , 2 } , 200 , 50) CalcRobT()　　CRobT() MirPos()　　　Offs() ORobT()　　　RelTool()
7	编写数组程序	56　MoveAbsJ home\NoEOffs, v200, fine, tool0; 57　Reset do8; 58　reg1 := 1; 59　MoveJ qd, v200, z0, tool0; 60　WHILE reg1 < 4 DO 61　　MoveJ Offs(p10,0,0,100), v200, z0, tool0; 62　　MoveL p10, v200, fine, tool0; 63　　Set do8; 64　　WaitTime 1; 65　　MoveL Offs(p10,0,0,100), v200, z0, tool0; 66　　MoveL Offs(p20,reg{reg1,1},reg{reg1,2},100), v200, z0, tool0; 67　　MoveL Offs(p20,reg{reg1,1},reg{reg1,2},0, fine, tool0; 68　　Reset do8; 69　　WaitTime 1; 70　　MoveL Offs(p20,reg{reg1,1},reg{reg1,2},100), v200, z0, tool0; 71　ENDWHILE 72　MoveJ qd, v200, z0, tool0; 73　MoveAbsJ home\NoEOffs, v200, fine, tool0; 74 ENDPROC

续表

序号	操作步骤	图片说明
8	点位示教	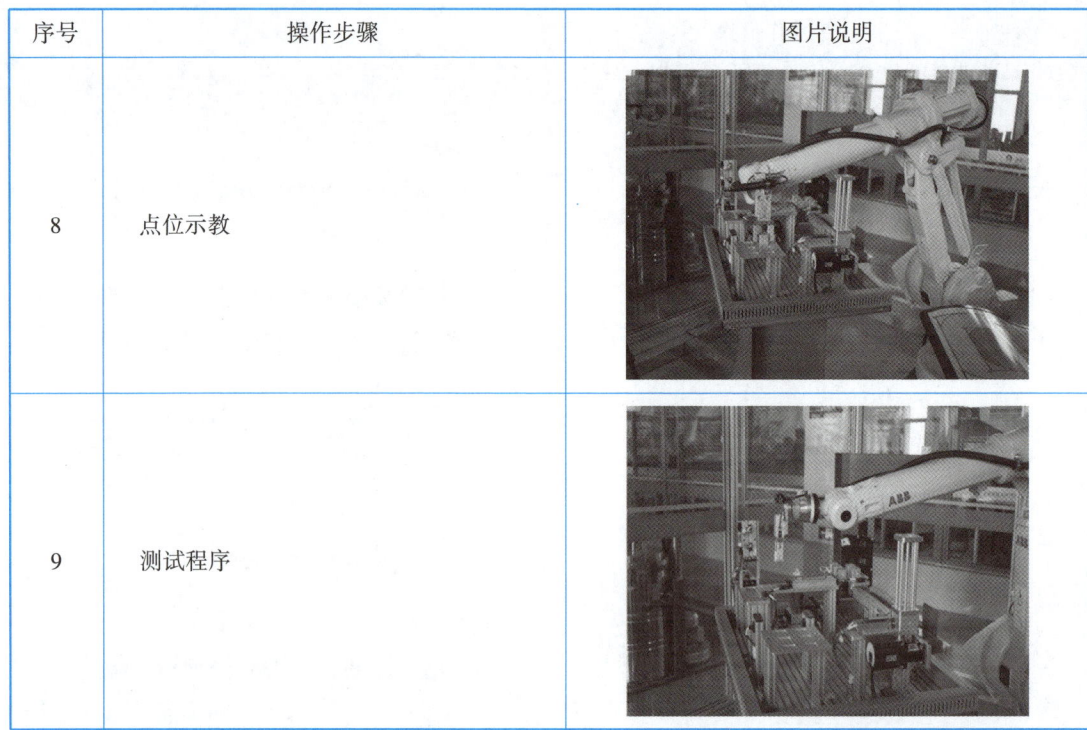
9	测试程序	

任务评价

自评和互评：请按照下表对自己的操作进行自评，并邀请同组成员进行互评。

主题	评分标准	分值	操作员姓名	
			自评得分	互评得分
利用数组和FOR循环指令完成一行物料块的搬运（45分）	合理设置了机器人运动起始点，即Home点	5		
	合理设置了轨迹运行搬取点、码放点、初始参考点、终止参考点、安全过渡点等关键点	10		
	机器人成功搬运第一个物料块	8		
	机器人成功搬运第二个物料块	8		
	机器人成功搬运第三个物料块	8		
	三个物料块放置位置正确	6		
利用数组和WHILE条件判断指令完成一行物料块的搬运（45分）	合理设置了机器人运动起始点，即Home点	5		
	合理设置了轨迹运行搬取点、码放点、初始参考点、终止参考点、安全过渡点等关键点	10		
	机器人成功搬运第一个物料块	8		
	机器人成功搬运第二个物料块	8		
	机器人成功搬运第三个物料块	8		
	三个物料块放置位置正确	6		

续表

主题	评分标准	分值	自评得分	互评得分
职业素养（10分）	遵守实训纪律，无安全事故	2		
	工位保持清洁，物品整齐	2		
	着装规范整洁，佩戴安全帽	2		
	操作规范，爱护设备	2		
	尊重实训老师，服从安排	2		
违规扣分项	不服从实训安排（每次扣5分）			
	机器人与工作台等周围设备发生碰撞（每次扣5分）			
	物料块掉落（每次扣5分）			
合计		100		
操作员签名	年　月　日	评分员签字	年　月　日	

拓展训练

任务描述：完成工作站一层物料块的搬运程序编写，即机器人从传动带末端抓取物料块，将其放置在平台1的指定位置，码放一层，如图4-2-10所示。

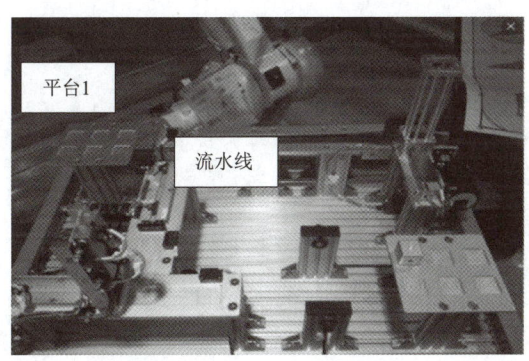

图4-2-10　一层物料块搬运

任务分析：如果按照任务二"一行物料块的搬运"的编程思路，利用FOR循环和数组实现3×2托盘一层物料块的搬运，只需将变量i的取值范围变成1~6，即精确地示教出6个放置点的位置，加上传送带上的取料点，至少需要示教7个精确点，如图4-2-11所示。

工业机器人在实际搬运或码垛过程中，可能一次性要将几十个工件按照一定的规律码放在一起，如果操作人员将几十个放置点都示教出来，不仅劳动强度大，同时示教的点位越多，示教的准确度可能会有所降低。

本项目中，工作台上各个料仓位沿X轴或者Y轴方向都是等距偏移的，故可以找一个位置作为基准点，通过偏移的方法找到其他放置点，来减少示教的工作量。

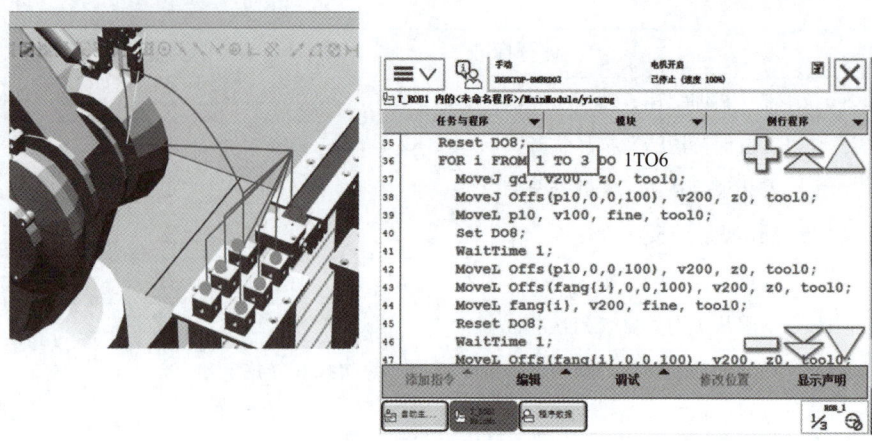

图 4-2-11 任务分析

1. Offs 偏移指令的应用

Offs 偏移指令是机器人 TCP 点在工件坐标里进行 X、Y、Z 方向上的精准偏移功能。

本项目中,在工作台上建立相应的工件坐标系,第 1 个放置点用 p1 表示,结合之前课程的学习,X 轴和 Y 轴上的放置点可以分别用 FOR 循环指令和带变量的偏移指令 Offs 来实现,如图 4-2-12 所示。

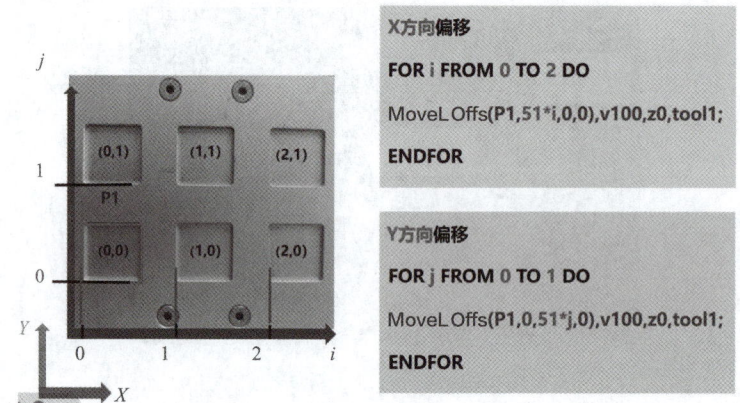

图 4-2-12 Offs 偏移指令的应用思路

2. FOR 循环嵌套的应用

利用 FOR 循环嵌套即可将 X、Y 方向的两个 FOR 循环组织在一起,具体编程思路如图 4-2-13 所示。

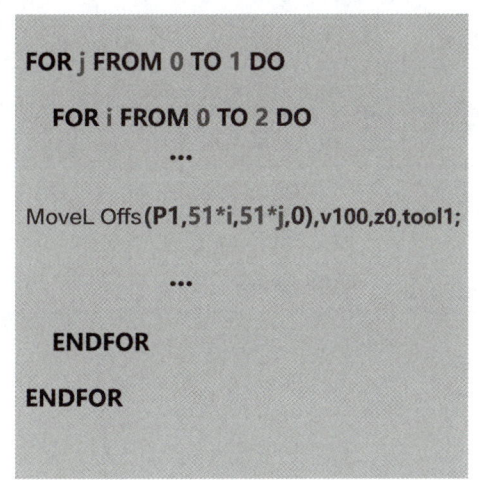
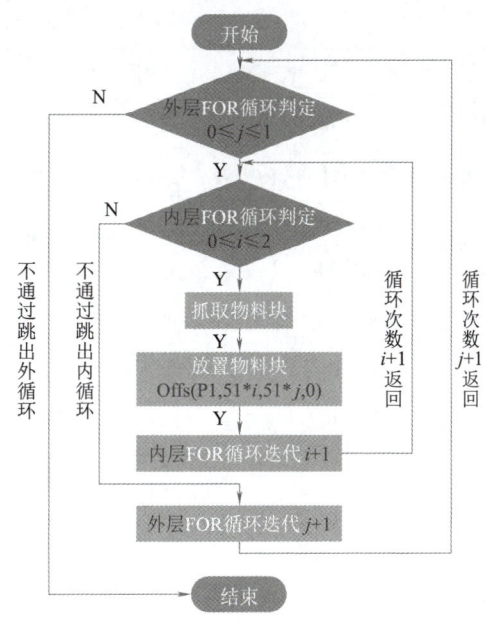

图 4-2-13　一层物料块任务编程思路

任务实施：一层物料块搬运程序编写

一层物料块搬运程序编写（程序仅供参考）如表 4-2-5 所示。

一层物料块的搬运与码垛

表 4-2-5　一层物料块搬运程序编写

序号	程序	含义
1	PROC banyun( )	程序名称
2	MoveAbsJ Home/NoEOffs,v200,fine,tool0;	运动至 Home 点
3	Reset do8	复位夹爪信号
4	MoveJ gd,v200,z20,tool0;	运动至公共过渡点 gd
5	FOR j FROM 0 TO 1 DO	外层 FOR 循环
6	FOR i FROM 0 TO 2 DO	内层 FOR 循环
7	MoveJ Offs(p10,0,0,100),v200,z0,tool0;	运动至抓取点 p10 上方 100 mm 处
8	MoveL p10,v100,fine,tool0;	运动至抓取点 p10
9	Set do8；	置位夹爪信号
10	WaitTime 1；	等待 1 s
11	MoveL Offs(p10,0,0,100),v100,z0,tool0;	运动至抓取点 p10 上方 100 mm 处
12	MoveL Offs(p20,51 * i,51 * j,100),v200,z0,tool0;	运动至放置点上方 100 mm 处
13	MoveL Offs(p20,51 * i,51 * j,0),v100,fine,tool0;	运动至放置点
14	Reset do8	复位夹爪信号

221

续表

序号	程序	含义
15	WaitTime 1;	等待 1 s
16	MoveL Offs(p20,51*i,51*j,100),v200,z0,tool0;	运动至放置点上方 100 mm 处
17	ENDFOR	结束内层 FOR 循环
18	ENDFOR	结束外层 FOR 循环
19	MoveJ gd,v200,z20,tool0;	运动至公共过渡点 gd
20	MoveAbsJ Home/NoEOffs,v200,fine,tool0;	运动至 Home 点
21	ENDPROC	程序结束

任务工单

1）制定拓展训练任务搬运一层物料块的工艺流程图。

2）轨迹规划：在拓展训练一层物料块搬运和码垛过程中，一定要避免机器人工具与工作台发生碰撞，同时要考虑工作效率，请在图4-2-14中标出轨迹关键点，用笔勾画出机器人运动轨迹，并在轨迹旁标注拟选用的运动指令。

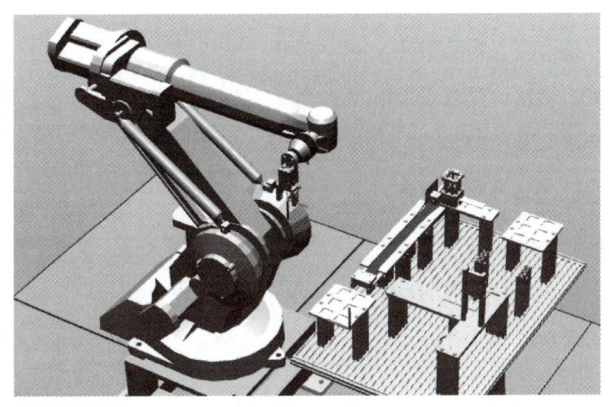

图 4-2-14 轨迹关键点

3）程序编制：确定搬运各环节所用指令。
请将你选用的指令名称、含义、参数格式及使用方法写在下面横线上。

4）请操作示教器完成拓展训练程序的编写和各点的示教并进行程序调试，并将程序和出现的问题记录在下方空白处。

223

5）任务评价。

自评和互评：请按照下表对自己的操作进行自评，并邀请同组成员进行互评。

主题	评分标准	分值	操作员姓名	
			自评得分	互评得分
6个（一层）物料块的搬运（90分）	合理设置了机器人运动起始点，即 Home 点	5		
	合理设置了轨迹运行搬取点、码放点、初始参考点、终止参考点、安全过渡点等关键点	20		
	成功夹起6个物料块	15		
	成功放下6个物料块到规定位置	30		
	6个物料块放置位置正确	20		
职业素养（10分）	遵守实训纪律，无安全事故	2		
	工位保持清洁，物品整齐	2		
	着装规范整洁，佩戴安全帽	2		
	操作规范，爱护设备	2		
	尊重实训老师，服从安排	2		
违规扣分项	不服从实训安排（每次扣5分）			
	机器人与工作台等周围设备发生碰撞（每次扣5分）			
	物料块掉落（每次扣5分）			
合计		100		
操作员签名	年 月 日	评分员签字	年 月 日	

6）总结提升。

①本任务已经完成，写一写完成该任务的心得体会吧，并且请写出你对该任务的意见和建议。

②请回答下列问题巩固一下。

a）多个物料块的搬运程序编写可以考虑用循环类指令，如 FOR 等。（   ）

b）编写好程序时应该先单步运行程序以验证程序的正确性。（   ）

c）手动运行程序时需要一直按下使能键。（   ）

项目总结

通过项目四工业机器人搬运工作站的编程与调试，掌握物料块拾取和放置的工业机器人示教技巧，掌握循环指令、条件判断指令、数组等的灵活应用；能够根据任务要求，灵活选择不同的方法快速高效地完成搬运的任务。

项目五

工业机器人码垛工作站的编程与调试

项目情景

工业机器人码垛主要应用于生产作业后段包装和物流产业，码垛的意义在于依据集成单元化的思想，将成堆的物品通过一定的模式码成垛，使得物品容易搬运、码垛拆垛以及存储。在物体的运输过程中，除了散装的或者液体物品以外，一般的物品均是按照码垛的形式进行存储、运送，以便节约空间，承接更多的货物，如图5-0-1所示。

图 5-0-1　工业机器人搬运码垛

传统的码垛都是由人工来完成的，这种码垛存储方式在很多情况下无法适应当今高科技发展，当生产线速度过高或者产品的质量过大，人力就难以满足要求，而且利用人力来进行码垛，所要求的人数多，所付出的劳动成本很高，然而还不能提高生产效率。

为了提高搬运的效率，提高码垛的质量，节约劳动成本，保障企业员工的人身安全，工业机器人搬运码垛的应用将会越来越广泛。搬运码垛机器人具有以下特点。

1) 可以进行高精度的包装工作；
2) 针对企业量身定制，工作效率很高；
3) 与流水线配合紧密。

你所在公司接到一个物料的码垛任务，物料形状主要为长方体，需要根据要求进行不同形式的码放。

这需要你掌握逻辑判断指令 WHILE 及 IF、Compact IF，跳转指令 RETURN、GOTO、Label，TEST 等指令的应用，以及 RelTool 函数的应用等。让我们开启本项目的学习之旅吧。

项目五 工业机器人码垛工作站的编程与调试

任务一 物料块的重叠式码垛

学习目标

素质目标：

1）具有较高的专业认同感；
2）具备精益求精的工匠精神；
3）具有团队协作的素养。

知识目标：

1）了解什么是重叠式码垛；
2）掌握重叠式码垛轨迹规划的一般方法；
3）掌握逻辑判断指令 WHILE 及 IF、Compact IF 的调用方法和含义；
4）掌握跳转指令 RETURN、GOTO、Label 的调用方法和含义。

能力目标：

1）能够使用逻辑判断指令 WHILE 及 IF、Compact IF 进行编程；

2) 能够使用跳转指令 RETURN、GOTO、Label 进行编程;
3) 能够对重叠式码垛任务进行轨迹规划及程序编写。

任务描述

如图 5-1-1 所示,工业机器人从带倾斜角的取料台上抓取物料块,将其码放至码放区的平台上,机器人分两层码放物料块,每层以指定顺序码放 3 块,总计 6 块。利用 ABB 工业机器人创建程序模块,编写工业机器人程序,实现上述工件码垛。要求:程序完整并设定初始位置和缓冲点;机器人运行时,空运行轨迹速度为 200 mm/s,真实轨迹运行速度为 50 mm/s;以手动操作模式验证程序,验证完成后自动运行。

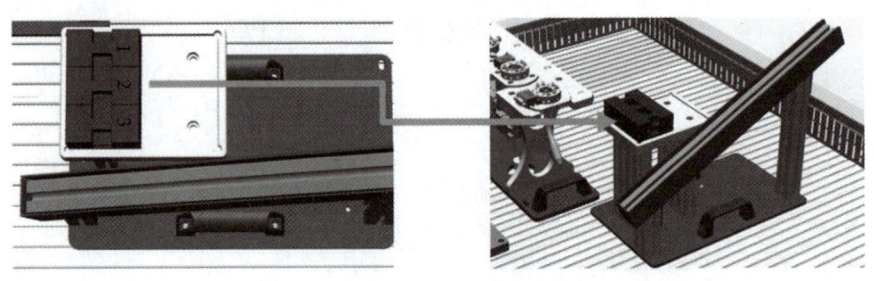

图 5-1-1　任务描述

任务分析

1. 重叠式码垛

重叠式码垛是指托盘上货物各层以相同的方式码放,上下完全相对,各层之间不会出现交错的现象,如图 5-1-2 所示。这种码垛方式的优点是作业方式简单,作业速度快,而且包装物的四个角和边垂直并重叠,承载能力大,能承受较大的荷重,同时在货体面积较大的情况下,可保证有足够的稳定性。这种方式的缺点是各层面之间只是简单地排放,缺少咬合,在货体底面积不大的情况下,稳定性不够,易发生塌垛。

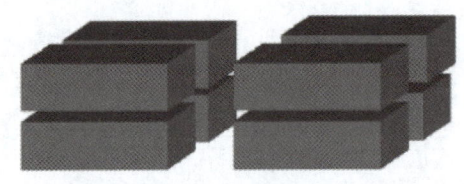

图 5-1-2　重叠式码垛

2. 逻辑判断指令

(1) WHILE 条件判断指令

WHILE 条件判断指令,用于在给定条件满足的情况下,一直重复执行对应的指令。图 5-1-3 中程序表示:当 num1>num2 条件满足的情况下,就一直执行 num1:=num1-1 的操作。

(2) Compact IF 紧凑型条件判断指令

Compact IF 紧凑型条件判断指令用于当一个条件满足了以后,就执行一句指令。图 5-1-4 中程序表示:如果 flag1 的状态为 TRUE,则 do1 被置位为 1。

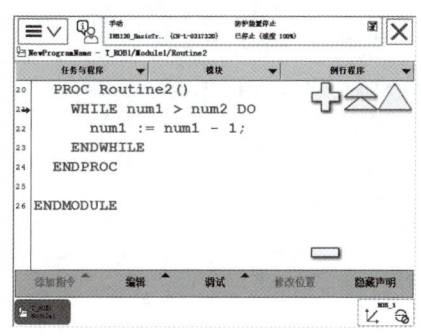

图 5-1-3　WHILE 指令格式

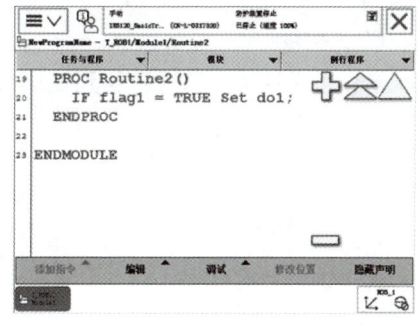

图 5-1-4　Compact IF 指令格式

(3) IF 条件判断指令

IF 条件判断指令，就是根据不同的条件去执行不同的指令。

注意：条件判定的条件数量可以根据实际情况进行增加与减少。图 5-1-5 中的程序表示：如果 num1 为 1，则 flag1 会赋值为 TRUE；如果 num1 为 2，则 flag1 会赋值为 FALSE；除了以上两种条件之外，则执行 do1 置位为 1。

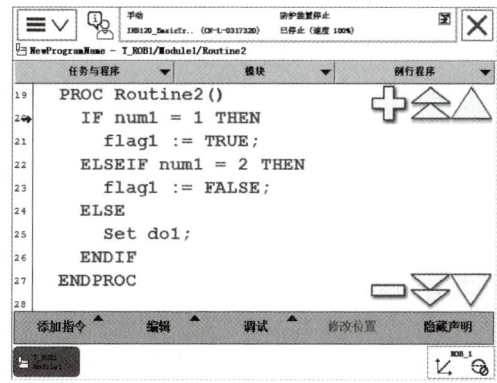

图 5-1-5　IF 指令格式

3. 跳转指令 RETURN、GOTO 与 Label

(1) RETURN 指令

RETURN 指令用于完成程序的执行。当程序是一个函数时，完成程序执行的同时还会返回函数值，如表 5-1-1 所示。

表 5-1-1　RETURN 指令格式

示例程序	含义

errormessage;
Set do 1;
PROC errormessage( )
　IF di1 = 1 THEN
　　RETURN;
　ENDIF
　TPWrite "Error";
ENDPROC
	如果 di1 = 1，跳出程序 errormessage 继续执行 Set do1；否则直接执行 TPWrite "Error" 后执行 do1

(2) GOTO 指令

GOTO 指令用于将程序执行转移到相同程序内的另一线程(标签),具体格式如表 5-1-2 所示。

表 5-1-2　GOTO 指令格式

示例程序	含义

IF reg1>100 THEN
GOTO highvalue
ELSE
GOTO lowvalue
END IF
lowvalue;
...
highvalue;
	如果 reg1>100,则将执行标签 highvalue 下的程序句,否则,将执行转移至标签 lowvalue 下的程序句

(3) Label 指令

Label 指令用于命名程序中的程序段。与 GOTO 指令搭配使用,程序跳转并执行该相应 Label 后的程序句。需要注意的是,GOTO 指令和 Label 指令搭配使用时,执行的是标签后的所有程序句,如表 5-1-3 所示。

表 5-1-3　Label 指令格式

示例程序	含义
PROC Routine( ) MoveL p1,v1000,fine,tool0; GOTO qe; qw; MoveL p2,v1000,fine,tool0; qe; MoveL p3,v1000,z50,tool0; ENDPROC	工业机器人运动至 p1 点后,执行运动至 p3 点的程序句(即对应 qe 线程下的程序句)

4. 重叠式码垛程序的结构

重叠式码垛任务如图 5-1-6 所示,采用模块化编程的方法,将重叠式码垛的程序、点位、数据、变量存放在指定模块中,具体程序结构参考表 5-1-4。

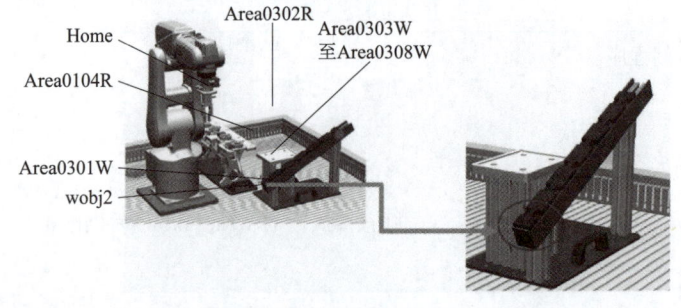

图 5-1-6　重叠式码垛任务

表 5-1-4 重叠式码垛程序结构

	模块	功能	示例
工业机器人程序	应用程序模块（Program）	子程序存放模块	PROC MCarry( ) PROC MPutFirstFloor( ) PROC MPutSecondFloor( ) PROC PPalletizing( )
	变量定义模块（Definition）	变量存放模块	NumCount1 NumCount2 Floor
	点位定义模块（PointData）	点位存放模块	Home； 抓取过渡点 Area0104R； 放置过渡点 Area0302R； 抓取点 Area0301W； 放置点 Area0303W 至 Area0308W
	主程序模块（MainMoudle）	主程序、初始化程序存放模块	PROC Main( ) PROC Initiallize( )

任务实施

重叠式码垛程序的编制调试及自动运行

1. 程序模块和例行程序的创建

创建名称为 Overlapping palletModule 程序模块,在该模块下分别创建名称为 MCarry、MPutFirstFloor、MPutSecondFloor、PPalletizing、Initiallize 的例行程序。具体创建方法可参照项目三,这里不再赘述。

2. 抓取程序

抓取程序如表 5-1-5 所示(程序仅供参考)。

表 5-1-5 抓取程序

序号	程序	含义
1	PROC MCarry( )	抓取程序开始
2	MoveAbsJ Home/NoEOffs,v1000,fine,tool0;	运动至 Home 点
3	MoveJ Area0104R,v1000,z20,tool0;	运动至过渡点 Area0104R
4	Reset ToTDigGrip;	复位夹爪信号
5	WaitTime 1;	等待 1 s
6	MoveL Offs(Area0301W,0,0,50),v300,fine,tool0/WObj:=wobj2;	运动至抓取点 Area0301W 上方 50 mm 处
7	MoveL Offs(Area0301W,0,0,10),v100,fine,tool0/WObj:=wobj2;	运动至抓取点 Area0301W 上方 10 mm 处
8	MoveL Area0301W,v20,fine,tool0/WObj:=wobj2;	运动至抓取点 Area0301W
9	WaitTime 1;	等待 1 s
10	Set ToTDigGrip;	置位夹爪信号
11	WaitTime 1;	等待 1 s
12	MoveL Offs(Area0301W,0,0,30),v50,fine,tool0/WObj:=wobj2;	运动至抓取点 Area0301W 上方 30 mm 处
13	MoveL Offs(Area0301W,0,0,150),v500,z20,tool0/WObj:=wobj2;	运动至抓取点 Area0301W 上方 150 mm 处
14	MoveJ Area0104R,v1000,z50,tool0;	运动至过渡点 Area0104R
15	MoveAbsJ Home/NoEOffs,v1000,fine,tool0;	运动至 Home 点
16	ENDPROC	程序结束

注意:存放码垛物料的平台是倾斜的,当工业机器人从平台取走物料块后,由于倾斜角的存在,后方物料会自动传送至最底部,故物料抓取点始终为 Area0301W;但是在示教抓取点位时,由于平台倾斜所以机器人容易发生碰撞,为了避免产生碰撞,采用在垂直于取料平台的方向建立新的工件坐标 wobj2,从而方便实现点的偏移和物料的抓取。

3. 码放第一层物料程序

码放第一层物料程序如表5-1-6所示（程序仅供参考）。

表5-1-6　码放第一层物料程序

序号	程序	含义
1	PROC MPutFirstFloor( )	码放第一层物料程序开始
2	MoveJ Area0302R,v1000,z20,tool0;	运动至过渡点Area0302R
3	IF NumCount1 = 1 THEN	条件判断：当码放第一个物料块时
4	MoveL Offs（Area0303W,0,0,100）,v300,z50,tool0;	运动至放置点Area0303W上方100 mm处
5	MoveL Offs（Area0303W,0,0,50）,v300,fine,tool0;	运动至放置点Area0303W上方50 mm处
6	MoveL Offs（Area0303W,0,0,10）,v100,fine,tool0;	运动至放置点Area0303W上方10 mm处
7	MoveL Area0303W,v20,fine,tool0;	运动至放置点Area0303W
8	WaitTime 1;	等待1 s
9	Reset ToTDigGrip;	复位夹爪
10	WaitTime 1;	等待1 s
11	MoveL Offs（Area0303W,0,0,30）,v50,fine,tool0;	运动至放置点Area0303W上方30 mm处
12	MoveL Offs（Area0303W,0,0,150）,v500,z50,tool0;	运动至放置点Area0303W上方150 mm处
13	ELSEIF NumCount1 = 2 THEN	条件判断：当码放第二个物料块时
14	MoveL Offs（Area0304W,0,0,100）,v300,z50,tool0;	运动至放置点Area0304W上方100 mm处
15	MoveL Offs（Area0304W,0,0,50）,v300,fine,tool0;	运动至放置点Area0304W上方50 mm处
16	MoveL Offs（Area0304W,0,0,10）,v100,fine,tool0;	运动至放置点Area0304W上方10 mm处
17	MoveL Area0304W,v20,fine,tool0;	运动至放置点Area0304W
18	WaitTime 1;	等待1 s
19	Reset ToTDigGrip;	复位夹爪
20	WaitTime 1;	等待1 s
21	MoveL Offs（Area0304W,0,0,30）,v50,fine,tool0;	运动至放置点Area0304W上方30 mm处
22	MoveL Offs（Area0304W,0,0,150）,v500,z50,tool0;	运动至放置点Area0304W上方150 mm处

续表

序号	程序	含义
23	ELSE	条件判断：当码放第三个物料块时
24	MoveL Offs（Area0305W,0,0,100），v300,z50,tool0；	运动至放置点 Area0305W 上方 100 mm 处
25	MoveL Offs（Area0305W,0,0,50），v300,fine,tool0；	运动至放置点 Area0305W 上方 50 mm 处
26	MoveL Offs（Area0305W,0,0,10），v100,fine,tool0；	运动至放置点 Area0305W 上方 10 mm 处
27	MoveL Area0305W,v20,fine,tool0；	运动至放置点 Area0305W
28	WaitTime 1；	等待 1 s
29	Reset ToTDigGrip；	复位夹爪
30	WaitTime 1；	等待 1 s
31	MoveL Offs（Area0305W,0,0,30），v50,fine,tool0；	运动至放置点 Area0305W 上方 30 mm 处
32	MoveL Offs（Area0305W,0,0,150），v500,z50,tool0；	运动至放置点 Area0305W 上方 150 mm 处
33	ENDIF	停止条件判断
34	MoveJ Area0302R,v1000,z20,tool0；	运动至过渡点 Area0302R
35	MoveAbsJ Home/NoEOffs,v1000,z50,tool0；	运动至 Home 点
36	ENDPROC	程序结束

4. IF 条件判断指令的添加步骤

IF 条件判断指令的添加步骤如表 5-1-7 所示。

表 5-1-7　IF 条件判断指令的添加步骤

序号	操作步骤	图片说明
1	打开程序编辑器，进入码放第一层物料程序 MPutFirstFloor 编辑界面，输入第一行指令 MoveJ	

续表

序号	操作步骤	图片说明
2	添加"IF"指令	
3	选中"IF"指令,添加一个 ELSEIF,一个 ELSE,单击"确定"按钮	
4	选中 IF 后的条件判断"〈EXP〉"	
5	单击"编辑"按钮,选择"全部"选项	

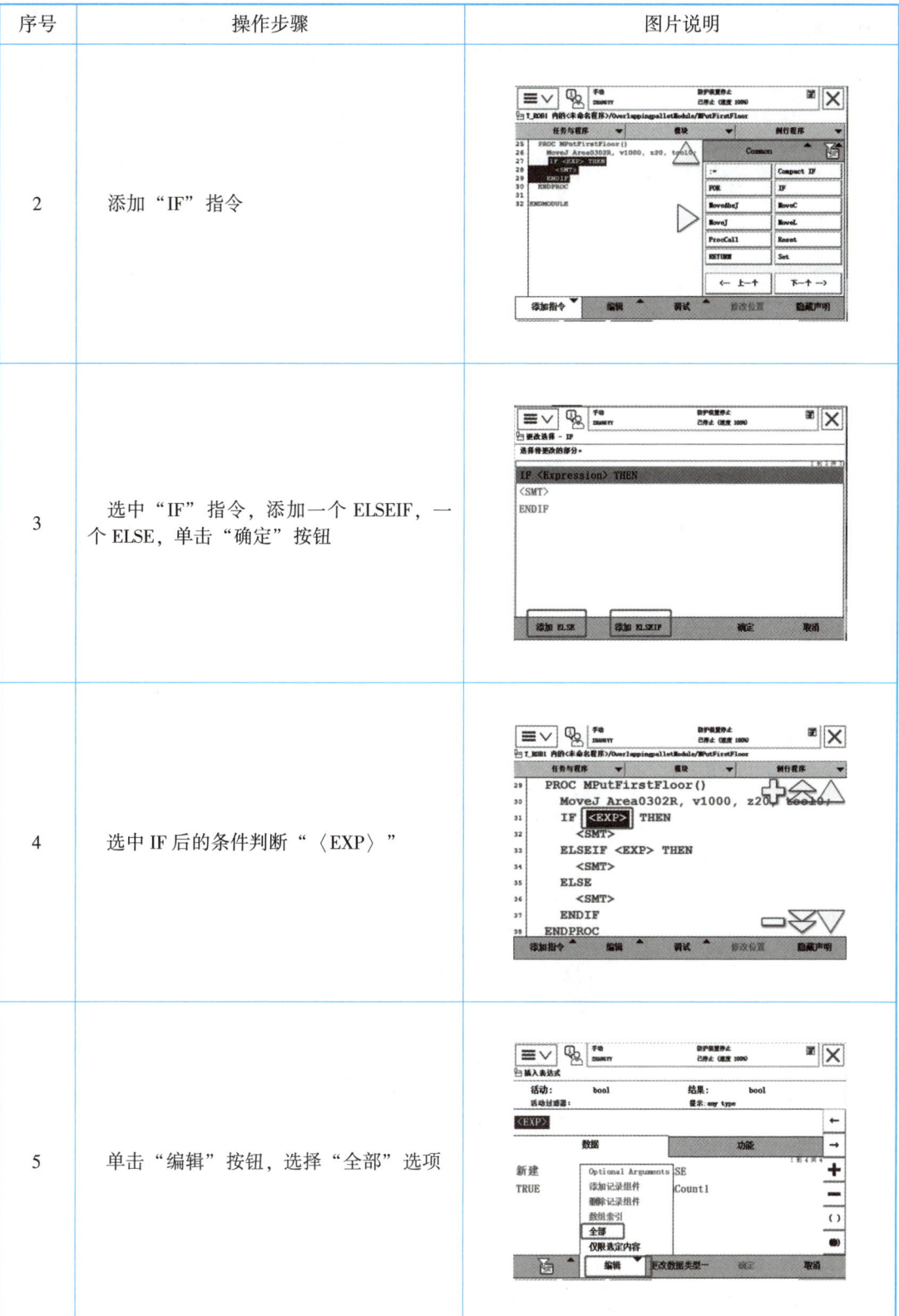

续表

序号	操作步骤	图片说明
6	输入判断条件"NumCount = 1",单击"确定"按钮	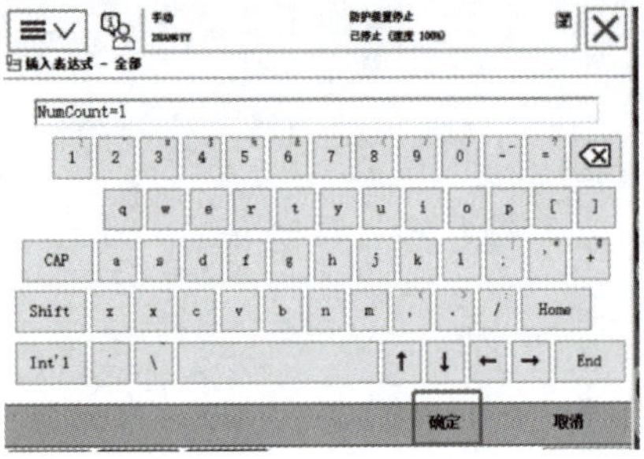
7	在对应的位置输入参考程序即可	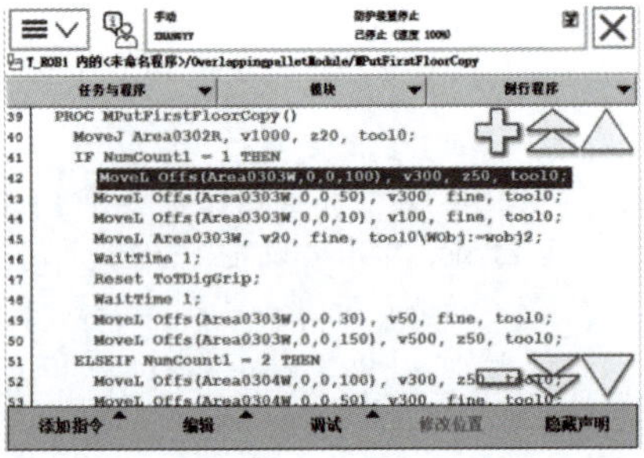

5. 码放第二层物料

程序名称为 MPutSecondFloor,编程思路与码放第一层物料的一致,只需把计数 NumCount1 修改为 NumCount2,放置点位 Area0303W、Area0304W、Area0305W 分别修改为 Area0306W、Area0307W、Area0308W 即可,如图 5-1-7 所示,这里不再赘述。

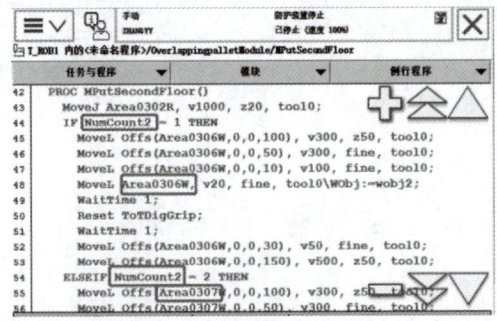

图 5-1-7 码放第二层物料程序

6. 码垛流程程序

码垛流程程序如表 5-1-8 所示(程序仅供参考)。

根据重叠式码垛取放物料的流程可知,需要反复调用抓取物料和码放物料的程序,用 Compact IF 作码放层的判断,用 Floor 作码放层的计数器。当码放层数为 1 时,程序跳转至 FirstFloor 程序段执行第一层码放的程序;同理,当码放层数为 2 时程序跳转至 SecondFloor 程序段执行第二层码放的程序。

表 5-1-8 码垛流程程序

序号	程序	含义
1	PROC PPalletizing( )	码垛流程程序开始
2	NumCount1：=1;	计数 NumCount1 初始赋值为 1
3	NumCount2：=1;	计数 NumCount2 初始赋值为 1
4	Floor：=1;	层数 Floor 初始赋值为 1
5	IF Floor=1 GOTO FirstFloor;	如果层数 Floor 为 1,跳转至标签 FirstFloor
6	FirstFloor：	标签 FirstFloor 内容如下
7	FOR I FROM 1 TO 3 DO	进入 FOR 循环,I 从 1 循环至 3
8	Mcarry;	调用抓取程序
9	MputFirstFloor;	调用码垛第一层物料块
10	NumCount1：=NumCount1+1;	计数 NumCount1 每次循环增加 1
11	ENDFOR	FOR 循环结束
12	Floor：=Floor+1;	层数 Floor 增加 1
13	IF Floor=2GOTO SecondFloor;	如果层数 Floor 为 2,跳转至标签 SecondFloor
14	SecondFloor：	标签 SecondFloor 内容如下
15	FOR I FROM 1 TO 3 DO	进入 FOR 循环,I 从 1 循环至 3
16	Mcarry;	调用抓取程序
17	MputSecondFloor;	调用码垛第二层物料块
18	NumCount2：=NumCount2+1;	计数 NumCount2 每次循环增加 1
19	ENDFOR	FOR 循环结束
20	ELSE	其余条件
21	RETURN;	跳出条件判断
22	ENDIF	条件判断 IF 结束
23	ENDPROC	程序结束

7. 初始化程序及主程序

初始化程序及主程序如表 5-1-9 和表 5-1-10 所示(程序仅供参考)。

表 5-1-9 初始化程序

序号	程序	含义
1	PROC Initiallize( )	初始化程序开始
2	AccSet 50,100;	设置加速度
3	Velset 50,800;	设置速度
4	MoveAbsJ Home/NoEOffs,v1000,fine,tool0	机器人回原点
5	WaitTime 1;	等待 1 s
6	Reset ToTDigQuickChange;	复位快换信号
7	Reset ToTDGrip;	复位夹爪信号
8	ENDPROC	程序结束

表 5-1-10 主程序

序号	程序	含义
1	PROC Main( )	主程序开始
2	Initiallize	调用初始化程序
3	PPalletizing	调用码垛流程程序
4	ENDPROC	程序结束

任务评价

自评和互评：请按照下表对自己的操作进行自评，并邀请同组成员进行互评。

主题	评分标准	分值	自评得分	互评得分
操作员姓名				
模块和程序的创建（10分）	成功创建程序模块	5		
	成功创建例行程序	5		
程序的编写（50分）	正确编写抓取程序	10		
	正确编写放置第一层和第二层物料的程序	20		
	正确编写码垛流程程序	10		
	正确编写初始化程序和主程序	10		
程序的调试运行（30分）	搬运路线从起始点开始；发生碰撞此项不得分	2		
	完成搬运后回到起始点；发生碰撞此项不得分	2		
	按要求设定初始位置、缓冲点、抓取点、放置点，缺少一项扣 0.5 分	6		
	验证：分别在手动模式和自动模式下运行 Main 程序，设定轨迹运行速度为 50 mm/s，抓取一个工件得 3 分，正确放置一个工件得 3 分（模式选择错误扣 2 分，运行速度设定错误扣 2 分，发生碰撞此项不得分）	20		

续表

主题	评分标准	分值	自评得分	互评得分
职业素养 （10分）	遵守实训纪律，无安全事故	2		
	工位保持清洁，物品整齐	2		
	着装规范整洁，佩戴安全帽	2		
	操作规范，爱护设备	2		
	尊重实训老师，服从安排	2		
违规扣分项	不服从实训安排（每次扣5分）			
	机器人与工作台等周围设备发生碰撞（每次扣5分）			
	机器人夹具掉落（每次扣5分）			
合计		100		
操作员签名	年　月　日	评分员签字	年　月　日	

任务工单

任务描述：现有一批长方体工件，每个工件长为 30 mm，宽为 30 mm，高为 12 mm。如图 5-1-8 所示，通过工业机器人码垛程序的编写，将 2 行 4 列整齐摆放的 8 个工件（行间距为 50 mm，列间距为 75 mm），重叠码垛成 2 行 2 列 2 层的结构（行间距为 31 mm，列间距为 31 mm，层间距为 12 mm）。

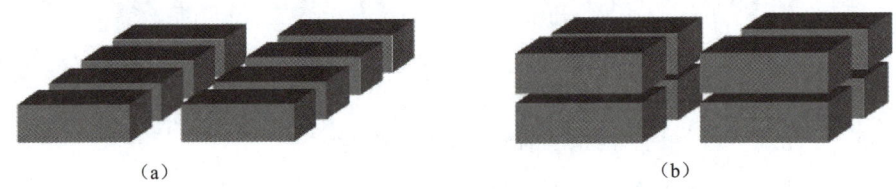

（a） （b）

图 5-1-8 任务描述

（a）码垛前工件摆放结构；（b）码垛后工件摆放结构

1）重叠式码垛工艺流程图的制定。

工艺分析：小组讨论绘制重叠式码垛搬运的工艺流程图。

2）程序编制及仿真验证。

①按照讲解的要点，完成重叠式码垛程序的编写，将程序写在下方，并将编程中遇到的问题记录在下方空白处。

②仿真验证：为了避免实操时出现严重的问题，在进行真机实操之前，我们需要先在 RobotStudio 仿真软件上验证一下编制程序的合理性。请将仿真时出现的问题记录在下列空白位置。

3）真机调试。

请操作示教器完成本任务中工业机器人各示教点的示教,并将出现的问题记录在下方空白处。

4）任务评价。

自评和互评:请按照下表对自己的操作进行自评,并邀请同组成员进行互评。

主题	操作员姓名			
	评分标准	分值	自评得分	互评得分
物料块搬运 (90分)	机器人正确运行至Home点	5		
	机器人正确自动安装吸盘工具	10		
	机器人正确码垛第一个物料块	10		
	机器人正确码垛第二个物料块	15		
	机器人正确码垛第三、四个物料块	20		
	机器人正确码垛第五、六、七、八个物料块	20		
	机器人正确自动放回吸盘工具	5		
	机器人正确运行至Home点	5		
职业素养 (10分)	遵守实训纪律,无安全事故	2		
	工位保持清洁,物品整齐	2		
	着装规范整洁,佩戴安全帽	2		
	操作规范,爱护设备	2		
	尊重裁判,服从安排	2		
违规扣分项	工具掉落(每次扣5分)			
	机器人工具与工具库碰撞(每次扣5分)			
合计		100		
操作员签名		年 月 日	评分员签字	年 月 日

5) 总结提升。

①本任务已经完成,写一写完成该任务的心得体会吧,并且请写出你对该任务的意见和建议。

②请回答下列问题巩固一下。

简答题:Compact IF 和 IF 指令的区别在哪?

任务二 物料块的交错式码垛

学习目标

素质目标：
1) 具有较高的专业认同感；
2) 具备精益求精的工匠精神；
3) 具有团队协作的素养。

知识目标：
1) 了解码垛垛型及交错式码垛定义；
2) 掌握交错式码垛轨迹规划的一般方法；
3) 掌握 RelTool 函数的含义和使用方法；
4) 掌握 TEST 指令的含义和使用方法。

能力目标：
1) 能够对工业机器人交错式码垛进行轨迹规划；
2) 能够使用 RelTool 函数进行编程；
3) 能够利用 TEST 指令完成码垛任务。

任务描述

现有一批长方体工件，工件长为 60 mm，宽为 20 mm，高为 12 mm。如图 5-2-1 所示，将 2 行 4 列整齐摆放的 8 个工件（行间距为 75 mm，列间距为 50 mm）码垛呈纵横交错式结构（行间距为 40 mm，列间距为 12 mm）。利用 ABB 工业机器人创建程序模块，编写工业机器人程序，实现上述工件码垛。要求：程序完整并设定初始位置和缓冲点；机器人运行时，空运行轨迹速度为 200 mm/s，真实运行轨迹速度为 50 mm/s；以手动操作模式验证程序，验证完成后自动运行。

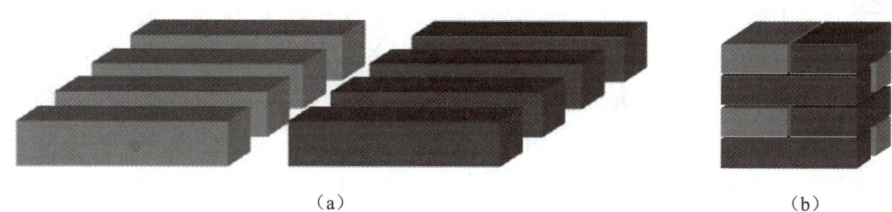

图 5-2-1 任务描述
(a) 码垛前工件摆放结构；(b) 码垛后工件摆放结构

任务分析

1. 码垛垛型

码垛是工业机器人的典型应用，通常分为堆垛和拆垛两种，堆垛是指利用工业机器人从指定的位置将相同工件按照特定的垛型进行码垛堆放的过程；拆垛是利用工业机器人按照特定的垛型将进行存放的工件依次取下，搬运至指定位置的过程。码垛跺型指的是码垛时工件堆叠的方式方法，是指工件有规律、整齐、平稳地码放在托盘上的码放样式。

根据生产中工件的实际堆叠样式，码垛跺型通常有重叠式跺型和交错式两种，其中重叠式跺型分为一维重叠（X方向、Y方向、Z方向）、二维重叠（XY平面、YZ平面或XZ平面）和三维重叠（XYZ三维空间）；交错式跺型又分为正反交错式、旋转交错式和纵横交错式，如图5-2-2所示。

1）正反交错式跺型：同一层中不同列的货物以90°垂直码放，相邻两层的码放形式是另一层旋转180°的形式。

2）旋转交错式跺型：同一层中相邻的两个工件互为90°，相邻两层的码放形式是另一层旋转180°的形式。

3）纵横交错式跺型：同一层码放形式相同，相邻两层的码放形式是另一层旋转90°的形式。

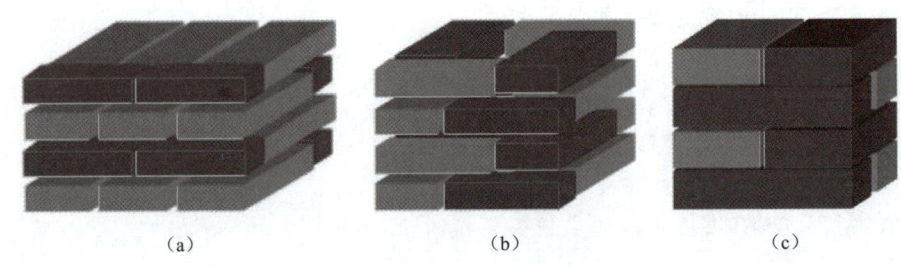

图 5-2-2　码垛垛型

(a) 正反交错式跺型；(b) 旋转交错式跺型；(c) 纵横交错式跺型

2. TEST 指令

TEST 指令和 RelTool 函数在交互式码垛中的应用

TEST 指令根据表达式或数据的值来执行不同的指令。与 IF 和 Compact IF 相比，适合于替代选择比较多的情况。

如图5-2-3所示，程序运行到该指令时，将测试数据与第一个 CASE 条件中的测试值比较，如果对比真实，则执行指令1，此后通过 ENDTEST 后的指令继续执行程序；如果未满足第一个 CASE 条件，则对其他的 CASE 条件进行测试；如果未满足任何条件，存在 DEFAULT，则执行指令2。TEST 指令见表 5-2-1。

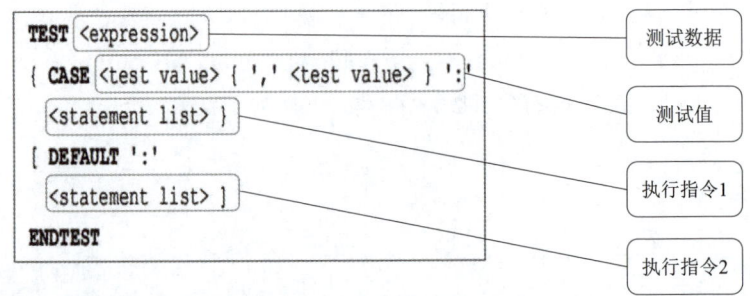

图 5-2-3　TEST 指令格式

表 5-2-1 TEST 指令格式

示例程序	含义
PROC Routine3( ) TEST reg1 CASE 4; Routine2; CASE 1,2,3; Routine1; DEFAULT; MoveJ *,v1000,z50,tool0; ENDTEST ENDPROC	根据 reg1 的值，执行不同的指令。 如果该值为 4 时，则执行 Routine2； 如果该值为 1、2 或 3 时，则执行 Routine1； 否则，执行 MoveJ 指令

注意事项：

1）TEST 指令可以添加多个"CASE"，但只能有一个"DEFAULT"。
2）TEST 指令可以对所有数据类型进行判断，但是进行判断的数据必须有数值。
3）如果没有很多替代选择，可以使用"IF…ELSE"指令。
4）如果不同的值对应的程序一样，用"CASE xx,xx,…;"来表达，可以简化程序。

3. RelTool 函数

RelTool 函数用于将通过有效工具坐标系表达的位移和/或旋转增加至机械臂位置。与 Offs 偏移指令一样都是偏移功能，其区别是 Offs 是根据基坐标来进行偏移的，而 Reltool 是根据工具坐标系进行偏移的，如图 5-2-4 所示。

指令格式：

RelTool（p1，0，50，100）代表一个离 p1 点在工具坐标系中 X 轴偏差量为 0，Y 轴偏差量为 50，Z 轴偏差量为 100 的点，如图 5-2-5 所示。

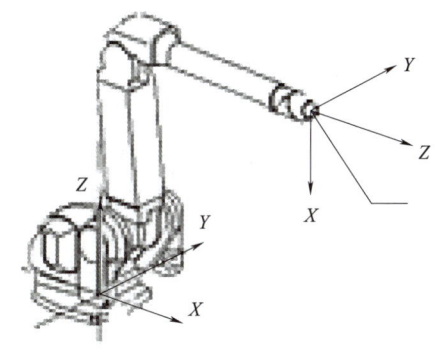

图 5-2-4 RelTool 参考坐标系

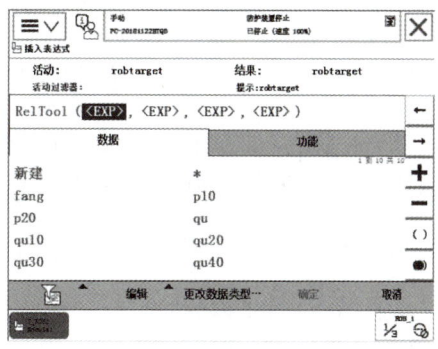

图 5-2-5 RelTool 指令格式

RelTool 还可以通过编辑 Optional Argements 增加绕着工具坐标系 X、Y、Z 轴的旋转，Rx 表示绕 X 轴的旋转，如图 5-2-6 所示。同理，Ry 和 Rz 分别表示绕 Y 轴、绕 Z 轴的旋转，默认都是未使用的，如果需要使用，通过"使用"按键打开即可，如图 5-2-7 所示。

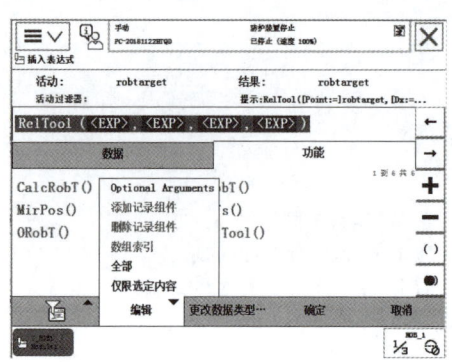
图 5-2-6　添加 Optional Argements

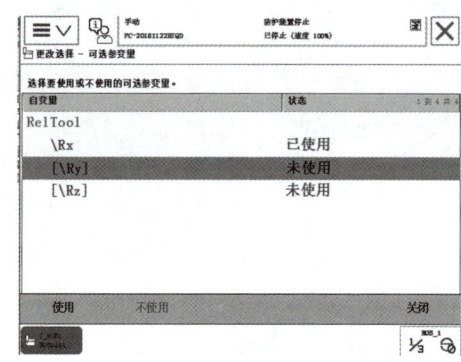
图 5-2-7　RelTool 添加绕 X 轴旋转

应用举例：

MoveL RelTool（p1, 0, 0, 0/Rz:=25），v100，fine，tool1；表示将工具绕着其 Z 轴旋转 25°。

注意：如果同时指定两次或三次旋转，则将首先围绕 X 轴旋转，随后围绕新的 Y 轴旋转，然后围绕新的 Z 轴旋转。

4. 程序流程分析

1）如图 5-2-8 所示，该码垛方式每个工件摆放的位置和方向都不同。我们可以利用 TEST 指令判断某一个工件要摆放到哪一个位置。

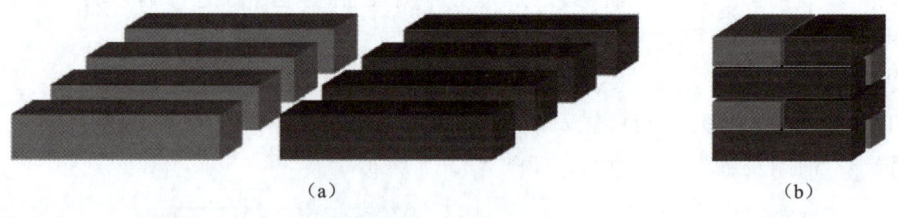

(a)　　　　　　　　　　　　　　　　　　(b)

图 5-2-8　程序流程分析

(a) 码垛前工件摆放结构；(b) 码垛后工件摆放结构

2）对于偶数层，摆放前和摆放后工件的方向发生了 90° 的旋转。我们可以利用 RelTool 函数使工具带动工件旋转 90°。

5. 抓取位置计算

令 1、2、3、4 号工件为第一行，5、6、7、8 号工件为第二行，如图 5-2-9 所示。假设基准位置为拾取工件 1 的位置（基准点为 pPick），其 XY 方向的偏移值为 PickOffsX、PickOffsY。令工件计数为 N（从 0 开始），各工件对应拾取的偏移值的计算方式如下：

6. 放置位置计算

我们利用 TEST 指令对每一个工件的放置位置进行判断，如图 5-2-10 所示。将每个工件的放置位置赋值到一个类型为变量的放置临时位置（rplace）中，第一个工件的放置位置为放置基准，基准点为 pPut。以前四个工件为例，判断程序如表 5-2-2 所示。

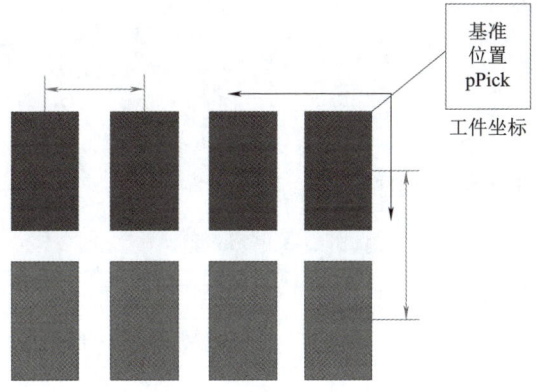

pickOffsX: = (N MOD 4) * 50;
pickOffsY: = (N DIV 4) * 75;

图 5-2-9　抓取位置计算

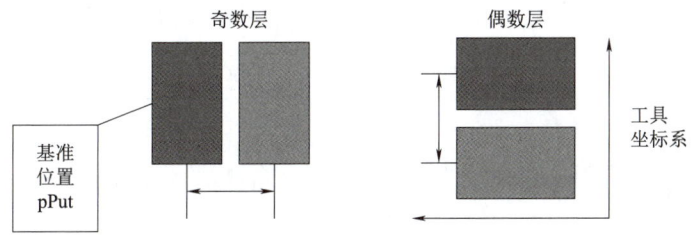

图 5-2-10　放置位置计算

表 5-2-2　判断程序

判断程序	TEST N
	CASE 0;
	rplace: = pPut;
	CASE 1;
	rplace: = RelTool(pPut,-40,0,0);
	CASE 2;
	rplace: = RelTool(pPut,-20,-20,-12\Rz: = 90);
	CASE 3;
	rplace: = RelTool(pPut,-20,20,-12\Rz: = 90);

任务实施

1. 抓取程序

抓取程序如表 5-2-3 所示（程序仅供参考）。

表 5-2-3　抓取程序

示例程序	含义
PROC rPick( )	抓取程序开始
MoveJ Offs（pPick，PickOffsX，PickOffsY，100），v1000，z15，tool0/WObj：=wobj1；	机器人运行到抓取点上方 100 mm 处
ReSet do1；	复位夹爪
MoveL Offs（pPick，PickOffsX，PickOffsY，0），v1000，z15，tool0/WObj：=wobj1；	机器人运行到抓取点
Set do1；	置位夹爪
WaiTime0.5；	等待 0.5 s
MoveL Offs（pPick，PickOffsX，PickOffsY，100），v1000，z15，tool0/WObj：=wobj1；	机器人运行到抓取点上方 100 mm 处
ENDPROC	程序结束

2. 放置程序

放置程序如表 5-2-4 所示（程序仅供参考）。

编程思路：先利用 TEST 对放置点位置进行判断，再进行赋值，之后利用运动指令完成工件的放置。

表 5-2-4　放置程序

示例程序	含义
PROC palletize( )	放置程序开始
TEST N	根据 N 的值执行不同指令
CASE 0；	$N=0$（第一个工件）
rplace：=pPut；	放置点 rplace 为放置参考点 pPut
CASE 1；	$N=1$（第二个工件）
rplace：=RelTool(pPut,-40,0,0)；	放置点为参考点相对于当前工具坐标系 X 负方向偏移 40 mm 的位置
CASE 2；	$N=2$（第三个工件）
rplace：=RelTool(pPut,-20,-20,-12/Rz：=90)；	放置点为参考点相对于当前工具坐标系 X 负方向偏移 20 mm，Y 负方向偏移 20 mm，Z 负方向偏移 12 mm，绕 Z 轴旋转 90°的位置
CASE 3；	$N=3$（第四个工件）

续表

示例程序	含义
rplace: = RelTool(pPut, -20, 20, -12/Rz: = 90);	放置点为参考点相对于当前工具坐标系 X 负方向偏移 20 mm, Y 正方向偏移 20 mm, Z 负方向偏移 12 mm, 绕 Z 轴旋转 90°的位置
CASE 4;	$N=4$(第五个工件)
rplace: = RelTool(pPut, 0, 0, -24);	放置点为参考点相对于当前工具坐标系, Z 负方向偏移 24 mm 的位置
CASE 5;	$N=5$(第六个工件)
rplace: = RelTool(pPut, -40, 0, -24);	放置点为参考点相对于当前工具坐标系 X 负方向偏移 40 mm, Z 负方向偏移 24 mm 的位置
CASE 6;	$N=6$(第七个工件)
rplace: = RelTool(pPut, -20, -20, -24/Rz: = 90);	放置点为参考点相对于当前工具坐标系 X 负方向偏移 20 mm, Y 负方向偏移 20 mm, Z 负方向偏移 24 mm, 绕 Z 轴旋转 90°的位置
CASE 3;	$N=7$(第八个工件)
rplace: = RelTool(pPut, -20, 20, -24/Rz: = 90);	放置点为参考点相对于当前工具坐标系 X 负方向偏移 20 mm, Y 正方向偏移 20 mm, Z 负方向偏移 24 mm, 绕 Z 轴旋转 90°的位置
ENDTEST	结束 TEST 指令
MoveJ Offs(rplace, 0, 0, 100), v1000, z15, tool0/WObj: = wobj1;	机器人运动至抓取点上方
MoveL rplace, v200, fine, tool0/WObj: = wobj1;	机器人运动至抓取点
Reset do1;	复位夹爪
WaitTime 0.5;	等待 0.5 s
MoveL Offs(rplace, 0, 0, 100), v1000, z15, tool0/WObj: = wobj1;	机器人运动至抓取点上方
ENDPROC	程序结束

3. 主程序

主程序如表 5-2-5 所示(程序仅供参考)。

表 5-2-5 主程序

示例程序	含义
PROC Main()	主程序开始
MoveJ pHome, v1000, z50, tool0/ WObj: = wobj1;	机器人回到 pHome 点
FOR N FROM 0 TO 7 DO	利用 FOR 循环对工件个数进行循环
PickOffsX: = (N MOD 4) * 50;	计算抓取点的 X 方向偏移

续表

示例程序	含义
PickOffsY:=(N DIV 4)*75;	计算抓取点的 Y 方向偏移
rPick;	调用抓取程序
Palletize;	调用放置程序
ENDFOR	FOR 循环结束
ENDPROC	程序结束

4. 程序数据的创建

程序数据的创建如表 5-2-6 所示。

表 5-2-6　程序数据的创建

序号	操作步骤	图片说明
1	选择"程序数据"选项	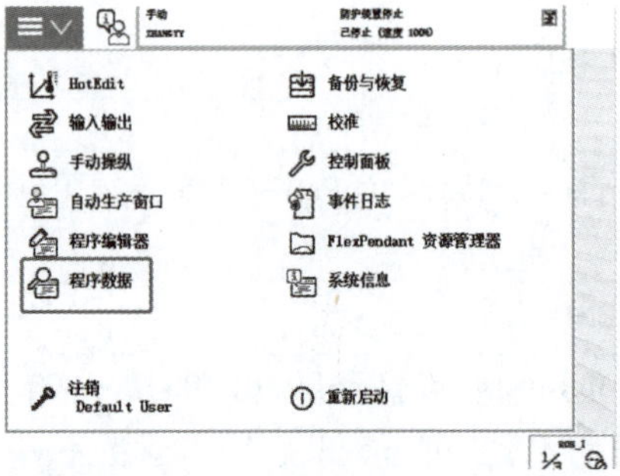
2	在"视图"菜单中选择"全部数据类型"选项	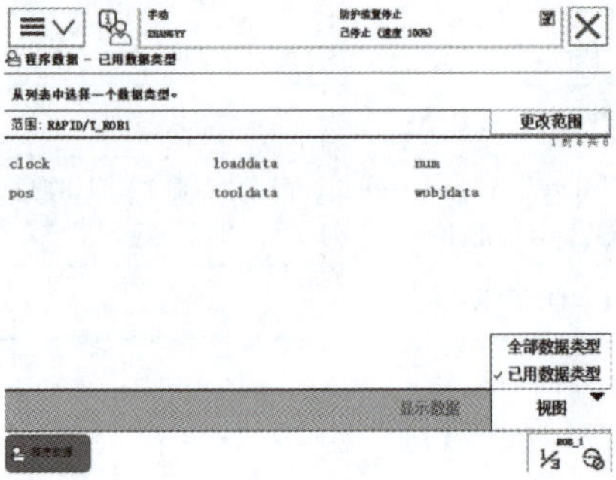
3	选择"robtarget"选项单击"显示数据"按钮	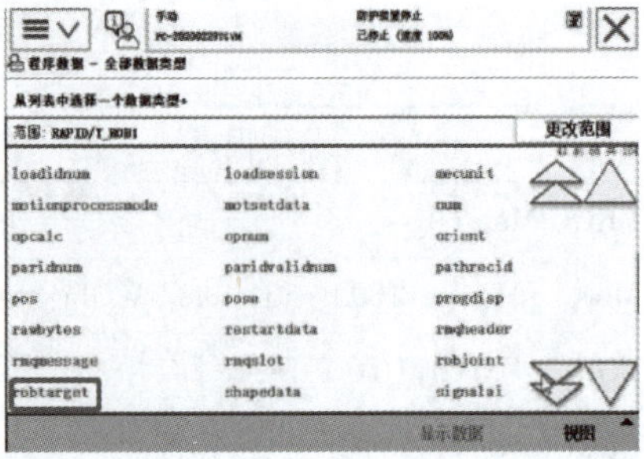

续表

序号	操作步骤	图片说明
4	单击"新建"按钮	
5	输入名称"pPick"后单击"确定"按钮即初始抓取点；同理创建初始放置，单击"pPut"	
6	返回"程序数据"界面，选中"num"选项后单击"显示数据"按钮	
7	单击"新建"按钮	

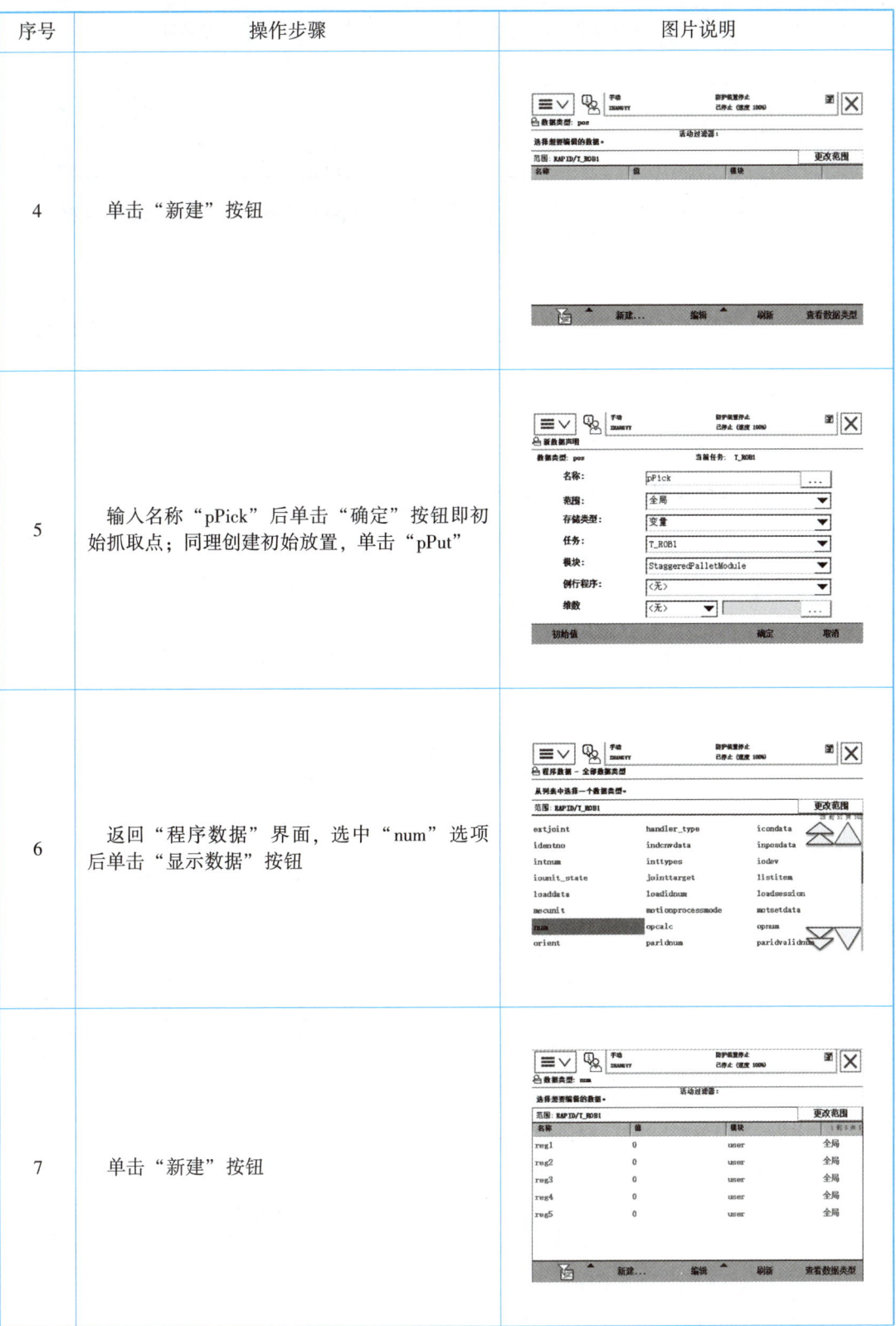

续表

序号	操作步骤	图片说明
8	依次创建"PickOffsX""PickOffsY"两个变量,即抓取点 X、Y 方向的偏移量	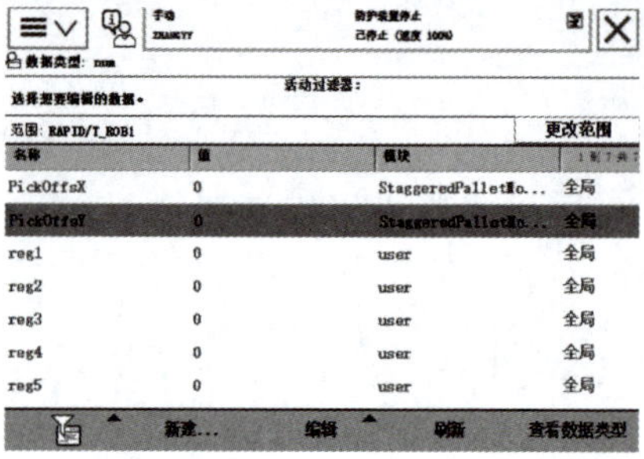

5. 放置程序的编程步骤

放置程序的编程步骤如表 5-2-7 所示。

表 5-2-7　放置程序的编程步骤

序号	操作步骤	图片说明
1	打开示教器主菜单,单击"程序编辑器"选项	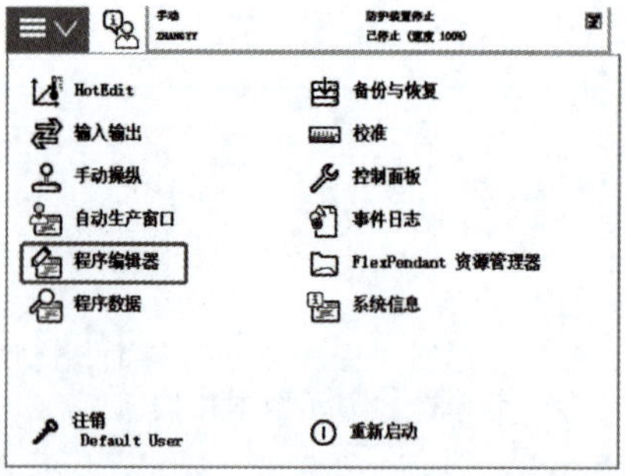
2	依次单击"模块"按钮,选中"StaggeredPallet-Moudle""显示模块"选择抓取程序"palletize",单击"例行程序"按钮,进入程序编辑界面	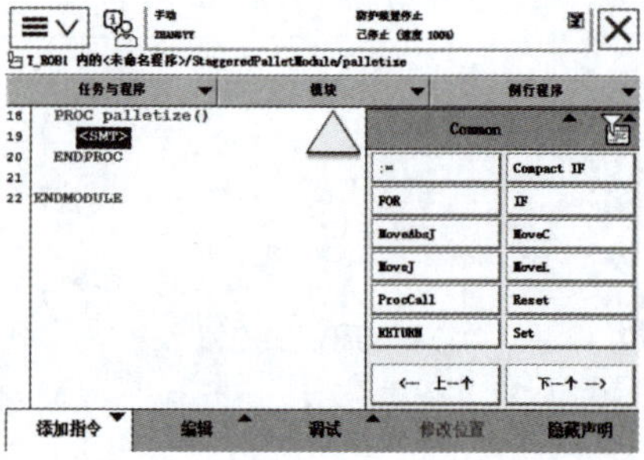

续表

序号	操作步骤	图片说明
3	添加"TEST"指令	
4	单击"CASE"	
5	单击"添加 CASE"按钮后单击"确定"按钮，由于有8个工件，故要再添加7个"CASE"	
6	选择"CASE0"下一行，单击赋值指令":=";输入指令"rplace:=pPut"后单击"确定"按钮	

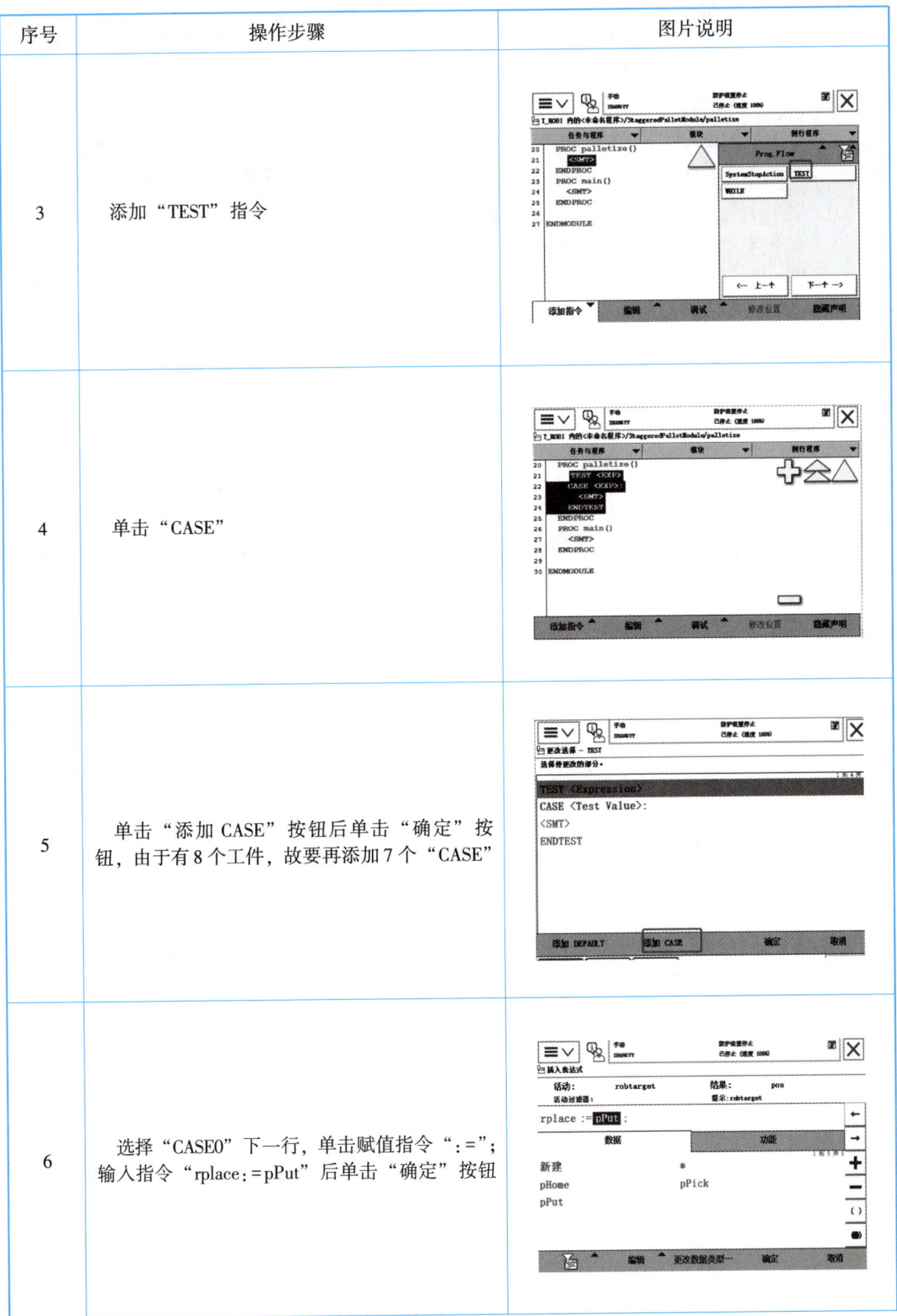

续表

序号	操作步骤	图片说明
7	选择"CASE1"下一行,单击赋值指令":=";输入指令"rplace：= RelTool（pPut，-40，0，0）"后单击"确定"按钮 注意：在调用 RelTool 指令时要选择"更改数据类型"为"robtarget",然后选择"功能"里的"RelTool"即可	
8	选择"CASE2"下一行,单击赋值指令":=";输入指令"rplace：= RelTool（pPut，-20，-20，12）"后单击"RelTool",单击"编辑"中的"Optional Arguments"选项	
9	选择"Rz",单击"使用"按钮	
10	输入"Rz=90"	

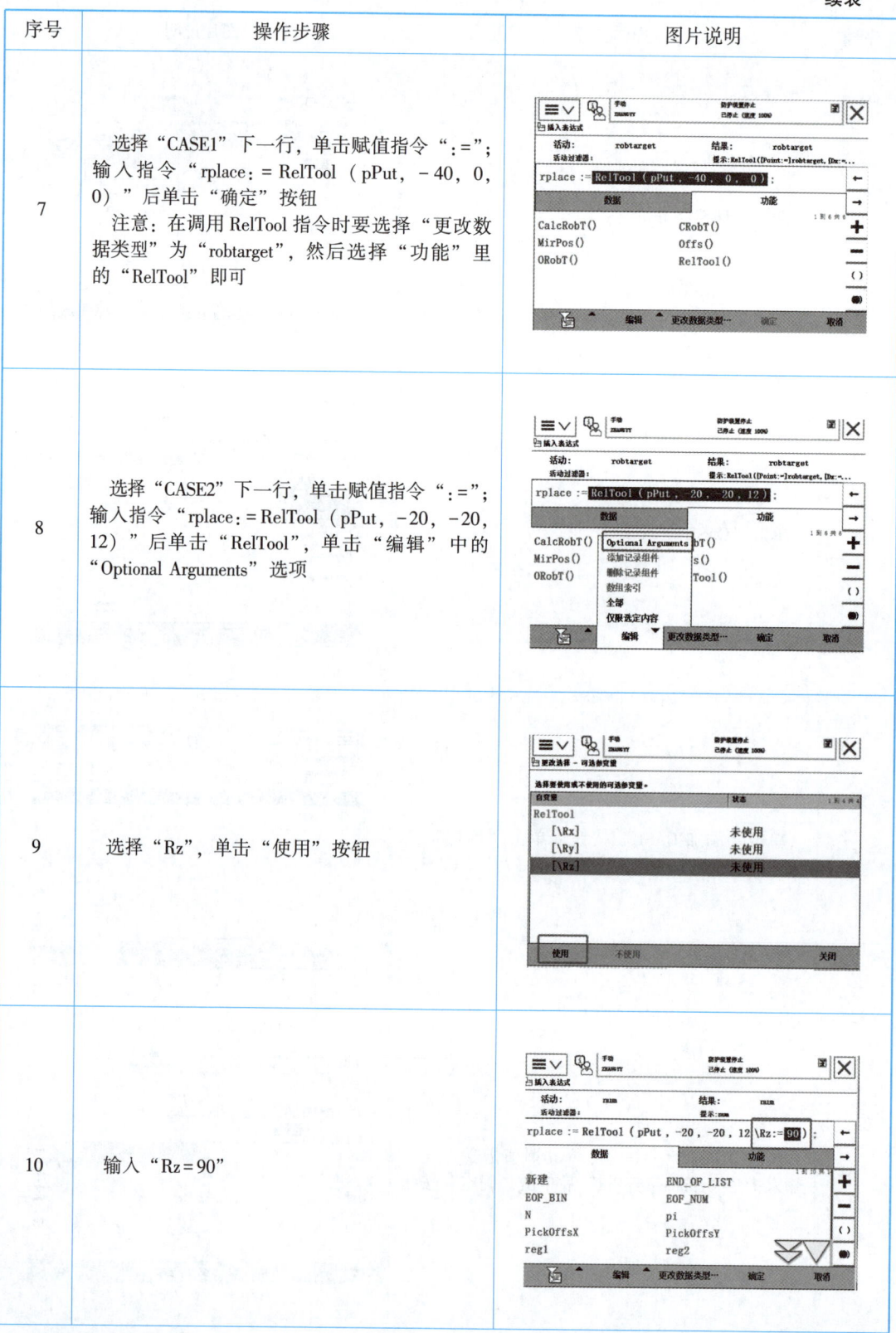

续表

序号	操作步骤	图片说明
11	输入剩余的程序，如右图所示（程序仅作参考）	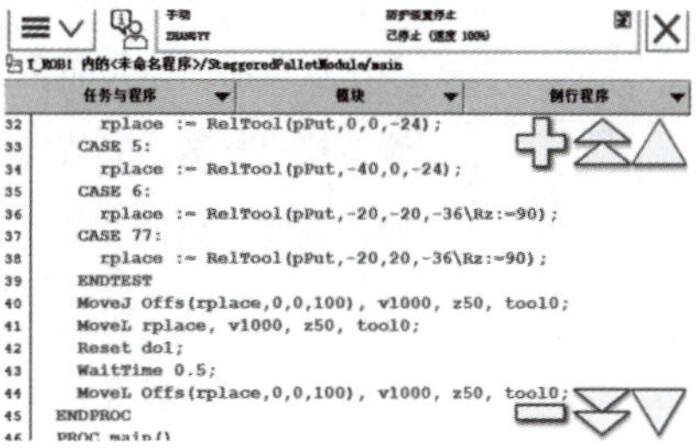 

任务评价

自评和互评：请按照下表对自己的操作进行自评，并邀请同组成员进行互评。

操作员姓名				
主题	评分标准	分值	自评得分	互评得分
模块和程序的创建（10 分）	成功创建程序模块	5		
	成功创建例行程序	5		
程序的编写（50 分）	正确编写抓取程序	10		
	正确编写放置程序	30		
	正确编写主程序	10		
程序的调试运行（30 分）	搬运路线从起始点开始；发生碰撞此项不得分	2		
	完成搬运后回到起始点；发生碰撞此项不得分	2		
	按要求设定初始位置、缓冲点、抓取点、放置点，缺少一项扣 0.5 分	6		
	验证：分别在手动模式和自动模式下运行 Main 程序，设定轨迹空运行速度为 200 mm/s，真实运行速度为 50 mm/s，正确抓取一个工件得 3 分，放置一个工件得 3 分（模式选择错误扣 2 分，运行速度设定错误扣 2 分，发生碰撞此项不得分）	20		

续表

主题	评分标准	分值	自评得分	互评得分
职业素养 （10分）	遵守实训室纪律，无安全事故	2		
	工位保持清洁，物品整齐	2		
	着装规范整洁，佩戴安全帽	2		
	操作规范，爱护设备	2		
	尊重实训老师，服从安排	2		
违规扣分项	不服从实训安排（每次扣5分）			
	机器人与工作台等周围设备发生碰撞（每次扣5分）			
	机器人夹具掉落（每次扣5分）			
合计		100		
操作员签名	年　月　日	评分员签字	年　月　日	

拓展训练

任务描述：现有一批长方体工件，工件长为60 mm，宽为30 mm，高为12 mm。如图5-2-11所示，将3行4列整齐摆放的12个工件（行间距为50 mm，列间距为75 mm）码垛成旋转交错式的结构（单层码放的形式为相邻两工件旋转90°首尾相接，相邻两层间旋转180°，层间距为12 mm）。通过旋转交错式码垛程序编写，掌握旋转交错式码垛类型，熟练掌握WHILE指令、TEST指令的使用方法，利用工业机器人现场编程实现12个工件旋转交错式码垛。

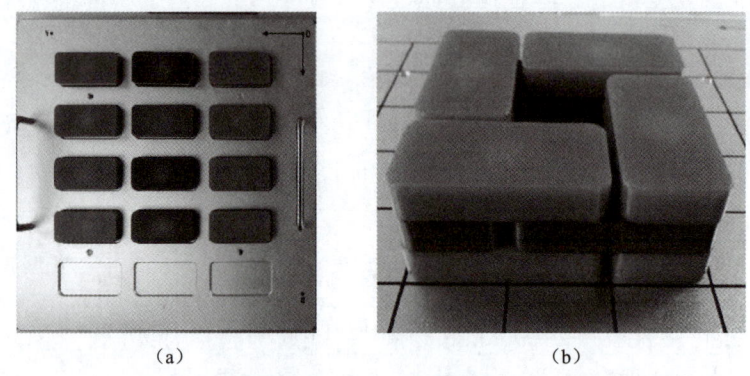

（a）　　　　　　　　　　　（b）

图 5-2-11　任务描述

（a）码垛前工件摆放结构；（b）码垛后工件摆放结构

任务分析：

1. 程序流程图

使用条件循环结构编写旋转交错式码垛程序，以码放的层数作为循环条件。通过奇偶层数不同以及工件位置分别计算每个工件的取放位置。旋转交错式码垛程序流程图如图 5-2-12 所示。

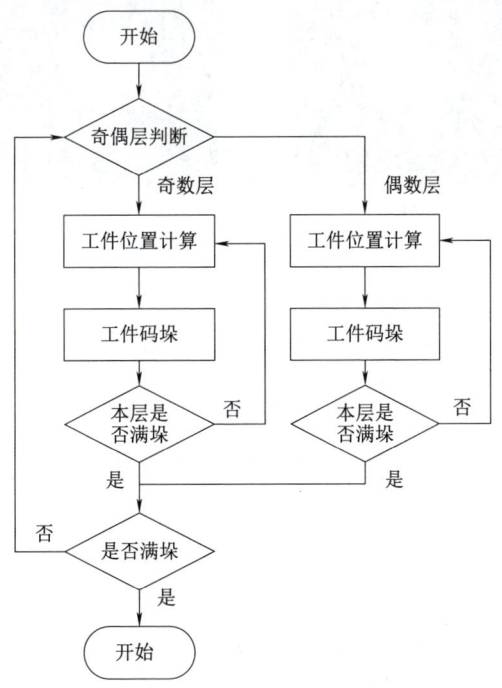

图 5-2-12　旋转交错式码垛程序流程图

2. 抓取位置计算

假设 pick 位置为拾取工件 1 的位置即基准位置，其 XY 方向的偏移值为 PickOffsX、PickOffsY。PickNum 为工件计数（从 0 开始），各工件对应拾取的偏移值的计算方式如下：

$$\text{PickOffsX} := (\text{PickNum MOD } 4) * 50;$$
$$\text{PickOffsY} := (\text{PickNum DIV } 4) * 75;$$

3. 放置位置计算

假设码垛位置 XYZ 方向的偏移值为 PutOffsX、PutOffsY、PutOffsZ。旋转偏移值为 PutOffsA。每一层的偏移值为固定值，即工件高度，与层数的关系如图 5-2-13 所示。由于偏移计算需要使用 RelTool 功能，工具坐标系 Z 方向与大地坐标系相反，向上为负方向，所以系数是"-12"。

偶数层的 XY 及角度偏移值计算如图 5-2-13 所示。由于计数从 0 开始，所以实际对应的是奇数层即，第 1、3…层。奇数层的 XY 及角度偏移值计算如图 5-2-13 所示。由于计数从 0 开始，所以实际对应的是偶数层，即第 2、4…层。以中心位置为基准点，各个工件相对偏移值依次如表 5-2-8 所示。

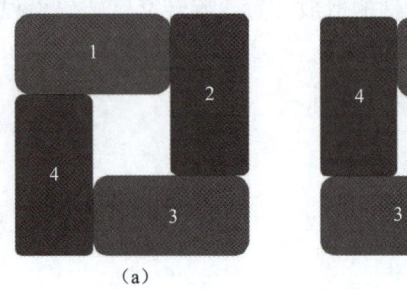

图 5-2-13 放置位置计算
(a) 奇数层；(b) 偶数层

表 5-2-8 放置位置计算

奇偶层	工件号	工件位置数据
奇数层	1	PutOffsX:=31; PutOffsY:=16; PutOffsA:=0
奇数层	2	PutOffsX:=−16; PutOffsY:=31; PutOffsA:=90
奇数层	3	PutOffsX:=−31; PutOffsY:=−16; PutOffsA:=0
奇数层	4	PutOffsX:=16; PutOffsY:=−31; PutOffsA:=90
偶数层	1	PutOffsX:=31; PutOffsY:=−16; PutOffsA:=0
偶数层	2	PutOffsX:=16; PutOffsY:=31; PutOffsA:=90
偶数层	3	PutOffsX:=−31; PutOffsY:=16; PutOffsA:=0
偶数层	4	PutOffsX:=−16; PutOffsY:=−31; PutOffsA:=90

物料块的旋转
交错式码垛

任务实施：

1. 码垛程序

码垛程序如表 5-2-9 所示（程序仅供参考）。

表 5-2-9 码垛程序

序号	程序	含义
1	PROC MaDuo( )	码垛程序开始
2	WHILE N<3 DO	WHILE 循环三次
3	PickOffsX:=(PickNum MOD 4)*50;	工件抓取 X 方向偏移
4	PickOffsY:=(PickNum DIV 4)*75;	工件抓取 Y 方向偏移
5	PutOffsZ:=−12*N;	工件放置 Z 方向偏移
6	IF(N MOD 2)=1 THEN	奇数层工件位置数据
7	TEST PickNum MOD 4	对工件个数进行判断
8	CASE 0:	如果是第一个工件
9	PutOffsX:=31; PutOffsY:=16; PutOffsA:=0;	对 X、Y、Z 三个偏移数值进行计算

续表

序号	程序	含义
10	CASE 1：	
11	PutOffsX：=-16;PutOffsY：=31;PutOffsA：=90	
12	CASE 2：	
13	PutOffsX：=-31;PutOffsY：=-16;PutOffsA：=0;	其他同理
14	CASE 3：	
15	PutOffsX：=16;PutOffsY：=-31;PutOffsA：=90;	
16	ENDTEST	
17	ELSEIF(N MOD 2)=0 THEN	偶数层工件位置数据
18	TEST PickNum MOD 4	对工件个数进行判断
19	CASE 0：	如果是第一个工件
20	PutOffsX：=31;PutOffsY：=16;PutOffsA：=0;	对 X、Y、Z 三个偏移数值进行计算
21	CASE 1：	
22	PutOffsX：=16;PutOffsY：=31;PutOffsA：=90	
23	CASE 2：	
24	PutOffsX：=-31;PutOffsY：=-16;PutOffsA：=0;	其他同理
25	CASE 3：	
26	PutOffsX：=-16;PutOffsY：=-31;PutOffsA：=90;	
27	ENDTEST	
28	ENDIF	
29	MoveJ Offs(pick,PickOffsX,PickOffsY,100), v200,z20,XiPan_Tool;	机器人到达工件抓取位置接近点
30	MoveL Offs(pick,PickOffsX,PickOffsY,0),v200, fine,XiPan_Tool;	机器人到达工件抓取位置
31	SetDO YV5,1;	夹持工件
32	WaitTime1;	等待 1 s
33	MoveL Offs(pick,PickOffsX,PickOffsY,100), v200,z20,XiPan_Tool;	机器人到达工件抓取位置接近点
34	Incr PickNum;	工件个数增1
35	MoveL RelTool(put,PutOffsX,PutOffsY,PutOffsZ-100\Rz：=PutOffsA),v200,z20,XiPan_Tool;	机器人到达工件放置位置接近点
36	MoveL RelTool(put,PutOffsX,PutOffsY,PutOffsZ\Rz：=PutOffsA),v200,fine,XiPan_Tool;	机器人到达工件放置位置
37	SetDO YV5,0;	释放工件

续表

序号	程序	含义
38	WaitTime1;	等待 1 s
39	MoveL RelTool(put,PutOffsX,PutOffsY,PutOffsZ-100\Rz:=PutOffsA),v150,z20,XiPan_Tool;	机器人到达工件放置位置接近点
40	N:=Picknum DIV 4;	工件个数整除 4 结果赋值给 N
41	ENDWHILE	WHILE 循环结束
42	ENDPROC	程序结束

2. 主程序

主程序如表 5-2-10 所示（程序仅供参考）。

表 5-2-10　主程序

序号	程序	含义
1	PROC Main()	主程序开始
2	MoveAbsJ pHome\NoEOffs,v200,fine,tool1;	机器人返回原点
3	MaDuo;	调用码垛 MaDuo 例行程序
4	MoveAbsJ pHome\NoEOffs,v200,fine,tool1;	机器人返回原点
5	ENDPROC	程序结束

项目五 工业机器人码垛工作站的编程与调试

任务工单

1）纵横交错式码垛工艺流程图的制定。

工艺分析：小组讨论绘制纵横交错式码垛的工艺流程图。

2）拾取和放置位置的计算。

拾取位置计算：

放置位置计算：

3）程序编制及仿真验证。

①按照讲解的要点，完成纵横交错码垛程序的编写，并将编程中遇到的问题记录在下方空白处。

②在下方空白处写下你编写的程序，并进行程序注释。

③仿真验证：为了避免实操时出现严重的问题，在进行真机实操之前，我们需要先在 RobotStudio 仿真软件上验证一下自己编制的程序的合理性。请将仿真时出现的问题记录在下列空白位置。

4）真机调试。

请操作示教器完成本任务中工业机器人各示教点的示教，并将出现的问题记录在下方空白处。

_____

_____

_____

5）任务评价。

自评和互评：请按照下表对自己的操作进行自评，并邀请同组成员进行互评。

操作员姓名						
序号	考核内容	评分标准	分值	自评得分	互评得分	
1	运动控制指令应用	在原点位置没有使用MoveAbsJ指令，扣5分； 在大范围空间中，没有使用MoveJ指令，扣5分； 错误使用指令，1处扣2分； 本项分值扣完为止	20			
2	I/O指令应用	在使用I/O指令取放物体时，若不能正确取放，1次扣1分； 本项分值扣完为止	10			
3	流程控制指令应用	没有使用流程控制指令扣5分	5			
4	功能应用	在程序恰当的位置使用Offs和RelTool功能，满分； 1次功能都没有使用，扣5分	5			
5	机器人程序设计与调试	没有绘制程序流程图，扣5分；程序流程图绘制不规范，扣2分； 机器人点位示教精度差，超过±3 mm，1个点位扣1分； 机器人运行姿态不规范，1段轨迹扣1分； 机器人程序没有按照结构化进行设计，扣5分； 程序中的点位数量超过20个，每超过1个扣1分； 本项分值扣完为止	45			
6	机器人程序自动运行	程序不能自动运行，扣5分	5			
7	职业素养	不服从实训安排，每次扣5分； 机器人与工作台等周围设备发生碰撞，每次扣5分； 机器人夹具掉落，每次扣5分； 本项分值扣完为止	10			
		合计	100			
操作员签名			年 月 日	评分员签字		年 月 日

6) 总结提升。

①本任务已经完成,写一写完成该任务的心得体会,并且请写出你对该任务的意见和建议。

_____
_____
_____
_____

②请回答下列问题巩固一下。

判断:TEST 指令可以添加多个"CASE"和多个"DEFAULT"。(　　)

项目总结

通过重叠式码垛、纵横交错式码垛和旋转交错式码垛三个任务的训练,掌握了机器人搬运码垛任务编程的方法,掌握了码垛过程中抓取和放置位置的计算方法,同时掌握了逻辑判断指令 Compact IF/IF、跳转指令 RETURN/GOTO/Label、TSES 指令和 RelTool 函数的应用。

项目六
工业机器人进阶应用

项目情景

机器人在出厂时默认配置了一系列的系统服务例行程序，可用于一些特定的操作，如SMB电池关闭、维护信息管理、载荷测试、关节轴校准等，此任务主要介绍前三个较为常用的服务例行程序；调用例行程序必须在主程序中进行，通过ABB菜单栏进入程序编辑器中。

项目导图

- 项目六 工业机器人进阶应用
  - 任务一 服务例行程序及中断程序的应用
    - 子任务一 常见服务例行程序的应用
      - 1.服务例行程序
      - 2.调用服务例行程序前应注意的事项
      - 3.工业机器人载荷
      - 4.设置工业机器人载荷的重要性
      - 5.运行服务例行程序的注意事项
      - 任务实施
        - 1.电池关闭服务例行程序运行
        - 2.运行工具载荷的LoadIdentify服务例行程序
    - 子任务二 TRAP编程调试
      - 1.中断定义及工作原理
      - 2.与中断有关的程序数据
      - 3.与中断相关的指令
      - 任务实施
        - 中断程序编程调试
  - 任务二 工业机器人的日常维护
    - 子任务一 转数计数器更新
      - 1.机器人的机械原点
      - 2.转数计数器更新
      - 3.SMB电池
      - 4.工业机器人系统备份
      - 任务实施
        - 1.更新转数计数器具体操作步聚
        - 2.工业机器人更换SMB电池
        - 3.工业机器人系统备份具体操作步骤
        - 4.工业机器人系统恢复具体操作步骤
    - 子任务二 运行参数的选择和运行状态的监测
      - 1.工业机器人运行参数的选择和监测
      - 2.工业机器人运行状态的监测

任务一 服务例行程序及中断程序的应用

学习目标

素质目标:
1) 具有6S现场管理能力;
2) 具有查阅说明书的工作能力;
3) 具有一定的专业英语素养。

知识目标:
1) 了解服务例行程序含义及常见服务例行程序的作用;
2) 理解服务例行程序的应用场合和调用步骤;
3) 理解工业机器人上臂载荷、工具载荷和有效载荷;
4) 理解中断定义及工作原理;
5) 理解程序数据——中断识别号含义;
6) 理解中断相关指令格式。

能力目标:
1) 能正确完成运行常规服务例行程序前的准备工作;
2) 能够根据不同场景正确选择并调用服务例行程序;
3) 能正确选择不同场合测定工业机器人载荷类型;
4) 能够正确编写中断例行程序,即"TRAP"程序;
5) 能够正确使用中断相关指令。

子任务一 常见服务例行程序的应用

任务描述

对机器人进行日常检查和维护,或者对机器人进行性能测试,是确保机器人的质量和性能的常见需求。如对于使用双电极触点电池的串行测量电路板(SMB)单元(如ABB机器人),若想在运输或库存期间关闭串行测量电路板的电池以节省电池电力,或者想要准确设置工具的相关数据,我们可以调用ABB机器人系统自带的电池关闭服务例行程序Bat_Shutdown,完成电池关闭的操作,调用载荷测定服务例行程序LoadIdentify来测量工具的准确数据。

任务分析

1. 服务例行程序

服务例行程序执行一系列常用服务,ABB机器人的服务例行程序可供使

工业机器人服务
例行程序的应用

用取决于系统设置及可用选项,一般在工业机器人出厂时默认配置了一系列系统服务例行程序,如图6-1-1所示。

1) Bat_Shutdown 是电池关闭服务例行程序,主要用在运输或库存期间关闭串行测量电路板的电池以节省电池电力。

2) CalPendulum 是与 Calibration Pendulum 一起使用的服务例行程序,是 ABB 机器人校准的标准方法,这是实现标准类型校准的最精确方法,也是取得正确性能的首荐方法。Calibration Pendulum 的校准设备以一整套工具包的形式交付,其中包括操作员手册,即 Calibration Pendulum 手册。

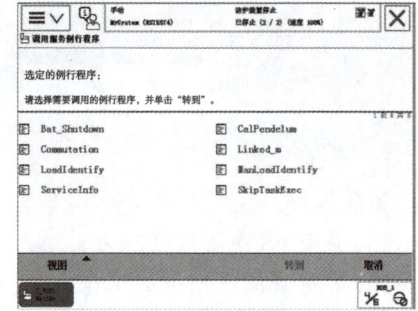

图 6-1-1　工业机器人的服务例行程序

3) ServiceInfo 是基于 Service Information System(SIS)的服务例行程序,该软件的功能是可以简化机器人系统的维护。它对机器人操作时间和模式进行监控,并用维护活动来临时提示操作员。机器人系统中内置了数个计时器,任何一个计时器计时超过设置的上限,则开机时会弹出维护保养的相关信息。例如,"距离上一次检修已过 365 天,请按照维护保养手册内容进行检修……";当我们按照要求完成了相关维护保养操作之后,需要重置该时钟,此操作需要运行 ServiceInfo 服务例行程序。

4) LoadIdentify 是载荷测定服务例行程序,用于自动识别安装于机器人之上的载荷数据。

5) BrakeCheck 是制动器检查服务程序,用于验证机械制动器运行正常与否。

2. 调用服务例行程序前应注意的事项

1) 服务例行程序只能在手动减速或手动全速模式下启动。
2) 程序必须停止且必须有程序指针。
3) 在同步模式下无法调用例行程序。
4) 如果服务例行程序包含必须在自动模式中执行的部分,在启动服务例行程序之前切勿手动移动程序指针。程序指针应在程序流程停止的位置。
5) 如果服务例行程序在移动指令中断后(也就是在到达最终位置前)启动,则在开始执行服务例行程序时将会恢复移动。
6) 服务例行程序已开始运行后,中止例行程序不会将系统恢复至先前状态,因为例行程序已移动机器人手臂。

3. 工业机器人载荷

机器人载荷主要有三种,如图6-1-2所示。其中 2 和 3 经常用到,我们需要准确地设置载荷的质量、重心偏移、转动惯性矩等相关信息,但是很多时候这些数据很难直接人为测量准确,此时可以使用系统自带的载荷测定程序进行自动测定,可快速准确地设置工具载荷和有效载荷;该功能不能测定上臂载荷,关于上臂载荷的设置可参考 ABB 机器人官方手册中的相关内容。

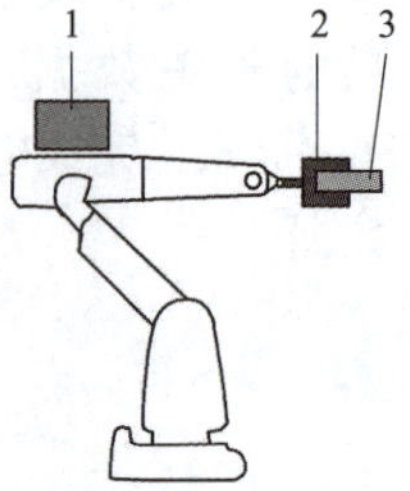

图 6-1-2　机器人载荷
1—上臂载荷;2—工具载荷;
3—有效载荷

此外，某些场合机器人只有工具载荷，如切割、焊接、涂胶则需要测定工具载荷即可，但是某些场合机器人拥有工具载荷和有效载荷，如搬运、码垛、机床上下料，则必须先测定工具载荷，然后工具夹持工件后再测定有效载荷。

4. 设置工业机器人载荷的重要性

工业机器人载荷重要的是，始终定义实际工具负载以及使用时机械臂（如抓取部分）的有效负载。负载数据定义不正确可能会导致机械臂机械结构过载。指定不正确的负载数据时，常会引起以下后果。

1）机械臂将不会用于其最大容量。
2）路径准确性受损，包括过度风险。
3）机械结构过载风险。

控制器持续监测负载，如果负载高于预期则写入事件日志。事件日志存储和记录都在控制器存储器中。

注意：载荷测定的对象不能为 tool0 和 load0，请在测定之前在手动操作界面选择好需要测定的工具数据和有效载荷数据。

5. 运行服务例行程序的注意事项

如果要在结束执行例行程序前中断例行程序，请按"Cancel Call Rout"（取消调用例行程序）按钮。在恢复标准程序流之前，必须查看机器人是否处于正确的位置。如果机器人因中断的例行程序已移动位置，必须采取行动使机器人返回至正确的位置。

注意：请勿在移动或焊接的中途执行服务例行程序。如果在移动的中途执行服务例行程序，则未完成的移动将在执行调用的例行程序前结束。这可能会导致意外的移动。

任务实施

1. 运行电池关闭服务例行程序

电池关闭服务例行程序运行如表 6-1-1 所示。

表 6-1-1　电池关闭服务例行程序运行

序号	操作步骤	图片说明
1	程序编辑器菜单中，单击"调试"按钮，单击"PP 移至 Main"；单击"调用例行程序…"	
2	选中"Bat_Shutdown"；然后单击"转到"按钮	
3	手动模式下，使能通电；然后单击"播放"按钮	
4	单击"Shut down"按钮然后单击"Exit"按钮	

注意：电池关闭后，切断主电源，则 SMB 所存储的数据丢失，即关节轴原点丢失，但校准值将会保留下来。正常关机的功耗约为 1 mA。使用睡眠模式功耗会减少到 0.3 mA。下次通电，电池自动激活，需要重新更新一下转数计数器方可正常使用。

提示：在启动服务例行程序 Bat_Shutdown 之前，运行机器人到其校准位置。这样在睡眠模式之后更容易恢复。

当电量几乎耗尽，当剩余电量小于 3 A·h 时，FlexPendant 上会出现警报，此时应更换电池。

2. 运行工具载荷的 LoadIdentify 服务例行程序

要启动载荷测定服务例行程序，必须在手动模式下具有活动程序，并且要测定的工具和有效载荷必须已定义且在手动操作页面内处于活动状态，如表 6-1-2 所示。

表 6-1-2　运行服务例行程序

序号	操作步骤	图片说明
1	程序编辑器菜单中，单击"调试"按钮，单击"PP 移至 Main"；单击"调用例行程序…"	
2	选中"LoadIdentify"，单击"转到"，然后单击示教器上的"播放"按钮	
3	注意事项：当前路径被清除；程序指针会丢失，完成后将指针移动回至 Main；确认完成后单击"OK"按钮； 单击"Cancel"（取消），然后单击"Cancel Call Rout"（取消调用例行程序）以退出服务例行程序而不松开程序指针	

续表

序号	操作步骤	图片说明
4	选择测定的对象，"Tool"为工具数据，"PayLoad"为有效载荷数据，本任务测定工具则应选择 Tool	
5	提醒注意事项：工具已安装到机器人上，并且已在手动操作界面中选中该工具数据，上臂载荷已经设置，各关节轴在合适的位置，确认完成后单击"OK"按钮	
6	询问当前是否测定工具 toolDraw，即当前手动操作界面中选中的工具数据名称，当前任务中使用的工具名称为 toolDraw，确认完成后单击"OK"按钮，否则单击"Retry"按钮	
7	询问是否已知工具的质量，1 表示已知，2 表示未知，3 表示取消；若已知工具质量，则在测定之前需要将工具质量输入工具数据中的"mass"一栏，测定过程中参考此质量信息进行测定，若未知则选择 2，机器人自行测定质量信息； 此任务中假设未知工具质量信息，则输入 2，单击"确定"按钮	

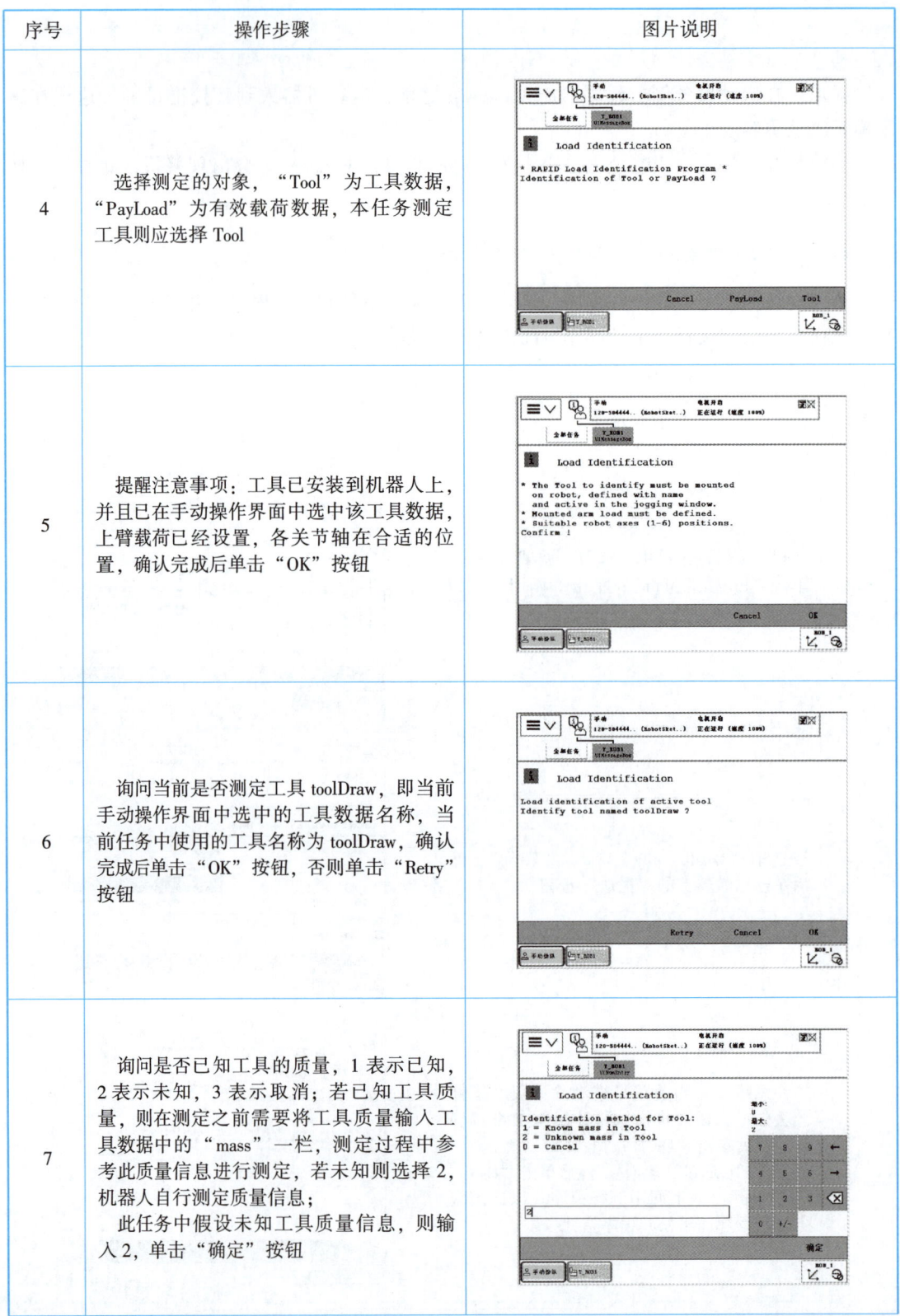

续表

序号	操作步骤	图片说明
8	选择关节轴 6 允许的运动范围，建议选择+90°或-90°，若因为当前安装工具的因素使得当前 6 轴难以实现 90°的运动范围，则可以选择"Other"。运动范围不能小于 30°	Load Identification 画面：Select angle (with sign) between actual axis 6 position and the coming ditto for the measurement movements. Recommendation + or - 90 degrees. Min. +/- 30 degrees.（按钮：Cancel、Other、-90、+90）
9	询问是否需要自动测试前在手动模式下进行慢速测试，如果是初次测试，不太确定机器人运动形态，建议先手动慢速测试一遍，然后再执行最终的自动测试；后续若发现机器人运动形态是安全的，则测试时可跳过手动慢速测试直接执行自动测试；此处先单击"Yes"按钮，执行手动慢速测试	Load Identification 画面：Should test of measurement movements first be done with low speed in MAN/RED. SPEED before the real measurements with higher speed. Run test with slow speed ?（按钮：Info、No、Yes）
10	单击"MOVE"按钮，机器人开始执行慢速测试，此时机器人会测试各个关节能否运动至测试位置，整个过程中使能通电不能中断，否则需要重来一遍	Load Identification 画面：Press MOVE for slow test movements（按钮：MOVE）
11	机器人开始执行测试运动，屏幕上会显示运动步骤，慢速测试不会测出结果，步骤也较少，一般为 7 步左右	T_ROB1->Slow test movement number: 1 T_ROB1->Slow test movement number: 2 T_ROB1->Slow test movement number: 3 T_ROB1->Slow test movement number: 4 T_ROB1->Slow test movement number: 5 T_ROB1->Slow test movement number: 6（按钮：清除、不显示日志、不显示任务名）

续表

序号	操作步骤	图片说明
12	手动慢速测试完成后,提示切换到自动或手动全速模式,建议切换到自动模式,之后单击"通电"按钮,再单击一下"程序启动"按钮	
13	机器人开始执行自动测试,此过程会比较长,一般需要20步左右,在运动过程中注意观察机器人的运动,遇到紧急情况请及时停止运行	
14	测试完成后,提示切换回到手动模式,切换到手动后使能通电,再单击一次示教器"播放"按钮,然后单击右下角的"OK"按钮	
15	自动测试部分载荷结果会显示在屏幕上,如果需要应用到对应测试的工具数据toolDraw里,单击"Yes"按钮,建议新载荷第一次测试时多测试几遍,确保测试结果接近真实值	

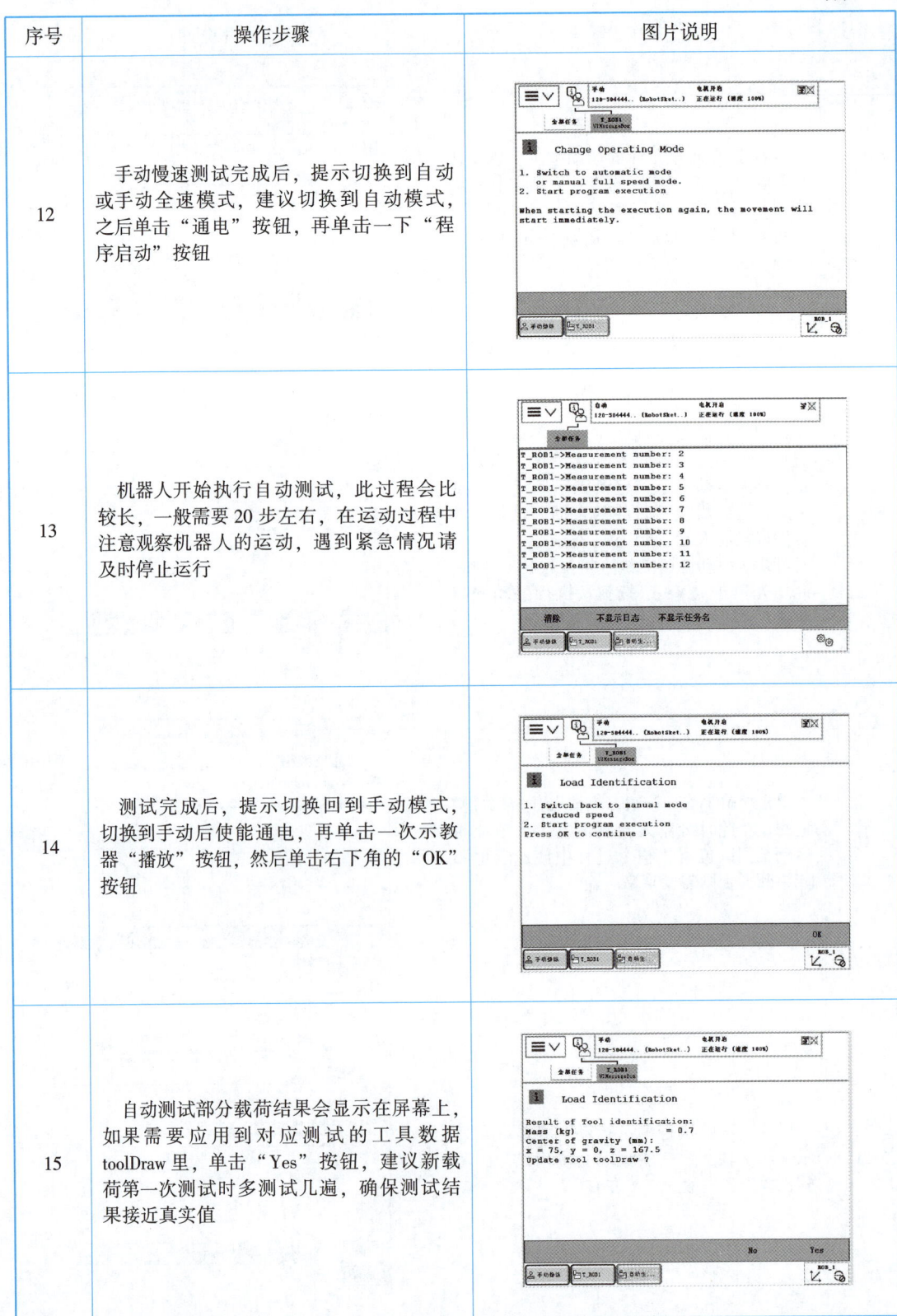

续表

序号	操作步骤	图片说明
16	测试完成后，可以查看一下测试结果，在手动操纵界面，单击"工具坐标"	
17	选中工具数据"toolDraw"，单击"编辑"菜单里面的"更改值…"选项	
18	在 tload 一组数据中查看相关载荷信息，重量以及重心偏移	
19	查看转动惯性矩等数值信息	
20	若还有有效载荷需要测试，先创建对应的有效载荷数据，工具夹持住工件后再运行一遍该服务例行程序，类型选择"PayLoad"即可，后续步骤与上述相同	

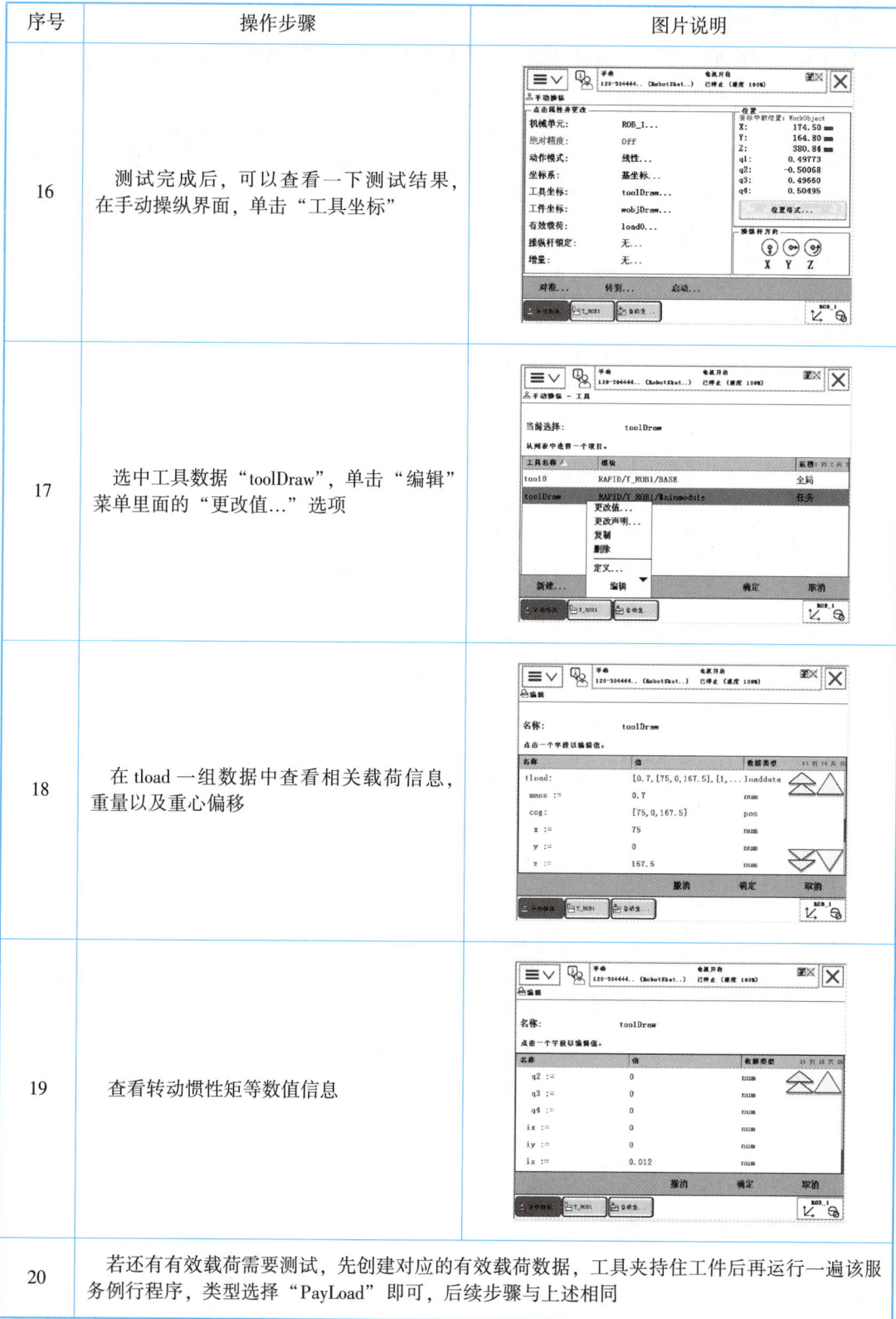

任务评价

自评和互评：请按照下表对自己的操作进行自评，并邀请同组成员进行互评。

主题	评分标准	分值	自评得分	互评得分
	操作员姓名			
Bat_Shutdown 是电池关闭服务例行程序运行（20分）	能正确调用 Bat_Shutdown 服务例行程序	5		
	能正确运行 Bat_Shutdown 服务例行程序	5		
	电池关闭后，切断主电源，能正确更新转数计数器	5		
	能说出 Bat_Shutdown 一般在什么场景下调用	5		
LoadIdentify 服务例行程序运行（70分）	运行服务例行程序前，能把搬运工具正确安装到工业机器人末端，并在手动操作界面中选中该工具数据	5		
	能正确调用 LoadIdentify 服务例行程序	5		
	能正确运行 LoadIdentify 服务例行程序	5		
	运行 LoadIdentify 服务例行程序过程中，能正确选择测定的对象：工具载荷和有效载荷	5		
	能根据安装的工具情况，选择关节轴 6 允许的运动范围	5		
	初次测试时，进行了手动慢速测试	5		
	手动慢速测试整个过程中，使能通电未中断	5		
	能够在自动模式下，进行最终的自动测试	5		
	自动测试过程中，操作员认真观察工业机器人的运动，若遇到紧急情况能及时停止运动	10		
	载荷测定完成后，能在手动操作界面查看载荷信息，如质量、重心和转动惯性矩等	10		
	能读懂运行 LoadIdentify 服务例行程序过程中，各弹出窗口英文含义	10		
职业素养（10分）	遵守实训室安全规则，无安全事故	2		
	工位保持清洁，物品整齐	2		
	着装规范整洁，佩戴安全帽	2		
	操作规范，爱护设备	2		
	尊重实训老师，服从安排	2		
违规扣分项	不服从实训安排（每次扣5分）			
	机器人与工作台等周围设备发生碰撞（每次扣5分）			
合计		100		
操作员签名		年 月 日	评分员签字	年 月 日

子任务二 TRAP 编程调试

任务描述

现以对一个传感器的信号进行实时监控为例编写一个中断程序：
1）在正常的情况下，di1 的信号为 0。
2）如果 di1 的信号从 0 变为 1，就对 reg1 数据进行加 1 的操作。

任务分析

RAPID 程序的执行过程中，如果发生需要紧急处理的情况，就要机器人中断当前的执行，程序指针 PP 马上跳转到专门的程序中对紧急的情况进行相应的处理，结束了以后程序指针 PP 返回到原来被中断的地方，继续往下执行程序。那么，专门用来处理紧急情况的专门程序就叫作中断程序。中断程序经常会用于出错处理、外部信号的响应这种实时响应要求高的场合。

1. 中断的定义及工作原理

中断是指由中断编号标识的程序定义事件。因中断条件变为真，会发生中断。中断不像错误，中断的发生与特定代码位置无直接关系（不同步）。发生中断会引起正常程序执行被中止，转由软中断程序进行控制，将分配中断编号，并用 CONNECT 语句将之与软中断程序联系（关联）起来，用预定义程序来定义和操控中断条件。一项任务可定义任意数量的中断。

外部中断

即使机械臂可快速识别中断事件（仅因硬件速度延迟），但也只会在特定程序位置才会作出反应，即调用相应的软中断程序，其中特定位置如下所示：

输入下一条指令时；
等待指令执行期间的任意时候，如 WaitUntil；
移动指令执行期间的任意时候，如 MoveL。

这通常会导致在识别出中断后要延迟 2~30 ms 才能作出反应，具体延时取决于中断时所进行的运动类型。

2. 与中断有关的程序数据

intnum（interrupt numeric）——中断识别号，用于识别一次中断。当 intnum 型变量同软中断程序相连时，向其给出识别中断的特定值。随后，在处理中断的过程中使用该变量，如当下令进行或禁用中断时，可将多个中断识别号与相同的软中断程序相连。必须始终在模块中声明 intnum 型变量的全局性。

VAR intnum feeder_error;
…
PROC Main( )
CONNECT feeder_error WITH correct_feeder;

ISignalDI di1,1,feeder_error；

将输入 di1 设置为 1 时，产生中断。此时，调用 correct_feeder 软中断程序。

3. 与中断相关的指令

中断设定相关指令如表 6-1-3 所示。

表 6-1-3　中断设定相关指令说明

指令	说明
CONNECT	连接一个中断识别号到中断程序
ISignalDI	使用一个数字输入信号触发中断
ISignalDO	使用一个数字输出信号触发中断
ISignalGI	使用一个组输入信号触发中断
ISignalGo	使用一个组输出信号触发中断
ISignalAI	使用一个模拟输入信号触发中断
ISignalAO	使用一个模拟输出信号触发中断
ITimer	计时中断
TriggInt	在一个指定的位置触发中断
IPers	使用一个可变量触发中断
IError	当一个错误发生时触发中断
IDelete	取消中断

中断控制相关指令如表 6-1-4 所示。

表 6-1-4　中断控制相关指令说明

指令	说明
ISleep	关闭一个中断
IWatch	激活一个中断
IDisable	关闭所有中断
IEnable	激活所有中断

任务实施

中断程序编程调试如表 6-1-5 所示。

信号中断

表 6-1-5 中断程序编程调试

序号	操作步骤	图片说明
1	单击左上角主菜单按钮；然后选择"程序编辑器"选项	
2	单击"例行程序"按钮	
3	单击左下角"文件"菜单里的"新建例行程序…"选项	
4	设定一个名称，在"类型"中选择"中断"，然后单击"确定"按钮	

277

续表

序号	操作步骤	图片说明
5	在中断程序中,添加如图所示的指令;然后单击"例行程序"按钮	
6	选中用于初始化处理的例行程序"rInitAll( )",然后单击"显示例行程序"按钮	
7	选中"〈SMT〉"为添加指令的位置;在指令列表表头单击"Common"	
8	单击"Interrupts"	

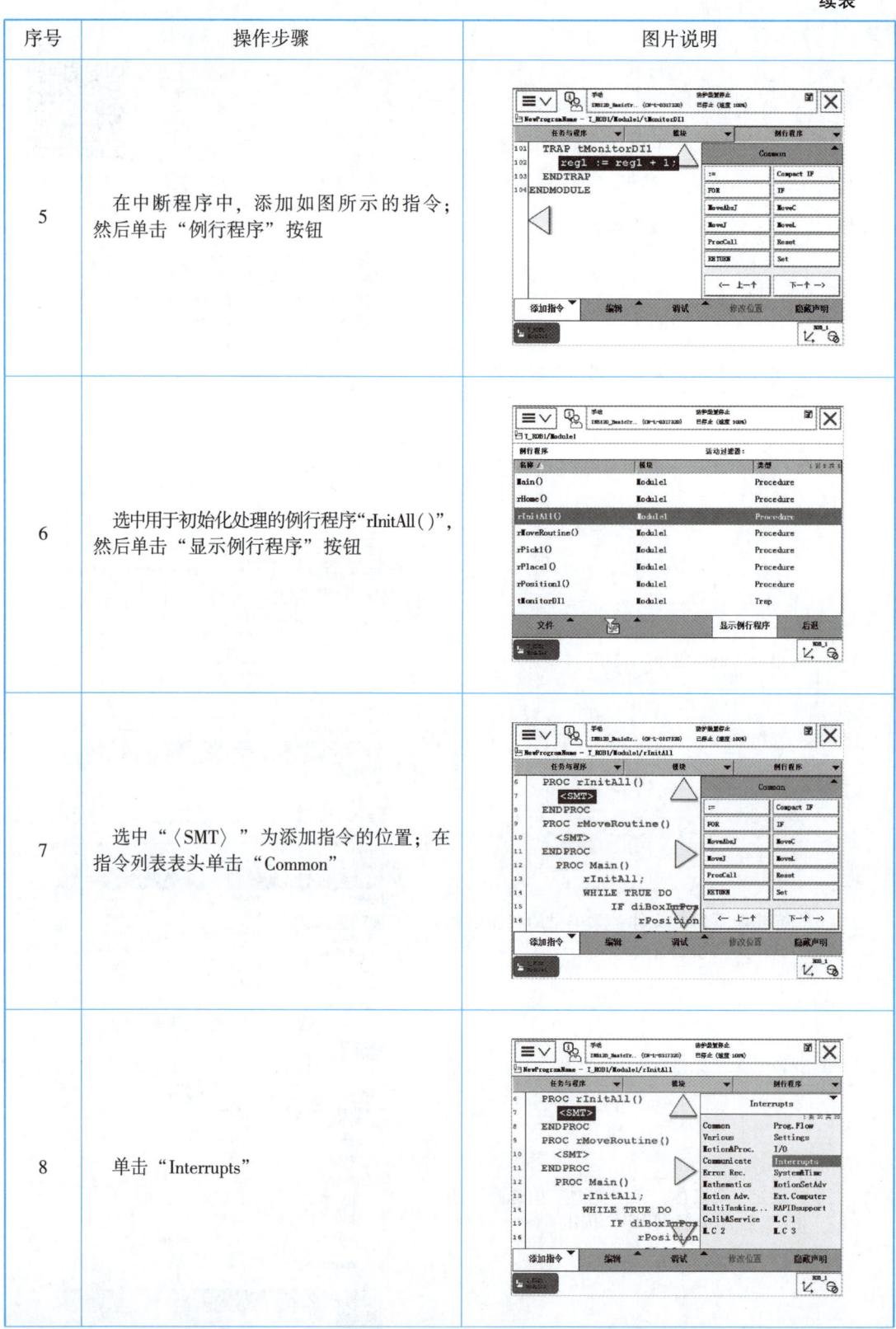

续表

序号	操作步骤	图片说明
9	在指令列表中选择"IDelete"	
10	选择"intno1"（如果没有的话，就新建一个），然后单击"确定"按钮	
11	在指令列表中选择"CONNECT"	
12	双击"〈VAR〉"进行设定	

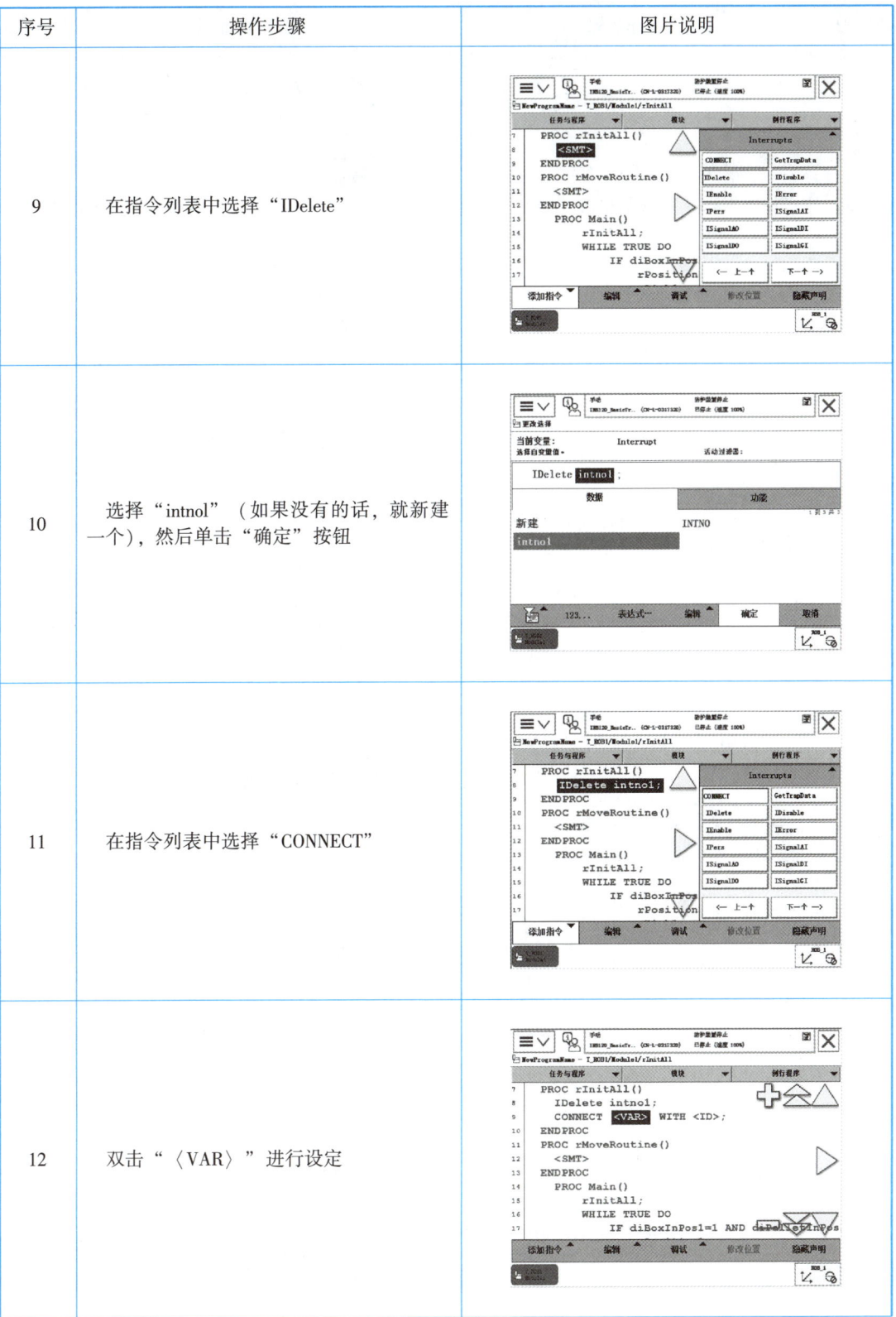

续表

序号	操作步骤	图片说明
13	选中"intno1",然后单击"确定"按钮	
14	双击"〈ID〉"进行设定	
15	选择要关联的中断程序"tMonitorDI1",然后单击"确定"按钮	
16	在指令列表中选择"ISignalDI"	

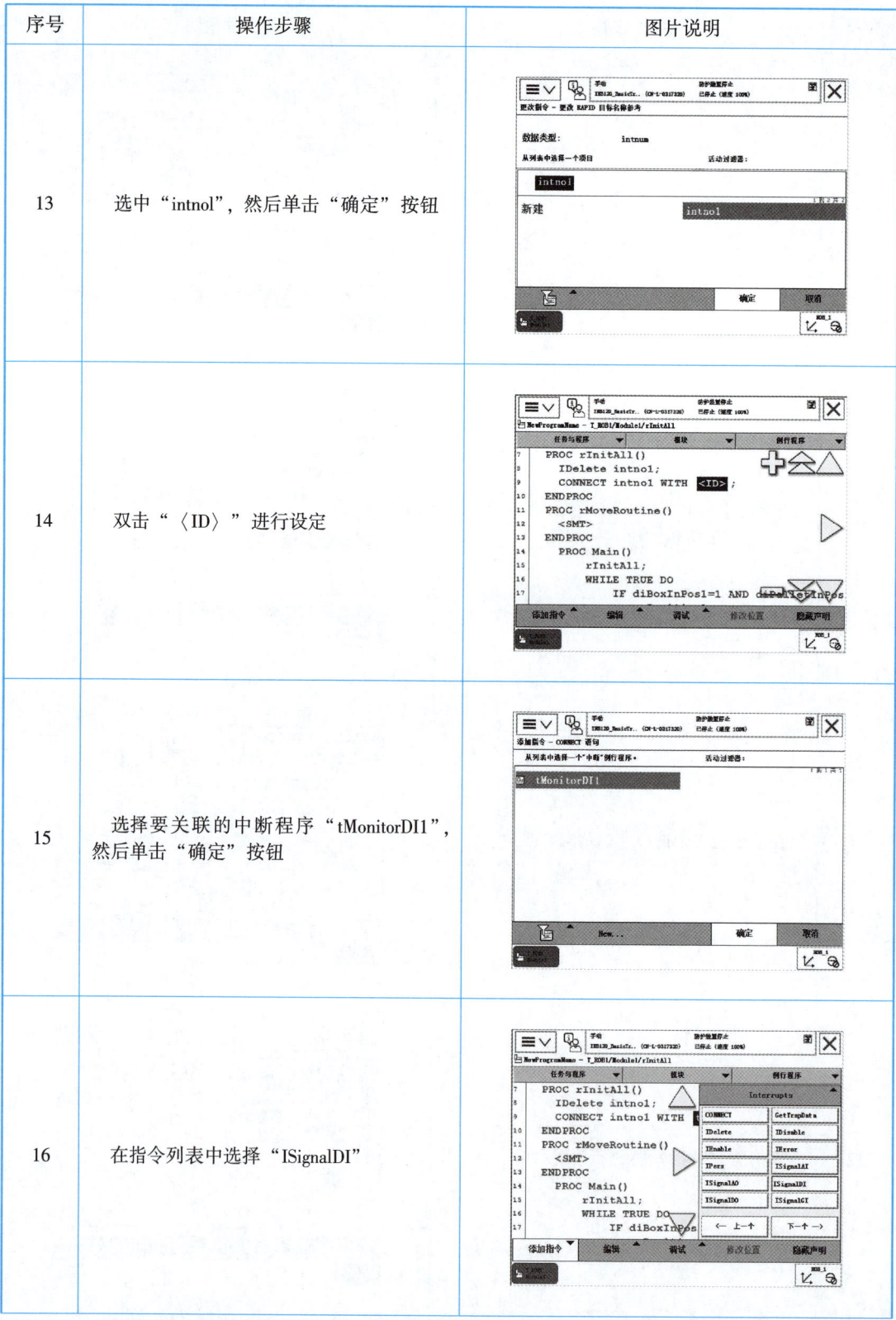

续表

序号	操作步骤	图片说明
17	选择"di1",然后单击"确定"按钮	
18	双击该条指令。ISignalDI 中的 Single 参数启用,则此中断只会响应 di1 一次,若要重复响应,则将其去掉	
19	单击"可选变量"按钮	
20	单击"\Single"进入设定画面	

续表

序号	操作步骤	图片说明
21	选中"\Single",然后单击"不使用"按钮	
22	单击"关闭"按钮	
23	单击"确定"按钮	
24	设定完成,此中断程序只需在初始化例行程序 rInitAll 中执行一遍,就在程序执行的整个过程中都生效。接下来就可以在运行此程序的情况下,变更 di1 的状态来看看程序数据 reg1 的变化了	

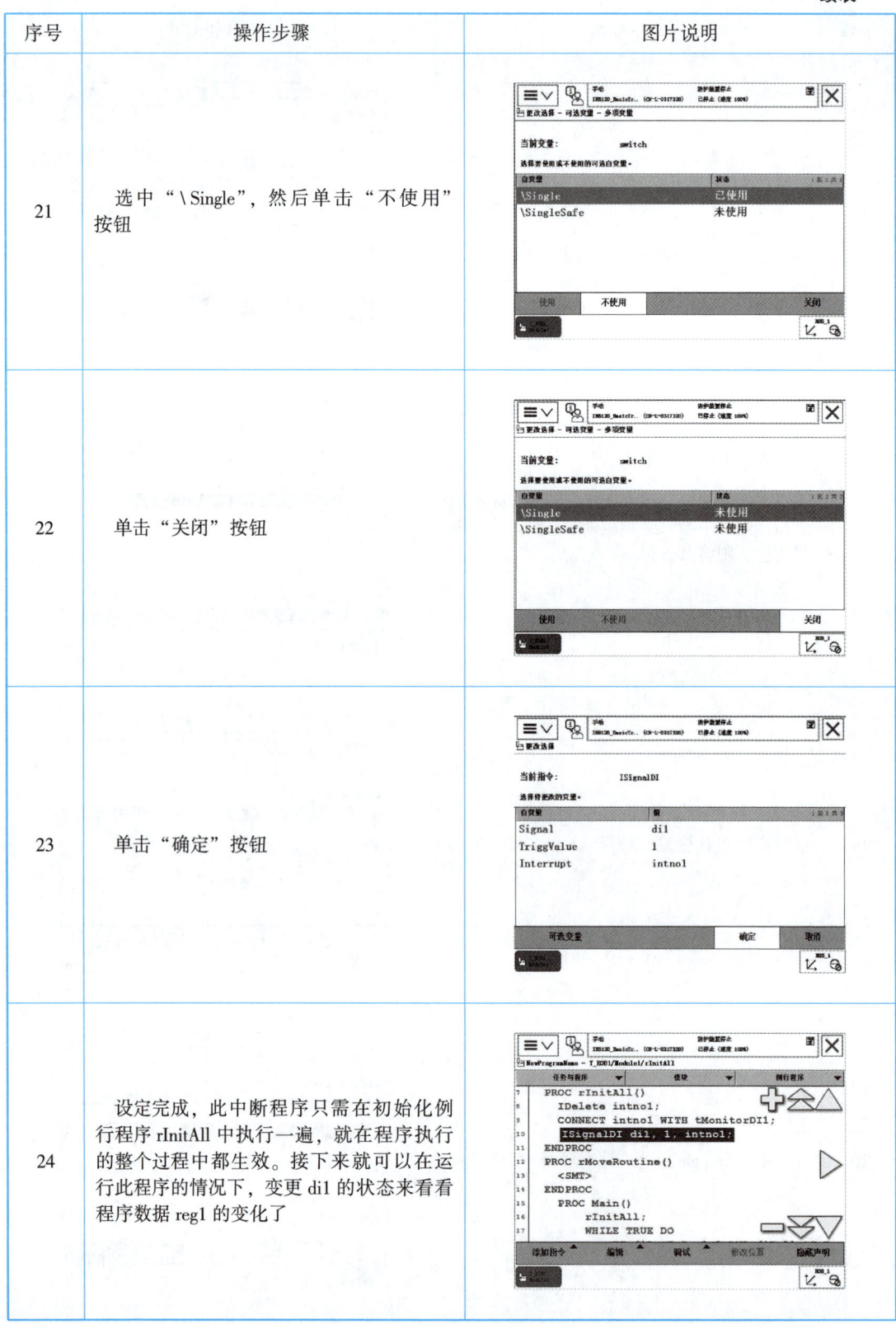

任务评价

自评和互评：请按照下表对自己的操作进行自评，并邀请同组成员进行互评。

主题	操作员姓名		自评得分	互评得分
	评分标准	分值		
中断程序使用（90分）	能够正确创建中断例行程序 tMonitorDI1	10		
	能够正确编写"取消中断（取消对应中断识别号）"程序	20		
	能够正确编写"CONNECT"指令，即将中断识别号与软中断程序相连	20		
	能够正确编写 ISignalDI 指令，即使用数字输入信号触发中断程序	20		
	能够启用或关闭 ISignalDI 中的 Single 参数并知道其含义作用	20		
职业素养（10分）	遵守实训室安全规则，无安全事故	2		
	工位保持清洁，物品整齐	2		
	着装规范整洁，佩戴安全帽	2		
	操作规范，爱护设备	2		
	尊重实训老师，服从安排	2		
违规扣分项	不服从实训安排（每次扣5分）			
	机器人与工作台等周围设备发生碰撞（每次扣5分）			
	合计	100		
操作员签名	年 月 日	评分员签字	年 月 日	

拓展训练

任务描述：当每次开机时均会弹出维护保养的相关信息"距离上一次检修已过 365 天，请按照维护保养手册内容进行检修……"，如何解决此提示？

任务分析：按照要求完成了相关维护保养操作之后，要重置该时钟，可运行 ServiceInfo 服务例行程序消除相关提示。

任务工单

1）请写出三个常见的 ABB 机器人服务例行程序，并解释其作用。

_____

_____

2）利用载荷测定服务例行程序 LoadIdentify 来测量夹爪工具数据，将测得的数值记录在下方。

_____

_____

3）请写出调用和运行服务例行程序的注意事项。

_____

_____

4）编写数字信号中断程序，使得 DI 信号为 1 时，进入中断程序。中断程序的内容为停止所有运行，将程序记录在下方。

_____

_____

5）任务评价。

自评和互评：请按照下表对自己的操作进行自评，并邀请同组成员进行互评。

主题	评分标准	分值	自评得分	互评得分
	操作员姓名			
调用服务例行程序（60 分）	能说出 Bat_Shutdown 一般在什么场景下调用	10		
	能正确调用和运行 LoadIdentify 服务例行程序	10		
	运行 LoadIdentify 服务例行程序过程中，能正确选择测定的对象：工具载荷和有效载荷	20		
	载荷测定完成后，能在手动操作界面查看载荷信息，如质量、重心和转动惯性矩等	20		
中断程序使用（30 分）	能正确设置 DI 信号	5		
	能够正确创建中断例行程序	5		
	能够正确编写"CONNECT"指令，即将中断识别号与软中断程序相连	5		
	能够正确编写"ISignalDI"指令，即使用数字输入信号触发中断程序	10		
	能够启用或关闭 ISignalDI 中的 Single 参数并知道其含义作用	5		

续表

主题	评分标准	分值	自评得分	互评得分
职业素养 （10分）	遵守实训室安全规则，无安全事故	2		
	工位保持清洁，物品整齐	2		
	着装规范整洁，佩戴安全帽	2		
	操作规范，爱护设备	2		
	尊重实训老师，服从安排	2		
违规扣分项	不服从实训安排（每次扣5分）			
	机器人与工作台等周围设备发生碰撞（每次扣5分）			
合计		100		

操作员签名	年 月 日	评分员签字	年 月 日

6）总结提升。

①本任务已经完成，写一写完成该任务的心得体会吧，并且请写出你对该任务的意见和建议。

_____
_____
_____
_____

②请回答下列问题巩固一下。

a）机器人程序中，中断程序一般是以（　　）字符来定义的。
  A. TRAP　　　　　　B. Routine　　　　　　C. PROC　　　　　　D. BREAK

b）RAPID编程中，使用一个数字输出信号触发中断的指令是（　　）。
  A. ISignalAO　　　　B. ISignalAI　　　　C. ISignalDO　　　　D. ISignalDI

c）RAPID编程中，连接一个中断符号到中断程序的指令是（　　）。
  A. GetTrap　　　　　B. Ipers　　　　　　C. CONNECT　　　　D. GetTrapData

d）指令ISignalDI中的Singal参数启用后，此中断会响应指定输入信号（　　）次。
  A. 1　　　　　　　　B. 2　　　　　　　　C. 3　　　　　　　　D. 无限

e）关于中断程序TRAP，以下说法错误的是（　　）。
  A. 中断程序执行时，源程序处于等待状态
  B. 中断程序可以嵌套
  C. 可以使用中断失效指令来限制中断程序的执行
  D. 运动类指令不能出现在中断程序中

f）判断：服务例行程序执行一系列常用服务，通过例行程序执行。（　　）

g）判断：服务例行程序只能在手动减速或手动全速模式下启动。（　　）

h）判断：可以利用服务例行程序测量工具的实际重量和重心。（　　）

任务二　工业机器人的日常维护

学习目标

素质目标：
1）具有实事求是的科学态度；
2）具有独立思考的工作能力；
3）具有严谨细致的工作作风。

知识目标：
1）理解转数计数器更新的目的及需要更新的条件；
2）了解机器人零点信息的含义及丢失的原因；
3）掌握转数计数器更新的操作步骤；
4）理解 SMB 电池的作用；
5）理解系统备份的重要意义；
6）运行参数与运行状态。

能力目标：
1）能够判断机器人转数计数器更新的需求；
2）能够完成机器人的转数计数器更新；
3）能够完成 SMB 电池的更换；
4）能够根据需要完成系统的备份与恢复；
5）能够监测和设置运行参数。

子任务一　转数计数器更新

任务描述

机器人在使用过程中，会出现一些常见问题。如零点丢失，现象为开机后出现事件消息 20032：转数计数器未更新的报警，如图 6-2-1 所示，并且手动摇杆无法移动机器人。此时需要通过更新转数计数器恢复机器人的零点，或者是因为存储机器人转数的 SMB 电池没电了，也会导致这个现象，需要我们及时更换电池。所有工作完成后要将功能正常的系统进行备份，以备不时之需。

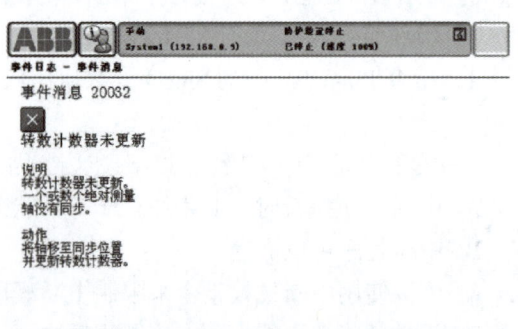

图 6-2-1　转数计数器未更新报警

任务分析

1. 机器人的机械原点

机器人 6 个关节轴都有一个机械原点的位置,机器人本体上做了同步标记,如图 6-2-2 所示。

机器人零点信息是指机器人各轴处于机械原点时各轴电机编码器对应的读数(包括转数数据和单圈转角读数)。零点信息数据存储在本体串行测量板上,如图 6-2-3 所示,数据需供电才能保持保存,断电后数据会丢失。

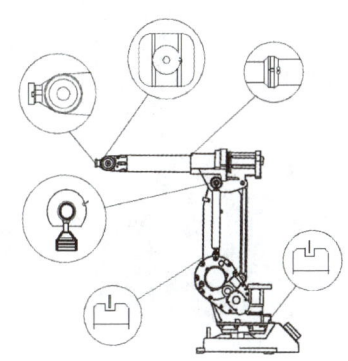

图 6-2-2 机器人的机械原点示意图

图 6-2-3 机器人的串行测量板

2. 转数计数器更新

在以下情况发生时,需要对机械原点位置进行转数计数器更新操作。
1)更换伺服电动机转数计数器电池后。
2)转数计数器发生故障修复后。
3)转数计数器与测量板断开后。
4)断电后当工业机器人的关节发生移动后。
5)当系统出现报警提示"10036,转数计数器未更新"时。

3. SMB 电池

当主电源关闭时,机器人依靠一个 SMB 电池来保存 6 个轴上的数据。在 SMB 电池耗尽之前更换它(电池耗尽的报警代码是"37207"),这样就不必手动更改更改位,也能保证机器人正常工作。

4. 工业机器人系统备份

为了避免操作人员对工业机器人系统文件误删除所引起的故障,通常在操作前应先备份当前工业机器人系统。当工业机器人系统无法重启时,可以通过恢复工业机器人系统的备份文件来解决。工业机器人系统备份包含系统参数和所有存储在运行内存中的 RAPID 程序。工业机器人系统备份具有唯一性,即备份系统、恢复系统只能在同一个工业机器人中进行,不能将一个工业机器人的备份系统恢复到另一个工业机器人中,否则会引起故障。

任务实施

转速计数器更新

1. 更新转数计数器具体操作步骤

更新转数计数器具体操作如表 6-2-1 所示。

表 6-2-1 更新转数计数器具体操作

步骤	操作	示意图
1	按照 4-6、1-3 的顺序将机器人 6 个关节轴移动到如右图所示的机械原点刻度位置	
2	单击示教器"ABB 菜单栏"	
3	进入主界面后选择"校准"选项	

续表

步骤	操作	示意图
4	选择需要校准的机械单元，单击"ROB_1"选项	
5	选择"校准参数"选项卡，单击右侧的"编辑电机校准偏移..."选项	
6	在弹出的对话框中单击"是"按钮	
7	在弹出的编辑电动机校准偏移界面中，对 6 个轴的偏移参数进行修改	

续表

步骤	操作	示意图
8	参照机器人本体通电动机校准偏移值数值，如右图所示，对校准偏移值进行修改，修改结束后单击"确定"按钮	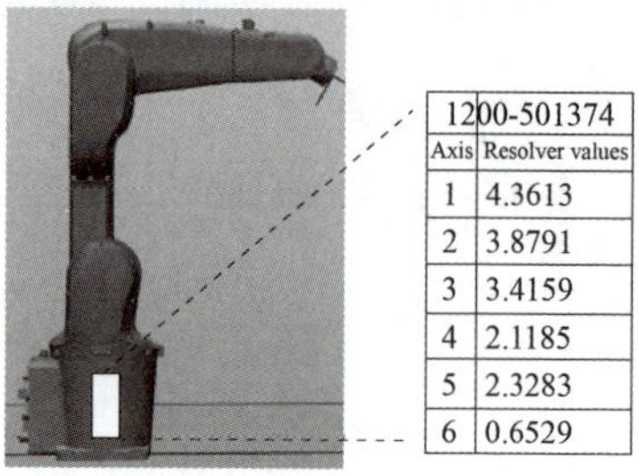 1200-501374 Axis Resolver values 1　4.3613 2　3.8791 3　3.4159 4　2.1185 5　2.3283 6　0.6529
9	在弹出的对话框中单击"是"按钮，完成控制器重启	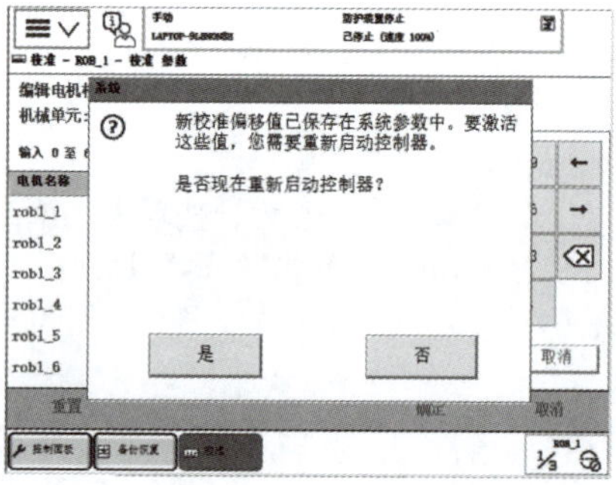
10	重启控制器后，参照步骤1~3，进入校准机械单元界面；选择"转数计数器"选项卡，单击"更新转数计数器…"选项	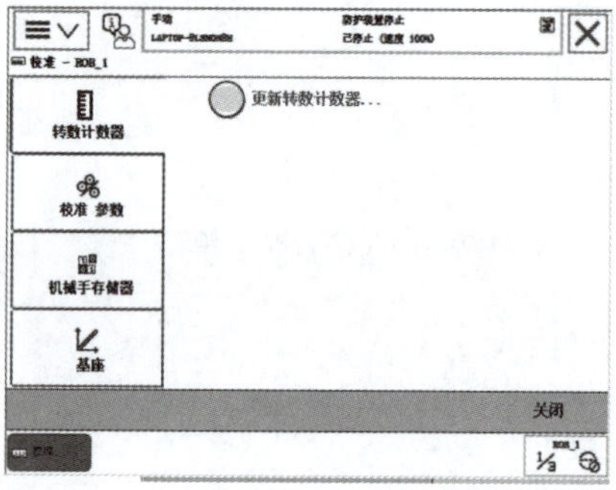
11	在弹出的对话框中单击"是"按钮	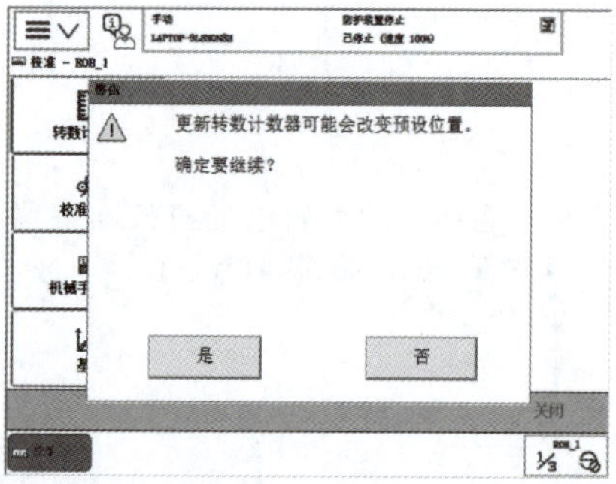

续表

步骤	操作	示意图
12	校准完成后单击图示右下角的"确定"按钮	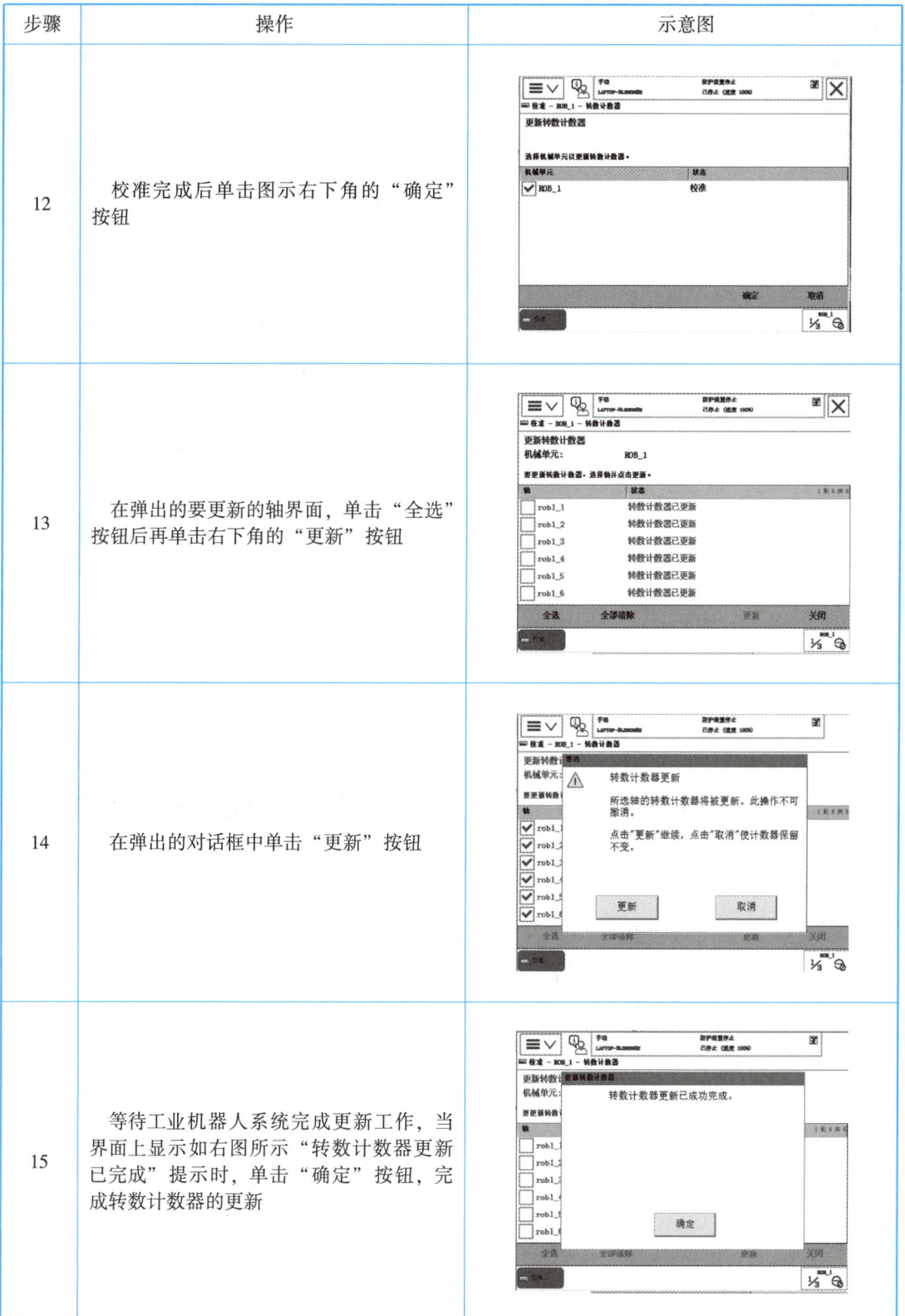
13	在弹出的要更新的轴界面，单击"全选"按钮后再单击右下角的"更新"按钮	
14	在弹出的对话框中单击"更新"按钮	
15	等待工业机器人系统完成更新工作，当界面上显示如右图所示"转数计数器更新已完成"提示时，单击"确定"按钮，完成转数计数器的更新	

2. 工业机器人更换 SMB 电池

工业机器人更换 SMB 电池如表 6-2-2 所示。

更换 SMB 电池

表 6-2-2　工业机器人更换 SMB 电池

步骤	操作	示意图
1	将外部右侧螺栓拆卸	
2	将外部左侧螺栓拆卸，之后打开后盖即可看到电池，拆卸后更换即可	

3. 工业机器人系统备份具体操作步骤

工业机器人系统备份具体操作如表 6-2-3 所示。

系统备份

表 6-2-3　工业机器人系统备份具体操作

步骤	操作	示意图
1	将外部存储设备与示教器相连接，单击示教器"ABB 菜单栏"	

续表

步骤	操作	示意图
2	进入主界面后选择"备份与恢复"选项	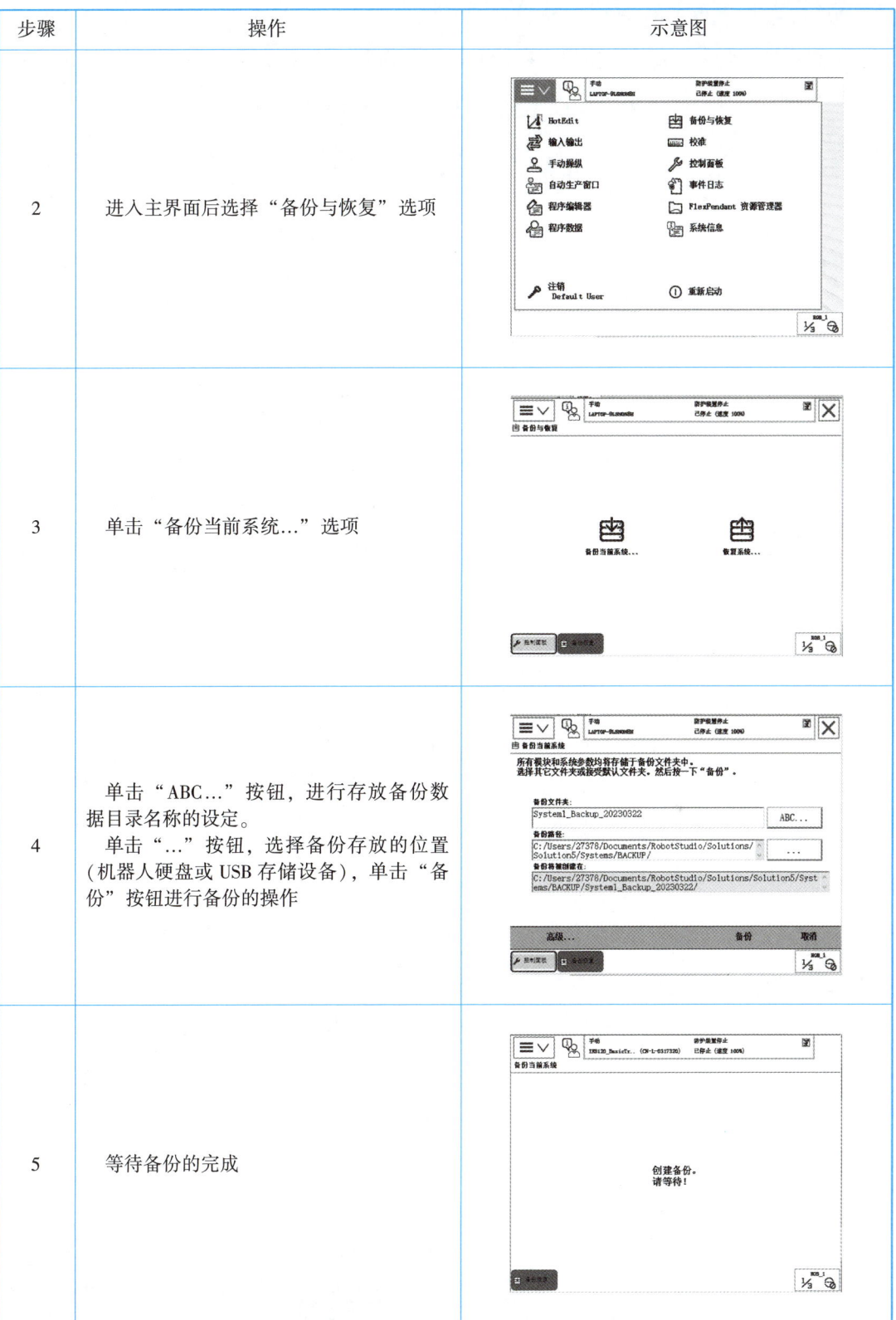
3	单击"备份当前系统..."选项	
4	单击"ABC..."按钮，进行存放备份数据目录名称的设定。 单击"..."按钮，选择备份存放的位置（机器人硬盘或USB存储设备），单击"备份"按钮进行备份的操作	
5	等待备份的完成	

4. 工业机器人系统恢复具体操作步骤

工业机器人系统恢复具体操作步骤如表 6-2-4 所示。

表 6-2-4 工业机器人系统恢复具体操作步骤

步骤	操作	示意图
1	将外部存储设备与示教器相连接，单击示教器"ABB 菜单栏"	
2	进入主界面后选择"备份与恢复"选项	
3	单击"恢复系统…"选项	
4	在备份恢复界面中，单击"…"按钮可以选择恢复备份文件的位置	

续表

步骤	操作	示意图
5	选定恢复备份的文件夹,然后单击"确定"按钮	
6	恢复路径选择成功,单击"恢复"按钮	
7	单击"是"按钮。在进行恢复时,要注意因为备份的数据具有唯一性,所以不能将一台机器人的备份恢复到另一台机器人中去,否则会造成系统故障	

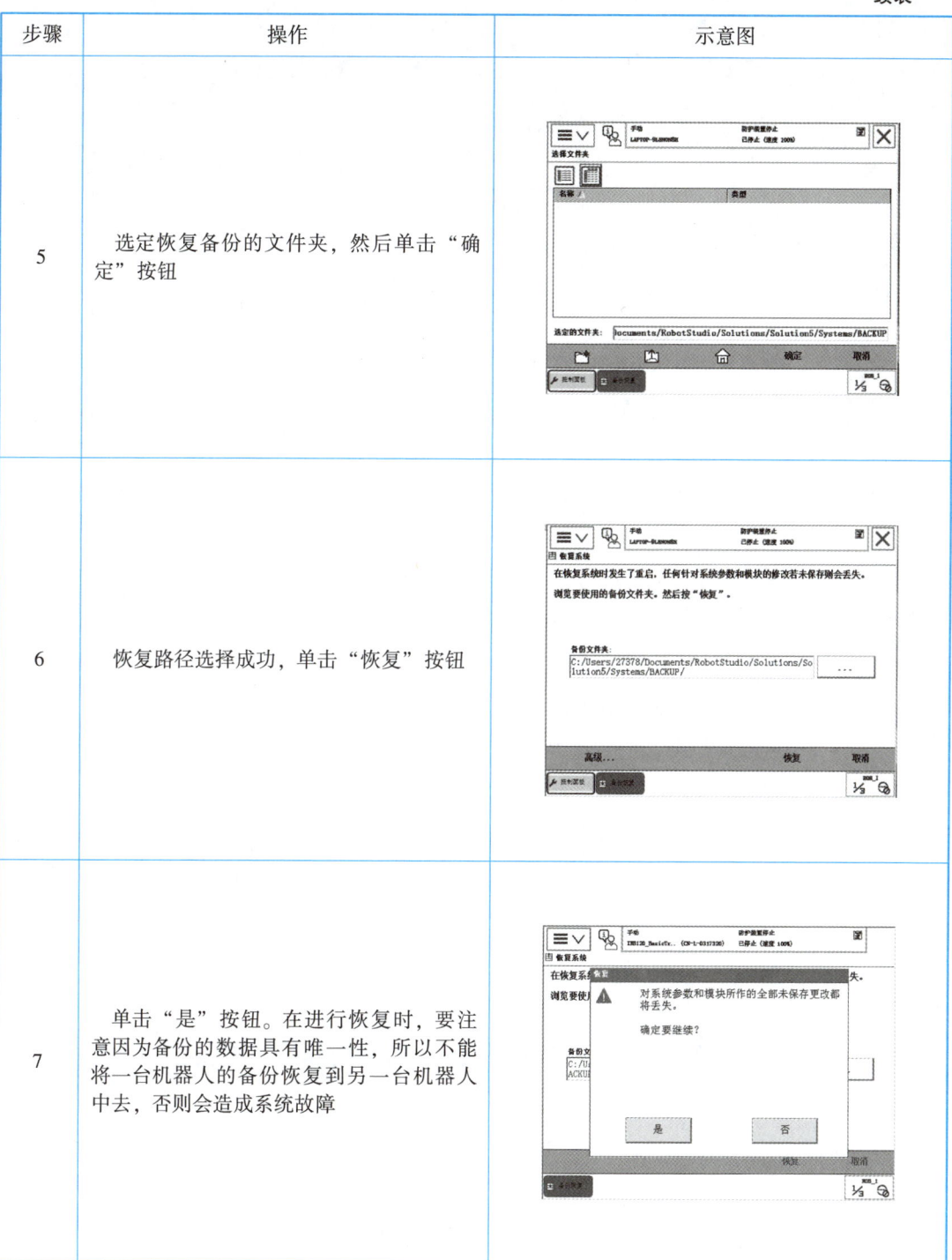

任务评价

自评和互评：请按照下表对自己的操作进行自评，并邀请同组成员进行互评。

主题	操作员姓名			
	评分标准	分值	自评得分	互评得分
更新转数计数器（50分）	成功将机器人6个轴回到机械原点	20		
	完成更新转数计数器的操作	20		
	结果正确（利用MoveAbsJ回到6个轴都是0°的位置进行查看）	10		
更换SMB电池（20分）	能说出SMB电池更换的步骤	10		
	会使用梅花内六角扳手	10		
系统的备份与恢复（20分）	备份当前系统到U盘	10		
	将U盘的机器人系统恢复到示教器	10		
职业素养（10分）	遵守实训纪律，无安全事故	2		
	工位保持清洁，物品整齐	2		
	着装规范整洁，佩戴安全帽	2		
	操作规范，爱护设备	2		
	尊重实训老师，服从安排	2		
违规扣分项	不服从实训安排（每次扣5分）			
	机器人与工作台等周围设备发生碰撞（每次扣5分）			
	画笔工具掉落（每次扣5分）			
合计		100		
操作员签名		年 月 日	评分员签字	年 月 日

子任务二　运行参数的选择和运行状态的监测

任务描述

我们在操纵机器人时，要时刻监测机器人的各种参数信息，并且能够根据需要快速选择所需参数，这对正确操作机器人意义重大。请根据需要选择和监测运行相关参数和状态。

任务分析

在手动操纵工业机器人运动或者程序调试过程中，可以在手动操纵界面查看当前工业机器人的运行参数，包括当前使用的机械单元、工业机器人当前的动作模式、使用的工具坐标系、工件坐标系和有效载荷等。

在示教器上选择各功能按钮（除去灰色部分）后可进入对应的设置界面，手动操纵界面如图 6-2-4 所示。

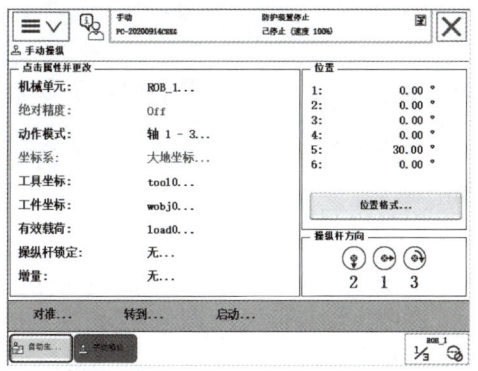

图 6-2-4　机器人的手动操纵界面

示教器状态栏显示与工业机器人系统状态有关的重要信息，如操作模式、电机开启/关闭、活动机械单元和程序状态等，如图 6-2-5 所示，其中 B 到 F 标注的为状态栏显示的全部内容。

图 6-2-5　机器人的状态栏

A—操作员窗口；B—操作模式；C—系统名称（和控制器名称）；D—控制器状态；
E—程序状态；F—机械单元

任务实施

工业机器人运行参数的选择和监测

1. 工业机器人运行参数的选择和监测

工业机器人运行参数的选择和监测如表 6-2-5 所示。

表 6-2-5　工业机器人运行参数的选择和监测

步骤	操作	示意图
1	单击"机械单元"选项，可显示和选择当前手动控制的机械单元	
2	绝对精度显示为 Off，即默认值为关闭状态。如果工业机器人配备了 AbsoluteAccuracy 选件，则会显示绝对精度为开启状态	
3	工业机器人的运动模式有三种，即单轴运动、线性运动和重定位运动	

续表

步骤	操作	示意图
4	ABB 工业机器人有大地坐标系、基坐标系、工具坐标系和工件坐标系 4 种坐标系	
5	选择工具坐标"tool0",然后单击"确定"按钮	
6	选择工件坐标"wobj0",然后单击"确定"按钮	
7	选择有效载荷"load0",单击"确定"按钮	

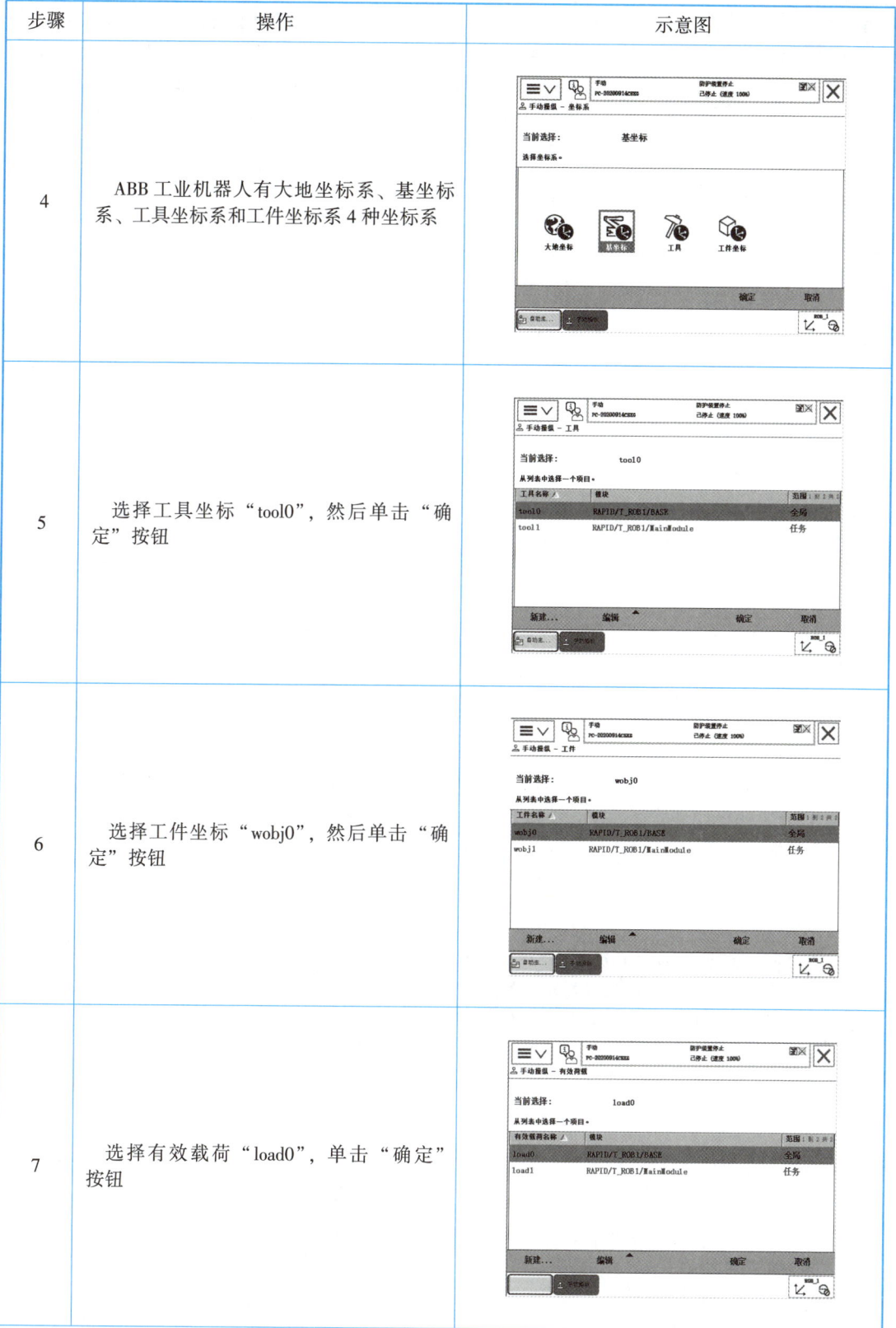

续表

步骤	操作	示意图
8	在运动模式下选中"无",然后单击"确定"按钮	
9	增量模式下选择"无",然后单击"确定"按钮	
10	显示当前工业机器人相对所选择参照坐标系的精确位置。可根据需求,单击"位置格式"按钮,进入设置界面,自行选择显示方式和参考坐标系	

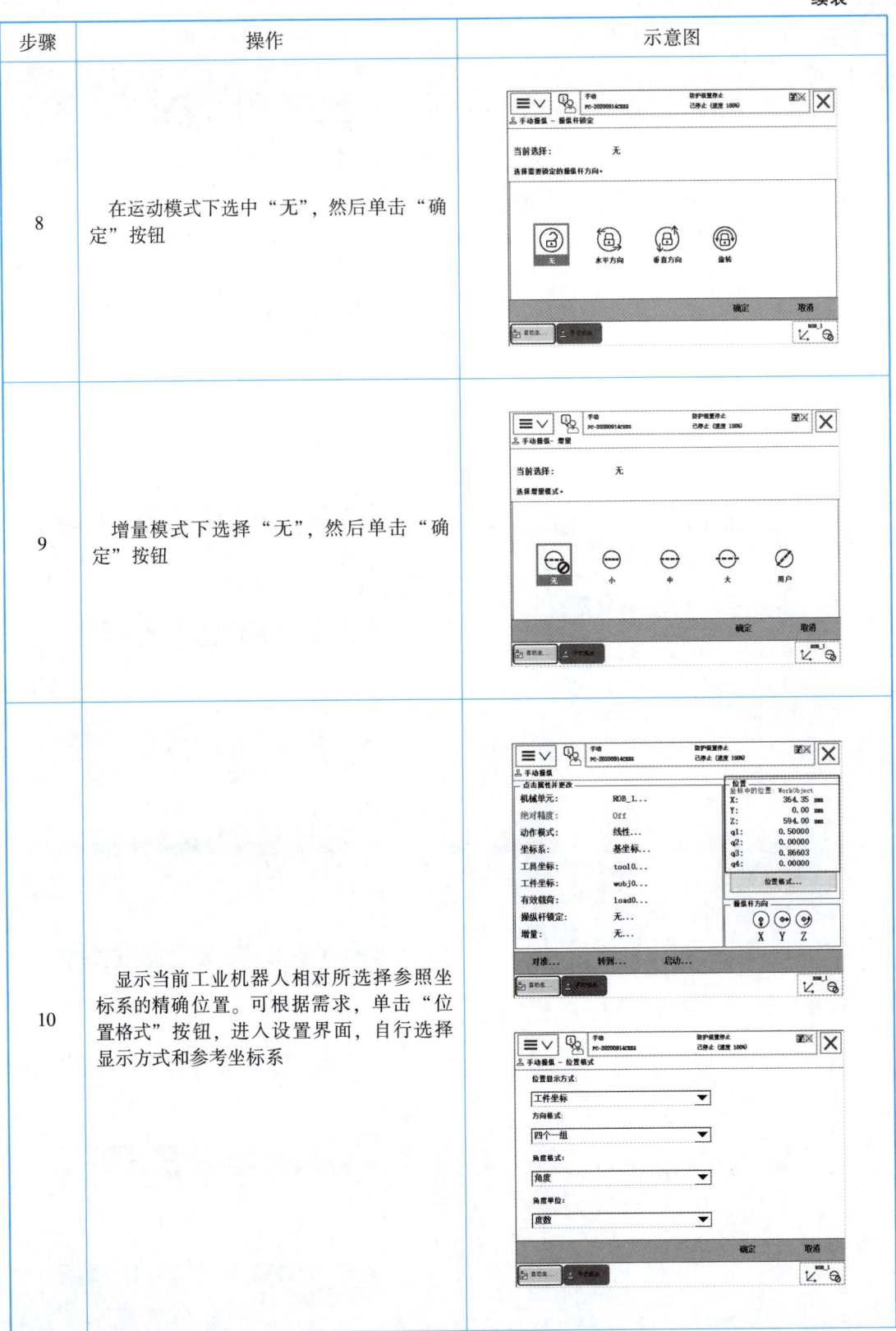

续表

步骤	操作	示意图
11	当动作模式为"单轴运动"时，位置界面显示机器人各轴角度值	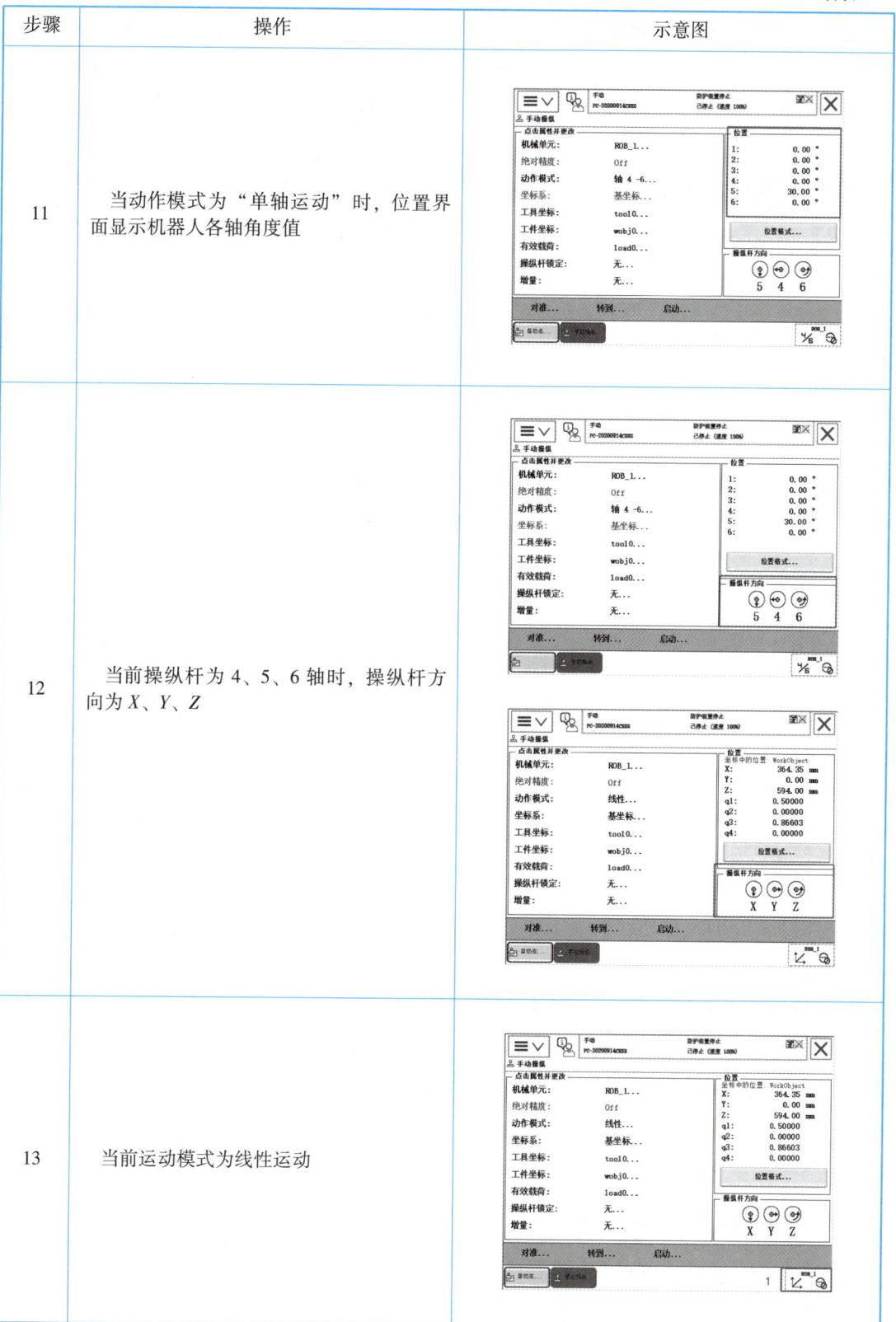
12	当前操纵杆为4、5、6轴时，操纵杆方向为X、Y、Z	
13	当前运动模式为线性运动	

续表

步骤	操作	示意图
13	当前运动模式为线性运动	
14	打开显示详情即可看到具体参数	
15	可视化详细参数	

工业机器人运行状态的监测

2. 工业机器人运行状态的监测

工业机器人运行状态的监测如表 6-2-6 所示。

表 6-2-6 工业机器人运行状态的监测

步骤	操作	示意图
1	示教器状态栏显示与工业机器人系统状态有关的重要信息，如操作模式、电机开启/关闭、活动机械单元和程序状态等，如右图所示，其中 B 到 F 标注的为状态栏显示的全部内容	

续表

步骤	操作	示意图
2	手动和自动模式的监测	
3	打开"控制面板"	
4	单击"FlexPendant"进行系统配置	
5	选中"控制器和系统名称"并且打开	
6	单击"仅控制器名称。(默认)",再单击"确定"按钮	
7	按下使能键,可视化"电机开启"状态	
8	如果机器人正在运行可视化"正在运行"	
9	机器人运行速度,当前速度为50%	

任务评价

自评和互评：请按照下表对自己的操作进行自评，并邀请同组成员进行互评。

主题	评分标准	分值	自评得分	互评得分
	操作员姓名			
运行参数的选择（50分）	正确选择手动运行方式	10		
	正确选择所需坐标系	15		
	通过快捷菜单正确选择所需的坐标系、速度等参数	25		
运行状态的监测（40分）	根据提示判断机器人的运行形式和方式	10		
	成功监测机器人运行模式	10		
	成功监测机器人运行速度	10		
	成功监测电机的通电状态	10		
职业素养（10分）	遵守实训纪律，无安全事故	2		
	工位保持清洁，物品整齐	2		
	着装规范整洁，佩戴安全帽	2		
	操作规范，爱护设备	2		
	尊重实训老师，服从安排	2		
违规扣分项	不服从实训安排（每次扣5分）			
	机器人与工作台等周围设备发生碰撞（每次扣5分）			
	画笔工具掉落（每次扣5分）			
合计		100		
操作员签名	年 月 日	评分员签字	年 月 日	

拓展训练

任务描述：除了上文提到的需要更新转数计数器的情况，机器人出现哪些现象也要考虑是转数计数器未更新或者更新错误？

任务分析：

1）当我们选择"手动操纵"运动模式中的"线性运动"，坐标系选择"基坐标系"，但是摇动摇杆时发现机器人不是按照机器人的基坐标系方向运动时。

2）机器人运行 MoveC 指令的圆弧程序时，示教点保证是正确的，但是机器人 TCP 运行轨迹是椭圆时。

出现这两种现象，要考虑是转数计数器更新错误的原因。可以通过 MoveAbsJ 指令，编写机器人回到 6 个轴都是 0°的位置，观察机器人各轴是否在机器人原点来进行判断。

任务工单

1）哪些情况下需要更新工业机器人的转数计数器？

2）完成转数计数器更新的操作，更新转数计数器的过程中如果遇到了问题，请记录在下列空白位置。

3）在编写程序的界面，不切换回手动操作界面时，如何修改机器人线性运动时的参考坐标系？

4）将你使用的机器人编号记录在下方空白位置。

5）任务评价。

自评和互评：请按照下表对自己的操作进行自评，并邀请同组成员进行互评。

操作员姓名					
主题	评分标准		分值	自评得分	互评得分
更新转数计数器（50分）	成功将机器人6个轴回到机械原点		20		
	完成更新转数计数器的操作		20		
	结果正确（利用MoveAbsJ回到6个轴都是0°的位置进行查看）		10		

续表

主题	评分标准	分值	自评得分	互评得分
运行参数的选择（20分）	正确选择手动运行方式	5		
	正确选择所需坐标系	5		
	通过快捷菜单正确选择所需的坐标系、速度等参数	20		
运行状态的监测（20分）	根据提示判断机器人的运行形式和方式	10		
	成功监测机器人运行模式	5		
	成功监测机器人运行速度	5		
职业素养（10分）	遵守实训室安全规则，无安全事故	2		
	工位保持清洁，物品整齐	2		
	着装规范整洁，佩戴安全帽	2		
	操作规范，爱护设备	2		
	尊重实训老师，服从安排	2		
违规扣分项	不服从实训安排（每次扣5分）			
	机器人与工作台等周围设备发生碰撞（每次扣5分）			
合计		100		
操作员签名	年　月　日	评分员签字		年　月　日

6）总结提升。

①本任务已经完成，写一写完成该任务的心得体会吧，并且请写出你对该任务的意见和建议。

②请回答下列问题巩固一下。

a）在工业机器人日常维护中，需要在开机之后确认与上次运行的位置是否发生偏移，即确认定位精度。如果出现偏差，下列哪项措施对于解决该问题没有帮助？（　　）

　　A. 确认工业机器人基座是否有松动

　　B. 微调工业机器人外围设备的位置，使工业机器人TCP正好能够到达相对正确的位置

　　C. 重新进行零点标定

　　D. 确认工业机器人没有超载，且没有发生碰撞

b）下列工业机器人的检查项目中，（　　）属于日常检查及维护。

A. 补充减速机的润滑脂　　　　　　B. 检查机械式制动器的形变
C. 控制装置电池的检修及更换　　　D. 检查定位精度是否出现偏离

c) 在工业机器人语言操作系统的监控状态下，操作者可以用（　　）定义工业机器人在空间的位置、设置工业机器人的运动速度、存储或调出程序等。

A. 控制柜　　　　　　　　　　　　B. 控制器
C. 示教器（示教盒）　　　　　　　D. 计算器

d) 机器人系统时间可以从（　　）菜单上设置。

A. 手动操作　　　B. 控制面板　　　C. 系统信息

项目总结

通过服务例行程序及中断程序、机器人日常维护保养两个任务的训练，学生能够使用服务例行程序完成指定任务、进行转数计数器更新的操作、更换转数计数器电池、利用中断程序完成特等任务。